高等学校应用型本科“十三五”规划教材

现代交换原理与技术

赵瑞玉　胡珺珺　易红薇　赖小龙　编著

西安电子科技大学出版社

内 容 简 介

本书较全面地介绍了通信系统中相关的交换技术。全书以电路交换、数据交换、软交换和光交换的技术发展为线索，重点介绍了程控交换技术、No.7 信令系统和软交换技术，简述移动交换技术、数据交换技术和各种光交换技术。通过对本书的学习，学生可以在宏观上对现代通信系统中常用的交换技术有全面认识。

本书内容广泛，信息量大，系统性强，涉及较多基础知识，图文结合，重点突出，表达清晰易懂，方便自学。本书注重理论与实际应用相结合，并力图反映一些通信技术的最新发展动态。

本书可作为普通高校通信、电子等相关专业“现代交换原理”课的教材或参考书，也可作为其他专业学生学习交换技术基本知识的自学参考书。

图书在版编目(CIP)数据

现代交换原理与技术/赵瑞玉等编著. —西安：西安电子科技大学出版社，2015.7

高等学校应用型本科“十三五”规划教材

ISBN 978-7-5606-3720-4

Ⅰ. ① 现… Ⅱ. ① 赵… Ⅲ. ① 通信交换—高等学校—教材 Ⅳ. ① TN91

中国版本图书馆 CIP 数据核字(2015)第 122028 号

策　　划　李惠萍

责任编辑　阎　彬　亢列梅

出版发行　西安电子科技大学出版社(西安市太白南路 2 号)

电　　话　(029)88242885　88201467　　邮　　编　710071

网　　址　www.xduph.com　　电子邮箱　xdupfxb001@163.com

经　　销　新华书店

印刷单位　陕西华沐印刷科技有限责任公司

版　　次　2015 年 7 月第 1 版　2015 年 7 月第 1 次印刷

开　　本　787 毫米×1092 毫米　1/16　印　张　13.5

字　　数　312 千字

印　　数　1～3000 册

定　　价　24.00 元

ISBN 978-7-5606-3720-4/TN

XDUP　4012001-1

西安电子科技大学出版社
高等学校应用型本科“十三五”规划教材
编审专家委员会名单

前　　言

一个完整的通信系统包括终端、交换和传输三部分，交换设备是整个系统的核心，因此，“交换原理”是通信专业重要的专业基础课程。

本书旨在给读者一个整体的交换框架，而不拘泥于具体的技术细节。书中以电路交换技术和No.7信令系统作为理解交换系统的基础，由浅入深，依次讨论了数据交换技术、移动交换技术、软交换技术和光交换的发展背景与实现方式，使读者从其历史背景和具体实现方式中理解其基本原理。本书规划授课学时为40学时，为了便于读者系统地学习和参考，本书章节内容安排偏多，但各章节内容之间既有相关继承性，又有一定的独立性，授课教师可针对不同基础及需求的学习对象，进行灵活调整。

本书的主要特点如下：

(1) 本书是一本面向应用型本科通信、电子信息类专业的教材和参考书，对通信与信息类专业的特点、课程体系、培养目标和学习方法等作了系统的介绍，体现了应用型本科通信、电子信息类专业的特色。

(2) 本书强调基础概念，图文结合，知识结构体系完整，便于自学。作者以最易被接受的方式介绍了通信系统中交换的基本概念、常用技术和发展及应用。

(3) 本书在注重基本理论和基础概念的同时，又力图反映一些技术的最新发展和实际意义，理论联系实际，缩短读者与抽象知识的距离感。

全书共8章。第1章交换技术概论，主要讲解交换的基本概念，先解释在通信网络中为什么需要交换机，然后讲解电话机的基本组成和工作原理，在此基础上讲解了电话交换机的发展历程，使读者从中体会交换的重要作用和地位，最后从技术角度讲述目前的一些主要交换方式。第2章电话通信网，详细介绍了我国固定电话网络长途网和市话网的结构和编号计划、计费方式。通过对本章的学习，读者可对固定电话网有一个全面的认识，并联系日常生活中的常见业务和实际案例，了解固网的技术特点。第3章数字程控交换技术，主要讲解数字程控交换机硬件系统的组成框架及各部分的功能，软件系统的特点和组成以及程控交换机的性能指标。第4章信令系统，从信令的基本概念、基本功能以及信令分类出发，重点介绍了No.7信令系统的基本实现原理。第5章移动交换技术，通过对本章的学习，读者能够了解移动通信的概念、特点、发展历程、系统组成、编号计划、鉴权加密及呼叫处理的一般过程，重点掌握移动通信系统的组成和编号计划、鉴权加密以及呼叫处理的流程。第6章数据交换技术，介绍了几种数据网络的交换方式。第7章NGN与软交换技术，从NGN与软交换的基本概念出发，介绍了NGN与软交换网络的核心部件、基本功能以及所使用的全新的重要协议，然后从网络结构、协议等方面比较了传统网络与软交换网络的差异，最后对NGN和软交换网络发展前景进行了讨论。第8章光交换技术，介绍了几种常见的光交换技术的概念和实现原理。

本书可作为普通高等学校通信工程、电子信息工程、电子信息科学与技术及相近专业的教材，还可作为其他专业学生学习交换原理基本知识的参考书。

本书的第1、3、8章由赵瑞玉老师编写，第2、6章由胡珺珺老师编写，第4、7章由易红薇老师编写，第 5 章由赖小龙老师编写。全书由赵瑞玉老师统编、定稿。

本书在编写过程中参考了相关书籍和资料，在此向这些书籍和资料的编写者表示衷心的感谢。

由于编者水平有限，书中难免有缺点和错误，敬请读者批评指正。

编　者

2015 年 3 月

目　　录

第 1 章
交换技术概论

教学提示

交换技术是通信网的重要支撑，它描述了通信网络中各节点与端点之间的信息交换方式。本章主要讲解交换的基本概念，先解释在通信网络中为什么需要交换机，然后讲解电话机的基本组成和工作原理，在此基础上讲解电话交换机的发展历程，使读者从中体会交换的重要作用和地位，最后从技术角度讲述目前的一些主要交换方式。

导入案例

自动交换机与殡仪馆老板史端乔不得不说的故事

世界上第一台自动交换机是由美国人阿曼·史端乔于 1889 年发明的。该交换机 1892 年在美国投入使用，标志着电话交换进入自动化。

当时电话都是人工转接的，史端乔的客户都是通过电话话务员与史端乔联系业务。由于史端乔的服务到家，客户都愿意与他预约做生意。同行自然就是冤家了，别的生意人见史端乔生意如此好，便重金买通了电话话务员，再有人找史端乔，话务员便私下把电话接到贿赂者那里，使得史端乔生意逐渐低落。当史端乔最终发现是电话话务员在捣鬼时，非常气愤，并发誓要运用自己的聪明才智彻底解决电话交换机的这种弊病。他从此放下生意，潜心钻研，三年后的 1889 年，终于发明制作出步进制自动电话交换机和拨盘式电话，从此开创了人类电话直拨自动交换系统的先河。

所谓通信，就是将人类感知现实世界的信息按照传递方式的技术需要进行加工，然后在信源和信宿之间建立一个传递该信息的通路。为了实现相互之间的信息交互，在众多的信源和信宿之间引入公共的中转节点实现信息的转发，以节约投资成本，这就诞生了交换技术。交换技术的发展必须与终端业务、传输技术相适应，它与通信网的发展是密切相关的。

1.1 交换的基本概念

1.1.1 为什么要引入交换

通信就是从发送方向接收方传递消息，它的目的是获取信息。在电信系统中，信息是以电信号的形式承载的。一个电信系统至少应由终端和传输媒介组成。终端将含有信息的消息，如语音、图片、视频等转换成可在传输介质里传输的电信号，同时将来自传输媒介的电信号还原成原始消息；传输媒介则把电信号从一个地方传送到另一个地方，这种仅涉及两个终端的通信方式称为点对点通信，如图 1-1 所示。

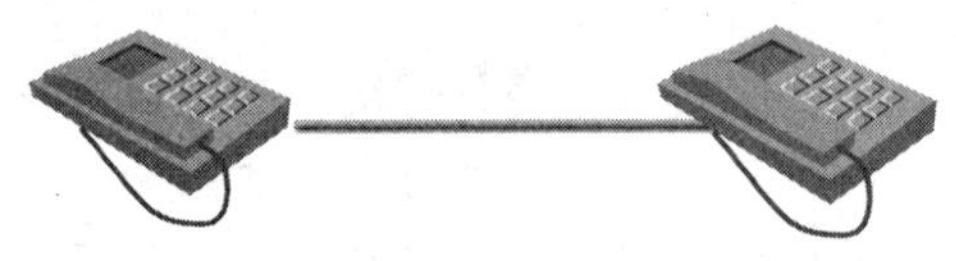
图 1-1 点对点的电话通信系统

当存在多个终端，且希望它们中的任何两个用户都可以进行点对点的通信时，最直接的方法是把所有终端两两相连，如图 1-2 所示。这样的一种连接方式称为全互连式，但这种方式存在以下问题：

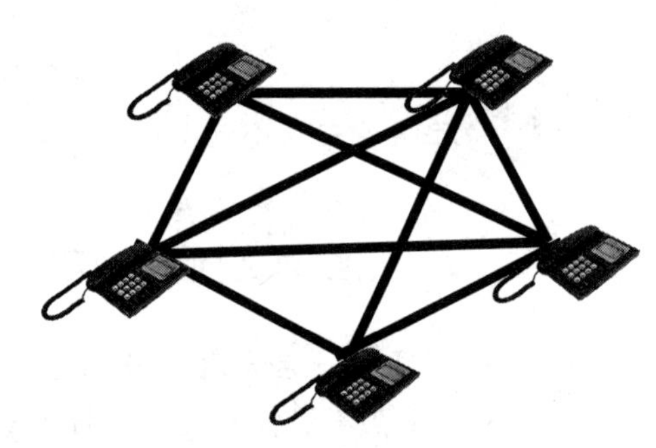
图 1-2 全互连式系统

(1) 当存在 N 个终端时需要线对数为 $N(N-1)/2$，线对数量随终端数的平方增加。

(2) 当这些终端分别位于相距很远的两地时，两地间需要大量的长途线路。

(3) 每个终端都有 $N-1$ 对线与其他终端相接，因而每个终端需要 $N-1$ 个线路接口。

(4) 增加第 $N+1$ 个终端时，必须增设 N 对线路。

因此，在实际中，全互连式系统仅适合于终端数目较少，地理位置相对集中，且可靠性要求很高的场合。

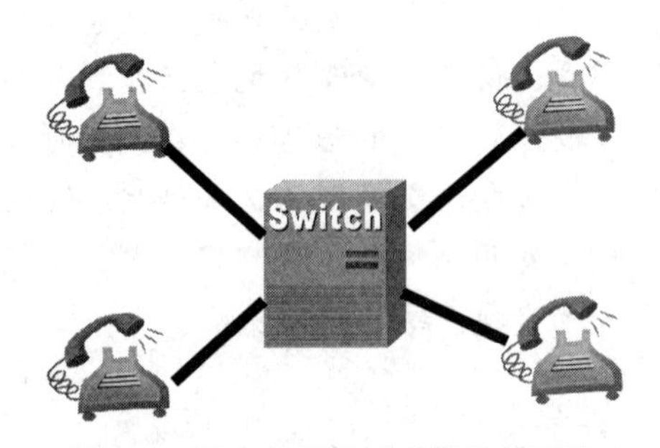

图 1-3 用户之间通过交换设备互连

当用户数量增多时，为了解决这些问题，可以在用户分布密集的中心安装一个设备，把每个用户的电话机或其他终端设备都连接在这个设备上，如图 1-3 所示。在该图中，安装的设备相当于一个开关接点，平时是断开的，当任意两个用户之间需要交换信息时，该设备就把连接这两个用户的开关接点合上，也就是将这两个用

户的通信线路连通。当两个用户通信完毕，才把相应的接点断开，两个用户间的连线就断开了。从这里可以看出，该设备能够完成任意两个用户之间交换信息的任务，所以称其为交换设备或者交换机。交换(switch)，即接续，就是在通信的源和目的之间建立通信信道，实现信息传送的过程。有了交换设备，对 N 个用户只需要 N 对线就可以满足要求，使线路的投资费用大大降低。这样尽管增加了交换机的费用，但它的利用率很高，相比之下，总的投资费用将下降。

【想一想】　是不是中国所有的电话用户都连接在一个交换机上？在中国难道只有一个交换机存在吗？

最简单的通信网仅由一台交换机组成。每一部电话机或通信终端通过一条专门的用户环线(或简称用户线)与交换机中的相应接口连接。实际中的用户线常是一对绞合的塑胶线，线径在 0.4～0.7 mm 之间。

但是要组成一个实用的通信网，任一部电话机或终端均可请求交换机在本用户线和所需用户线之间建立一条通信链路，并能随时令交换机释放该链路。

交换通信网的一个重要优点是较易于组成大型网络。当终端数目很多，且分布的区域较广时，就需设置多个交换节点，交换节点之间用中继线相连，如图 1-4 所示。

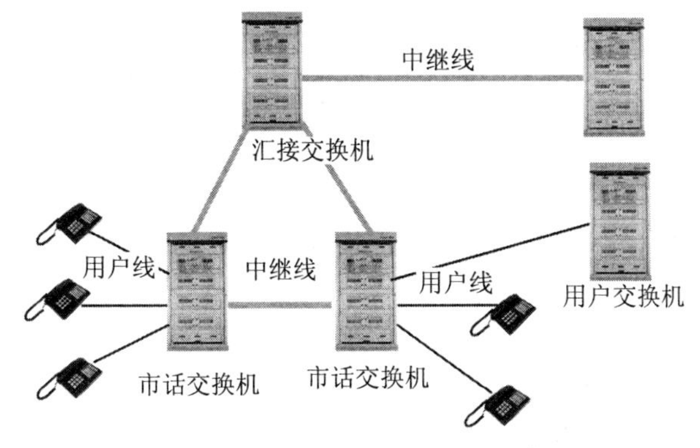

图 1-4　由多台交换机组成的通信网

该通信网中涉及以下几个基本概念：

(1) 市话交换机：网中直接连接电话机或终端的交换机，也称为本地交换机，相应的交换局称为端局或市话局。

(2) 汇接交换机：仅与各交换机连接的交换机称为汇接交换机。当通信距离很远，通信网覆盖多个省市乃至全国范围时，汇接交换机常称为长途交换机。

(3) 中继线：交换机之间的线路称为中继线。

(4) 用户线：用户到交换机之间的线路。

1.1.2　交换机完成的四种接续类型

在电话通信网中，交换节点(交换机)主要完成四种接续类型，如图 1-5 所示，包括：

(1) 本局接续：本局用户线之间的接续，通信的主被叫都在同一个局。

(2) 出局接续：主叫用户线与出中继线之间建立的接续，通信的主叫在本交换局，而被叫在另一个交换局。

(3) 入局接续：在入中继线与被叫用户之间建立的接续，通信的被叫在本交换局，而主叫在另一个交换局。

(4) 转接接续：在入中继线与出中继线之间建立的接续，通信的主、被叫都不在本交换局。

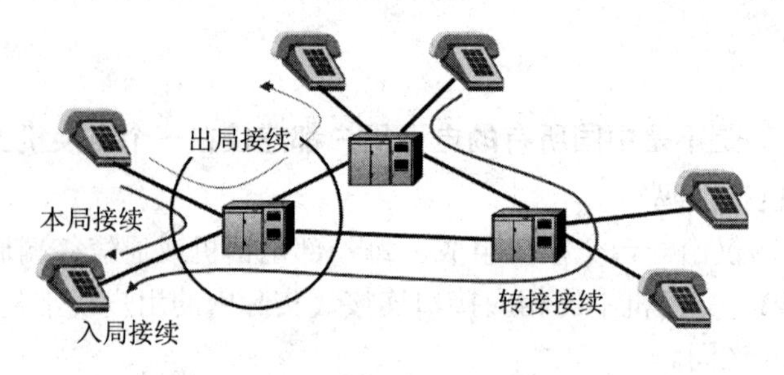

图 1-5　交换机完成的四种接续类型

1.2　电话机的基本组成及工作原理

电话机的硬件组成如图 1-6 所示。

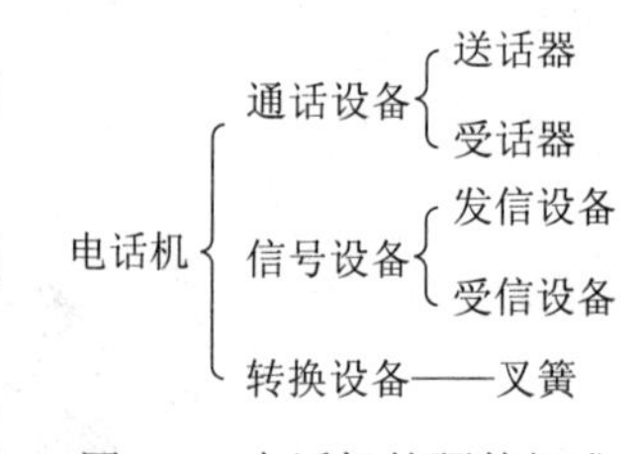

图 1-6　电话机的硬件组成

(1) 通话设备：分为送话器和受话器，即话筒和听筒，主要完成声电转换。

(2) 信号设备：分为发信设备和受信设备。发信设备一般采用双音多频(Dual Tone Multi Frequency，DTMF)方式，它用高、低两个不同的频率来代表一个拨号数字。DTMF 的号码表示方法如表 1-1 所示。受信设备完成信号的接收，现在一般采用电子振铃器，振铃电流是(90 ± 15)V，(25 ± 3)Hz。

表 1-1　DTMF 的号码表示方法

高频组 / 低频组		H1	H2	H3	H4
		1209 Hz	1336 Hz	1477 Hz	1633 Hz
L1	697 Hz	1	2	3	A
L2	770 Hz	4	5	6	B
L3	852 Hz	7	8	9	C
L4	941 Hz	*	0	#	D

(3) 转换设备：即叉簧，完成外线和振铃电路与通话电路的转换。国标上规定叉簧的寿命为 20 万次以上。

【扩展阅读：国产电话机的型号】

电话机型号由四部分组成，第一部分代表电话机的品种类别，具体规定见表 1-2；第二部分是产品序号，每个厂家分配一个，按登记顺序排列，由二位到三位或四位阿拉伯数字组成；第三部分代表外形序号，用来区别同一厂家生产的同一话机的不同款式，用圆括号

内的罗马数字表示；第四部分代表电话机的拨号功能和附加功能，如表 1-3 所示。现在你知道电话机的型号 HCD868(92)TSD 表示什么含义了吗？

表 1-2　电话机的类别表示方法

字母	电话机的类别
HT	投币式电话机
HCD	普通来电显示电话机
HB	拨号盘式自动电话机
HA	按键式自动电话机
HL	录音电话机
HW	无绳电话机
HK	磁卡电话机
HWDCD	数字来电显示电话机

表 1-3　电话机的功能表示方法

字母	功　　能
P	脉冲拨号
T	双音多频拨号
P/T	脉冲和双音多频拨号
D	可不摘机拨号和通话(称为免提)
d	可不摘机拨号(称为半免提)
S	可存储若干个常用电话号码以便在话机上实现缩位拨号

1.3　电话交换机的类型及发展

“交换机”是一个舶来词，源自英文“Switch”，原意是“开关”，我国技术界在引入这个词汇时，翻译为“交换”。在英文中，动词“交换”和名词“交换机”是同一个词(注意这里的“交换”特指电信技术中的信号交换，与物品交换不是同一个概念)。

任意两个用户需要通话时，就可以由交换机把他们连通，在通话完毕时，交换机再把其间的连线拆掉。将需要通话的电话用户连接起来，并在话终时及时拆断连线的设备称为电话交换机。电话交换机用于实现“电话交换”的功能。电话交换机的发展，大致经历了以下几个阶段：人工交换机阶段、机电式自动交换机阶段、电子式自动交换机阶段/程控交换机阶段和软交换机阶段。

1.3.1　人工交换机阶段

1. 磁石式交换机

磁石式交换机和它的用户电话机中都装有磁石式发电机，所以叫做“磁石式”交换机，如图 1-7 所示。

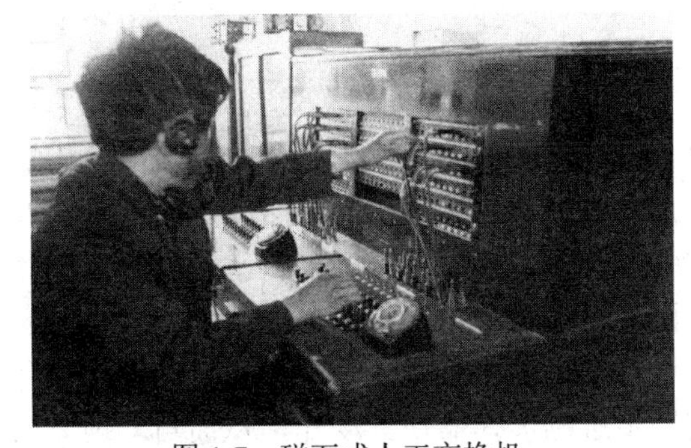

图 1-7　磁石式人工交换机

1878年，世界上第一个电话网络在美国建成，采用的是带手柄的手摇发电机装置，假设1号用户要呼叫3号用户，其工作过程如图1-8所示，叙述如下：

(1) 1号用户摘机，发出呼叫信号，使该用户在交换机上的相应呼叫信号灯亮。

(2) 话务员见到信号灯亮，则将应答塞子插入到该用户的塞孔，并接上话务员话机(扳上应答键)和1号用户通话，询问被叫用户号码。

(3) 当话务员知道被叫用户是3号后，将呼叫塞子插入3号用户塞孔，并扳置振铃键向用户话机发送铃流。

(4) 3号用户(被叫用户)应答后，即可互相通话。

(5) 通话完毕，用户挂机，话终信号灯亮，话务员拆线。

此交换功能是由话务员来完成的。

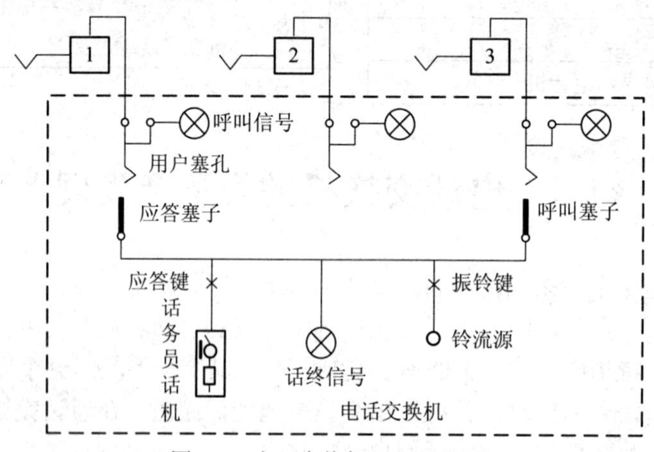

图1-8　人工交换机呼叫示意图

2. 共电式人工交换机

这种交换机取消了用户电话机里的电源(指电池和手摇发电机)，由电话局统一供电，所以叫做“共电式”人工交换机。用户拿起电话，供电环路接通，环路上电流增大，话务员由此得知用户有通话要求。

人工交换机的缺点是接续速度慢、工作量大、易出差错，这就迫使人们寻求自动接续方式。

1.3.2　机电式自动交换机阶段

1. 步进制交换机

世界上第一台自动交换机是1891年美国人史端乔发明的，它是靠电话用户拨号脉冲直接控制交换机的接线器一步一步动作的。用户拨号每产生一个电脉冲，自动交换机的接线器就动作一步。例如，用户拨号“1”，发出一个脉冲(所谓“脉冲”，就是一个很短时间的电流)，这个脉冲使接线器中的电磁铁吸动一次，接线器就向前动作一步。用户拨号码“2”，就发出两个脉冲，使电磁铁吸动两次，接线器就向前动作两步，以此类推。所以，这种交换机就叫做“步进制”电话交换机。步进制交换机属于“直接控制”方式，用户可以通过电话机拨号脉冲直接控制步进制选择器使其动作，从而自动地完成用户间的接续。这种交换机虽然实现了自动接续，但存在速度慢、效率低、杂音大与机械磨损严重等缺点。

2. 纵横制交换机

1926 年，瑞典安装了世界上第一台大型纵横制自动电话交换机，拥有 3500 个用户。

纵横制交换机的交换网络由纵横接线器组成，纵横接线器由纵线(入线)和横线(出线)组成。平时，纵线同横线互相隔离，但在每个交叉点处有一组接点。根据需要使一组接点闭合，就能使某一纵线与某一横线接通。与步进制接线器相比，纵横制交换机利用由继电器控制的压接触线阵列代替大幅度动作的步进制接线器，减小了磨损与杂音，提高了可靠性和接续速度。另外，纵横制交换机采用间接控制方式，用户的拨号脉冲不再直接控制接线器的动作，而先由记发器接收、存储，然后通过标志器驱动接线器，以完成用户间接续，这种方式将控制部分与话路分开，提高了灵活性与控制效率，接续速度明显提高。

上述交换机在话路连接上，各接点大多数采用金属接点，接触电阻很小，接点断开后绝缘电阻很大。各条话路在空间上都是互相分开的，故称为空分式交换机。控制系统都是由一些电子器件和电磁器件构成，故称为布控式交换机。交换机中传输和交换的信号都是模拟信号。

“步进制”交换机和“纵横制”交换机都是利用电磁机械动作接线的，所以它们同属于“机电式自动电话交换机”。

1.3.3　电子式自动交换机阶段/程控交换机阶段

程控交换机是计算机按预先编制的程序控制接续的自动交换机，全称为存储程序控制交换机。

1. 空分程控交换机

1965 年，美国贝尔系统的第一部存储程序控制的空分交换机问世。从 1965 年到 1975 年这 10 年间，绝大部分程控交换机都是空分的、模拟的。什么叫“空分”？空分就是用户在打电话时要占用一对线路，也就是要占用一个空间位置，一直到打完电话为止。过去机电式的交换机都是空分方式的。

2. 时分数字程控交换机

随着数字通信与脉冲编码调制(PCM)技术的迅速发展和广泛应用，世界各国开始积极研制数字程控交换机。在 1970 年法国首先开通了世界上第一个程控交换系统，它标志着交换技术从传统的模拟交换进入数字交换时代。数字程控交换机的特点是将程控、时分、数字技术融合在一起，由于程控优于布控，时分优于空分，数字优于模拟，所以数字程控交换机相对于以前的其他制式交换机有以下许多优点：

- 体积小，耗电少；
- 通话质量高；
- 便于保密；
- 方便提供多种新业务；
- 维护方便，可靠性高；
- 灵活性与适应性强；
- 可以采用公共信令。

1.3.4 软交换机阶段

在传统的交换网络中，当需要增加新业务时，需要对网络中相关的交换机和其信令系统进行改造，业务提供周期长且成本高。而软交换技术提供了一种全开放的体系架构，它将业务层与呼叫控制分离，更利于提供各种新业务。

1.4 主要的交换方式

所谓交换方式是指交换节点为完成其交换功能所采用的互通技术。现代通信网中常用的交换方式从交换的思想和根本方式上来区分，可分为电路交换和分组交换方式，如图 1-9 所示。电话网中主要采用电路交换方式，而数据网中主要采用分组交换方式。

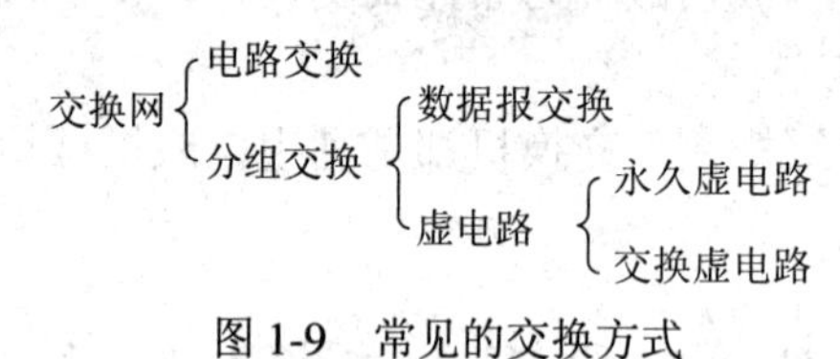

图 1-9 常见的交换方式

1.4.1 电路交换

所谓电路，可以是一对铜线、一个频段，或者是时分复用电路上的一个时隙，它是承载用户信息的物理层媒质。电路交换就是在通信的两个终端之间建立一条专用传输通道，完成通信双方信息交换的方式。

电路交换是最早出现的一种交换方式，它是针对最早的语音通信来设计的。语音通信的特点是对差错率要求不高(因为人们对语音的误差有一定的容错能力)，但是对实时性要求较高，否则一句话需要很长时间才传到对方，用户的通话体验就会很差。

针对语音通信的这个基本要求，电路交换采用面向连接的、独占电路的方式来满足实时性的要求。电路交换主要包括建立连接、通信和释放连接三个过程，建立连接阶段是根据用户所拨的电话号码，由交换机负责连接一条电路，在通话阶段该电路由该用户独占，即使他们不讲话，不传输信息，该电路也不能分配给其他用户使用，其示意图如图 1-10 所示。

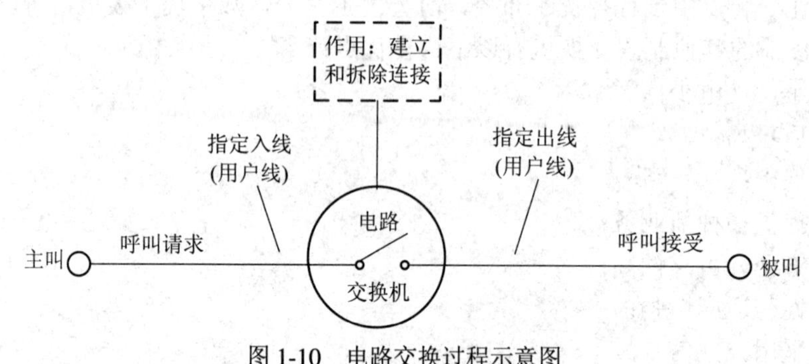

图 1-10 电路交换过程示意图

电路交换主要有以下优点：

(1) 信息传输延迟时间小(对于一次连接来说，传输延迟是固定不变的)。

(2) 交换机对用户的数据信息不进行存储、分析和处理，交换机在处理方面的开销小，对用户的数据信息不需要附加许多用于控制的信息，传输效率高。

(3) 信息的编码方法和信息格式不受限制，即可在用户间提供“透明”的传输。

同时，电路交换也存在一些缺点，主要有以下几点：

(1) 电路的接续时间较长。当传输较短信息时，建立电路和电路释放时间较长，传送不经济。

(2) 电路交换为用户分配固定位置、恒定带宽的电路。话路接通后，即使无信息传送，也要占用通信电路，空闲照样付费，因此电路利用率低。

(3) 通信双方在信息传输、编码格式、同步方式、通信协议等方面要完全兼容，这就限制了各种不同速率、不同代码格式、不同通信协议的用户终端的直接互通。

(4) 有呼损，即可能出现由于对方用户终端设备忙或交换网负载过重而呼叫不通的现象。

(5) 物理连接的任何部分发生故障都会引起通信中断。

1.4.2　分组交换

随着计算机的发展，数据通信的需求量越来越大，但数据与语音的传输要求不同，采用电路交换不能很好地满足数据通信的要求。语音通信的特点是差错率要求不高，一般为 10^{-6}，但要求实时性强，须在毫秒级。数据通信刚好相反，它对实时性要求不高，可以在分钟甚至小时级，但对差错率要求极高，一般要求误码率达到 10^{-9}，同时还要进行差错控制，保证数据的完全正确。对实时性的要求可以从发送一封电子邮件中有所体会。发送一封电子邮件有几分钟的时间延迟，人们都可以接受。对差错率的要求可以从下载一个数据包中得到直观的感受。从网上下载一个 zip 文件，若错了一个关键的位，整个数据包都无法解包使用。这就是数据通信与语音通信完全相反的要求，为了适应这种要求，提出了分组交换方式。

分组交换采用存储-转发的方式进行交换。在分组交换方式中，首先将需要传送的信息划分为一定长度的分组，并以分组为单位进行传输和交换。分组头中主要包含逻辑信道号、分组的序号及其他控制信息。

1．分组交换的特点

优点：

① 灵活性强，各分组可通过不同路径传输。

② 转发延时小——适用于交互式通信。

③ 某个分组出错可以仅重发出错的分组——效率高。

④ 以分组为单位，节省存储空间，降低费用。

缺点：

① 附加信息多，影响了效率。

② 需要分割报文和重组报文，增加了端站点的负担。

2. 分组交换的方式

分组交换有两种方式：虚电路(面向连接)方式和数据报(无连接)方式。

1) *虚电路方式*

所谓虚电路，是指两个用户在进行通信之前要通过网络建立逻辑上的连接。一次通信具有呼叫建立、数据传输和呼叫清除三个阶段。分组按已建立的路径顺序通过网络，在预先建好的路径上的每个节点都知道把这些分组引导到哪里去，不再需要路由选择判定。这种方式分组的顺序容易保证，分组传输时延比数据报小，而且不容易产生数据分组的丢失，它是一种面向连接的交换方式。虚电路方式又分为永久虚电路和交换虚电路。

2) *数据报方式*

数据报方式是独立地传送每一个数据分组。每一个数据分组都包含终点地址的信息，每一个节点都要为每一个分组独立地选择路由。因此，一份报文包含的不同分组可能沿着不同的路径到达终点。

数据报方式在用户通信时不需要有呼叫建立和释放阶段，对短报文传输效率比较高，对网络故障的适应能力较强，但属于同一报文的多个分组独立选路，故不能保证分组按序到达，因此目的站点需要按分组编号重新排序和组装。

☆☆ 本 章 小 结 ☆☆

本章主要讲解了交换技术的基础和基本概念。从交换的基本概念开始，先解释在通信网络中为什么需要交换机，然后讲解了电话机的基本组成和工作原理，在此基础上讲解了电话交换机的发展历程，最后从技术角度讲述了目前的一些主要交换方式。

☆☆ 习　　题 ☆☆

一、填空题

1．电话通信网的三要素是 ______________、 ______________和______________。

2．电话机的基本组成部分有___________、 ______________和______________。

3．第一台自动电话交换机是由 ___________发明的。

4．目前在各种通信网中所采用的交换方式有__________和__________。在电话通信网中一般采用的是___________方式，而在数据通信网中更多的是采用___________方式。

5．分组交换网在处理分组流时有两种方法，即___________和虚电路。

6．分组交换其特点是采用_____(同步/统计)时分复用；带宽_____(固定/可变)、资源利用率_____(高/低)；其缺点是传输时延_____(大/小)。

二、选择题

1．人类用电来传递信息最早的是(　　)。

A．电话　　B．电报　　C．收音机　　D．电视

2．N 个终端采用全互连方式组成的通信网，需要(　　)。

A．N(N−1)/2 条线路　　B．N−1 条线路
C．N 条线路　　D．2N 条线路

3．在需要通信的用户之间建立连接，通信完成后拆除连接的设备是(　　)。

A．终端　　B．交换机　　C．计算机　　D．调制解调器

4．本局呼叫通常是指主、被叫用户在(　　)。

A. 同一交换局　　B. 不同的交换局
C. 通过转接的两个交换局　　D. 本地网内的两用户

5．在面向连接的网络中，每个分组的路由是在(　　)时确定的。

A. 建立电路连接　　B. 建立虚电路
C. 中继节点转发　　D. 形成分组

6．在分组交换网中，信息在从源节点发送到目的节点的过程中，中间节点要对分组(　　)。

A. 直接发送　　B. 存储转发
C. 检查差错　　D. 流量控制

7．下列关于虚电路交换的叙述中不正确的是(　　)。

A．各分组按发出顺序到达目的站节点
B．用户双方独占物理电路
C．永久虚电路没有虚电路呼叫建立阶段
D．属于存储转发交换

三、简答题

1．什么叫用户线？什么叫中继线？

2．电话交换机的四种基本接续功能是什么？

3．分组交换与电路交换在交换思想上有什么本质的区别？二者各有哪些特点？

第2章 电话通信网

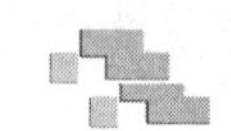

教学提示

电话网络是进入到现代通信阶段的第一个大规模的现代通信网络。在过去很长一段时间，它是现代通信最主要的形式。以至于在那时，“电信网”一词几乎就是“通信网”的代名词。因此，在学习电话业务网络的时候，有必要先了解一下整个通信网络的概貌。

导入案例

电话的发明者

电话，又称“现代顺风耳”，它利用电流把人的说话声音传向远方，使得远隔千山万水的人能如同面对面地交谈。这个机器，说它难，话变电，电变话，如此而已；可是说它容易，当年发明大王爱迪生，穷数年之力，研究此机，还是功亏一篑，让贝尔先生拔了头筹。

亚历山大·贝尔发明了电话，这似乎是一个人人都知道的常识。可却鲜有人知道，当年，就在贝尔宣布他发明了世界上第一部电话机，并为这项轰动整个科学界的发明申请专利时，一位名叫莱斯的科学家却向美国最高法院对贝尔提出控诉，声称电话机的发明权应该归他所有，贝尔剽窃了他的发明。

此事关系一项重大发明的发明权和当事人的名誉权，法院不得不进行认真严肃的调查，并请有关科学家对贝尔和莱斯各自的申诉进行鉴定。

调查和鉴定结果证明，在贝尔之前，莱斯确实已研制成功一种利用电流进行传声的装置。这种装置能把声音传到1000米以外。但是这个装置仅能单向传送，不能互相交流，而且声音断断续续，根本不实用。而“贝尔电话”却可以流畅地进行双方通话。于是，法院和科学家都断定，莱斯的这种装置还不能被称为电话机，贝尔才是电话发明专利的拥有者。可是莱斯还是不服气，坚持声称贝尔剽窃了自己的发明。

贝尔没有说话，只是微笑着，当着法官和莱斯的面，他从怀里掏出一把小螺丝刀，把“莱斯装置”上的一颗螺丝钉往里拧了二分之一圈——大约5丝米。只是5丝米，5个万分之一米，也就是半毫米，“莱斯电话”居然可以进行双方通话了！如此神奇的变化让在场的所有人都目瞪口呆。

面对神圣的法院，贝尔直言不讳地说，他的确曾借助过莱斯的实验，但他将莱斯装置所用的间歇电流改变为连续的直流电，这就解决了传送短促、讲话声音断断续续的问题。然后，他又将莱斯装置上的一颗螺丝往里拧了5丝米，于是，说话声音就能互相传递了。

法院最终判决电话的发明权归属贝尔。贝尔提出因为自己的确利用了莱斯的实验，他愿意和莱斯共享发明专利。

莱斯感慨地说：“我当时以为做得差不多了，谁知道却在离成功5丝米的地方失败了，我将终生吸取这个教训。”坚决拒绝与贝尔共享专利。

“差不多是差多少？”“零缺陷”博士用双手比量的一个距离，说道：“差不多也许是10天，也许是20天；也许只完成目标的60%，也许只完成80%，反正差不多就是差不多。中国有句古话，失之毫厘，谬以千里。西方的谚语也说，‘丢失一个钉子，坏了一只蹄铁；坏了一只蹄铁，折了一匹战马；折了一匹战马，伤了一位骑士；伤了一位骑士，输了一场战斗；输了一场战斗，亡了一个帝国。’一个小钉子可以动摇一个帝国，航天飞船、摩天大楼的设计即使有0.001的误差，都有可能造成灾难性的悲剧。”

美国“挑战者号”航天飞机从发射架升空72秒后爆炸，七位宇航英雄饮恨长空，价值12亿美元的航天飞机顷刻间化为齑粉，坠入大西洋。探究这场世界航天史上最大惨剧发生的原因，竟然是推进器上的一条螺栓垫圈断裂造成燃料泄漏引起的。前苏联的联盟一号因为地面检查时忽略了一个小数点，导致了飞船坠毁、宇航员丧生的惨剧。一颗螺丝钉到底值多少钱？当我们明白“不符合要求的代价”时，我们就会肯定地说，“差不多”实际上就是“差很多”！

2.1 通信网概述

2.1.1 通信网的概念

通信就是在信源与信宿间有效和可靠地传输消息的过程。通信的基本要求有以下三条：

(1) 接通的任意性与快速性；

(2) 信号传输的透明性与传输质量的一致性；

(3) 网路的可靠性与经济合理性。

通信网(Communication Network)是通信系统的一种形式。它是由一定数量的节点(包括终端设备和交换设备)和连接节点的传输链路相互有机地组合在一起，以实现两个或多个规定点之间信息传输的通信体系。也就是说，通信网是由相互依存、相互制约的许多要素组成的有机整体，用以完成规定的功能。本书中的通信系统特指使用光信号或电信号传递信息的通信系统。

2.1.2 通信网的基本组成

从硬件结构看，通信网由终端节点、交换节点、业务节点、传输系统构成。其功能是完成接入交换网控制、管理、运营和维护。

从软件结构看，它们有信令、协议、控制、管理、计费等，其功能是完成通信协议以及网络管理来实现相互间的协调通信。

2.1.3 通信网的分类

现代通信网从各个不同的角度出发，可有各种不同的分类，常见的分类方式有以下几种。

(1) 按实现的功能分为业务网、传送网、支撑网。业务网负责向用户提供各种通信业务；其技术要素包括：网络拓扑结构、交换节点技术、编号计划、信令技术、路由选择、业务类型、计费方式、服务性能保证机制。传送网独立于具体业务网，负责按需要为交换节点/业务节点之间的互连分配电路，提供信息的透明传输通道，包含相应的管理功能；其技术要素包括传输介质、复用体制、传送网节点技术等。支撑网提供业务网正常运行所必需的信令、同步、网络管理、业务管理、运营管理等功能，以提供用户满意的服务质量，包括同步网、信令网、管理网。

(2) 按业务类型分为电话通信网、电报通信网、电视网、数据通信网、综合业务数字网、计算机通信网和多媒体通信网等。

(3) 按传输手段分为光纤通信网、长波通信网、载波通信网、无线电通信网、卫星通信网、微波接力网和散射通信网等。

(4) 按服务区域和空间距离分为农话通信网、市话通信网、长话通信网和国际长途通信网，或局域网、城域网和广域网等。

(5) 按运营方式和服务对象分为公用通信网、专用通信网等。

(6) 按处理信号的形式分为模拟通信网和数字通信网等。

(7) 按活动方式分为固定通信网和移动通信网等。

由此可见，本书所讨论的电话网络属于一种业务网，并且是现代通信网中最基础的一个。

2.1.4　电话通信网

公用电话交换网(Public Switched Telephone Network，PSTN)，主要是指固定电话网。PSTN 中使用的技术标准由国际电信联盟(ITU)规定，采用 E.163/E.164(通俗地称做电话号码)进行编址。

电话网属于业务网，是以电路交换为基础、双向实时语音业务为主体的电信网。它分为国内本地电话网、国内长途电话网和国际长途电话网。电话网经历了从模拟到数字，从单一语音业务为主到综合业务的发展历程。

电话通信网的指标主要有以下三个方面：

(1) 接续质量：用户通话被接续的速度和难易程度，通常用接续损失(呼损)和接续时延来度量。

(2) 传输质量：可以用响度、清晰度和逼真度来衡量。

(3) 稳定质量：通信网的可靠性，其指标主要有失效率(设备或系统投入工作后，单位时间发生故障的概率)、平均故障间隔时间、平均修复时间(发生故障时进行修复的平均时长)等。

最早的电话通信形式只是两部电话机中间用导线连接起来便可通话，但当某一地区电话用户增多时便形成了一个以交换机为中心的单局制电话网。随着用户数量继续增多，从而形成汇接制电话网。单局制电话网和汇接制电话网交换中心的结构如图 2-1 所示。

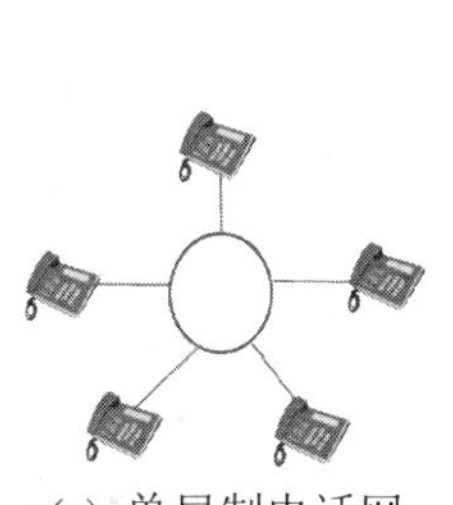

(a) 单局制电话网

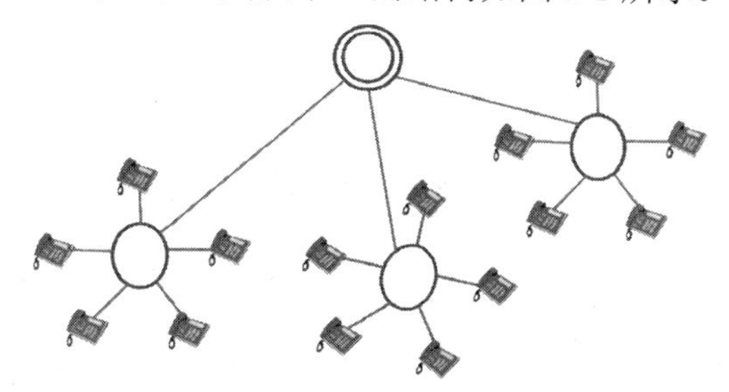

(b) 汇接制电话网

图 2-1　单局制和汇接制的电话网

2.2　电话网的结构

全国范围的电话网是采用等级制的结构。等级结构就是全部交换局划分成两个或两个以上的等级，低等级的交换局与管辖它的高等级的交换局相连，各等级交换局将本区域的通信流量逐级汇集起来。一般在长途电话网中，根据地理条件、行政区域、通信流量的分

布情况等设立各级汇接中心，每一汇接中心负责汇接一定区域的通信流量，逐级形成辐射的星型网或网状型网。一般是低等级的交换局与管辖它的高级交换局相连，形成多级汇接辐射网，最高级的交换机则采用直接互连，组成网状型网，所以等级结构的电话网一般是复合网。

我国的电话网络分为长途网络和市话网络两部分。

2.2.1 我国的本地电话网

本地电话网定义是：由同一个长途编号区范围以内的所有交换设备、传输设备和用户终端设备组成的电话网络。本地网的标识是同一个长途编号，而不是行政区域划分或地理位置等其他因素。

我国的本地网一般采用二级结构，由汇接局和端局组成。汇接局用 Tm 表示，端局则常用 C5 或 DL 亦或 LS 来表示。

图 2-2 以某一时期的上海市话网为例，说明了我国本地网常见组网方式。图中的上海市话网外联了 4 个长途交换机。

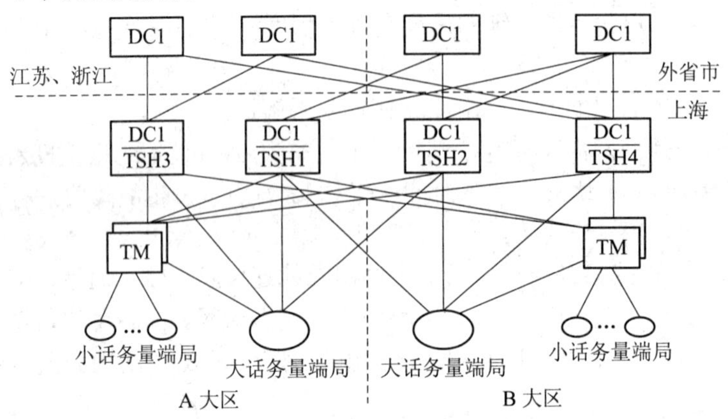

图 2-2 本地电话网结构实例

2.2.2 我国的长途电话网

国内长途电话需要通过长途电话网的转接。在 1986 年至 1998 年期间，我国实行四级长途电话网等级结构，统称为 TS，各级划分如下：

C1：省间大区长途交换中心，按经济协作区分为 6 个，相互间呈两两相连的网状型。

C2：省级长途交换中心，共有 30 个。

C3：地区长途交换中心，又名初级交换中心。

C4：县级长途中心。

长途电话网络的演变过程如图 2-3 所示。图 2-3(a)中的通路称为基干路由。由于转接段数多，存在接续时延长、传输损耗大、接通率低、可靠性差等一系列问题。因而，随着话务量的增加，许多直达电路应运而生。当某两级之间，大量的直达路由和迂回路由形成网状时，原有的两级就逐渐合并为一级，形成如图 2-3(b)的形式。

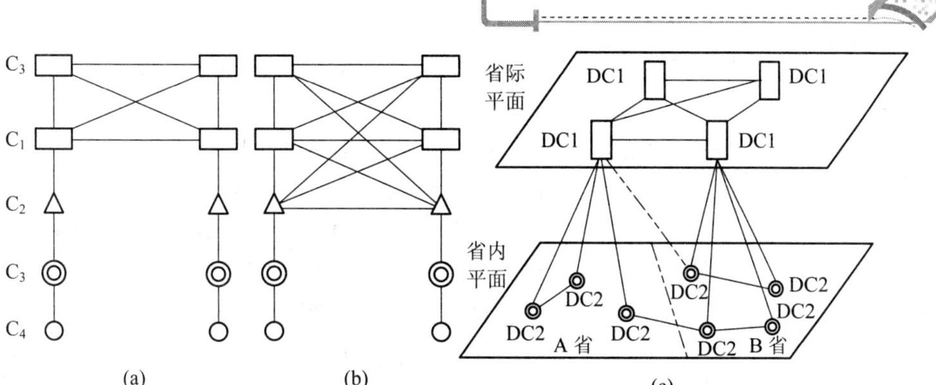

图 2-3　长途电话网络的演变过程

早期四级长途网络结构存在的问题有：

(1) 转接段数多，造成接续时延长，传输损耗大，接通率低。

(2) 可靠性差。多级长途网一旦某节点或某段电路出现故障，会造成局部阻塞。

(3) 从全网的网络管理、维护运行来看，区域网络划分越小，交换等级数量越多，网管工作越复杂。

考虑以上原因，至 1998 年 4 月，原邮电部和电子部共同组建的国家信息产业部，颁布了现阶段我国电话网的新体制，明确了我国的长途电话网已演变为二级结构，如图 2-3(c)所示。

其中，DC1 构成长途两级网的高平面网(省际平面)，DC2 构成长途网的低平面网(省内平面)，然后逐步向无级网和动态无级网过渡。DC1 和 DC2 结构如下所述：

(1) DC1 由原有的 C1、C2 两级合并而成，省级交换中心采用两两相连的网状形。

(2) DC2 由原有的 C3 扩大而成，本地长途交换中心 TM 汇接局负责疏通端局间的话务。(C4 已经逐渐失去原有作用，趋于消失。)

将来，这样二级的结构还会逐步向“动态无级网”的方向过渡。无级，是指各节点之间无等级之分，都在一个平面上，形成网状。动态，是指选择路由的方式，随网络的实时情况而变化。同时，交换机容量还将越来越大，交换局数目将减少，网络结构将更趋于简单。

2.2.3　国际长途电话网

国内长途电话网经国际局，进入国际电话网。国际长途电话网是指将世界各国的电话网相互连接起来进行国际通话的电话网。为此，每个国家都需设一个或几个国际电话局进行国际去话和来话的连接。一个国际长途通话实际上是由发话国的国内网部分、发话国的国际局、国际电路和受话国的国际局以及受话国的国内网等几部分组成的。

原国际电报电话咨询委员会(CCITT)于 1964 年提出等级制国际自动局的规划，国际交换中心 CT 分三级，分别以 CT1、CT2、CT3 表示。其中国际中心局共有 6 个，分别在纽约(美洲区)、悉尼(澳洲区)、伦敦(西欧、地中海区)、莫斯科(东欧、中西亚区)、东京(东亚区)和新加坡(东南亚区)。

国际电话网的特点是通信距离远，且多数国家之间不邻接。传输手段多数是使用长中继无线通信、卫星通信或海底同轴电缆、光缆等；在通信技术上广泛采用高效多路复用技

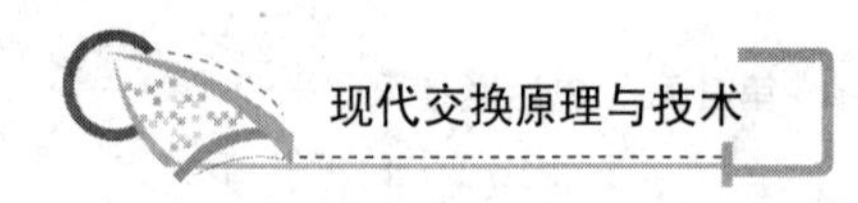

术以降低传输成本；采用回音抑制器或回音抵消器来克服远距离四线传输时延长所引起的回声。

根据工信部公布的数据：2013 年 1～11 月，固定本地通话时长为 2774.8 亿分钟，固定本地电话的平均每户每月通话时间(Minutes Of Usage，MOU)达到 92.2 分钟/(月·户)；固定长途电话通话时长为 540.9 亿分钟，固定长途电话的 MOU 为 18.0 分钟/(月·户)。这些数据显示出：在移动电话的冲击下，固话通话量持续下降，但降幅持续收窄。其中，长途通话量下滑超过本地通话。图 2-4 比较了 2011～2013 年各季度的固定通话时长和 MOU 值。从图中可以看到：在移动通信和因特网即时通信业务的冲击下，固定电话的通话量呈明显的下降趋势。

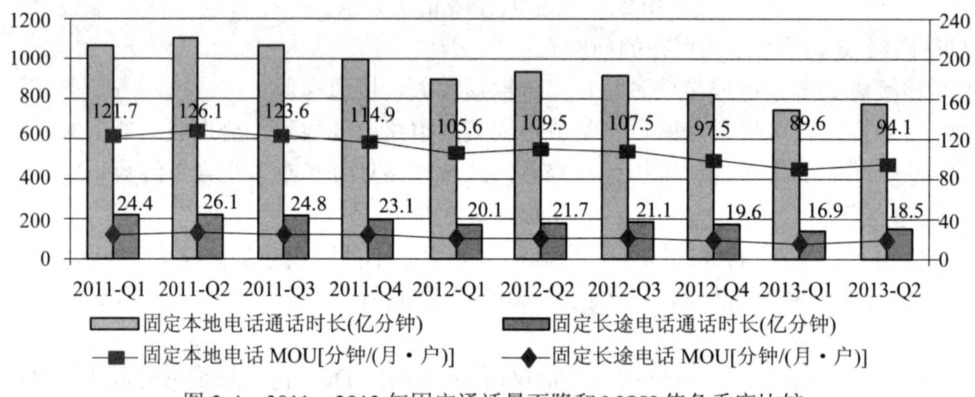

图 2-4　2011～2013 年固定通话量下降和 MOU 值各季度比较

2.3　电话网的编号计划

所谓编号计划，指的是本地网、国内长途网、国际长途网、特种业务以及一些新业务等各种呼叫所规定的号码编排和规程。自动电话网中的编号计划是使自动电话网正常运行的一个重要规程，交换设备应能适应上述各项接续的编号需求。

固定电话网编号由一串连续的数字组成，它是电话网中每一个用户都会分配到的一个编号，用来在电信网中选择和建立接续路由和作为呼叫的目的地址。每一个用户号码必须是唯一的，不得重复，因此需要有一个统一的编号方式。公共电话交换网中使用的技术标准是由国际电信联盟(ITU)规定的，采用 E.163/E.164(通俗称做电话号码)进行编址。

由于我国幅员辽阔，所以划分了国内长途片区。在这样的网络结构下，电话号码的编排方式，也相应地分为长途区号和本地电话号码两个部分。在下面将要学习的电话网络编号方式中，请同学们结合 2.2 小节所学的组网结构，在学习编号设置方式的同时，不忘思考“为什么要这样设置”。

2.3.1　本地网的编号方式

本地直拨的电话号码是由局号和用户号两个部分组成的。

(1) 用户号。用户号是本地电话号码的最后 4 位，常用字母 ABCD 表示。

(2) 局号。局号则是加在用户号的前面，各地区各时期的局号长度不等。改革开放以前，多数本地网就只有一个端局，交换机容量才 2000 多，无需局号，电话号码长度仅有 4 位。随着用户人数的增加，电话号码也不断升位。

升位后的号码长度，要根据本地电话网的长远规划容量来确定。据统计，一个 400 万人口的城市，至少需要 800 万号。7 位不够，9 位又太多，故通常需要 8 位长度的本地电话号码。

若总长度为 5 位，常用 PABCD 表示；6 位用 PQABCD 表示；7 位用 PQRABCD 表示；8 位用 PQRSABCD 表示。

2.3.2　国内长途电话的编号方式

若被叫方和主叫方不在一个本地电话网内，则属于长途电话。我国曾经用拨打“173”来接通国内人工长途电话话务员，由话务员接通被叫用户。现在的长途电话都使用全自动接续方式了。打国内长途电话时，需使用具有长途直拨功能的电话，所拨号码分为：国内长途字冠、国内长途区号、市内号码三个部分。

(1) 国内长途字冠。先拨表示国内长途的字冠，又叫接入码。中日韩英法德等大多数国家都采用 ITU 推荐的“0”作字冠。也有一些国家使用其他字冠，如美国使用“1”作为国内长途字冠。

(2) 国内长途区号。然后再拨被叫用户所在的国内长途区域号码，有些国家称它为城市号码。

我国的国内长途区号确定于文化大革命之后，当时没有程控电话交换机，市级的行政单位也不多(多为地级的)，部分长途电信流量较少的地区合用一个地区交换中心，选用 4 位的区号(在描述国内长途区号的位数长度时，通常不算长途字冠)。后来合并了 C4 网，4 位的区号已经消失。如今，我国的国内长途区号为 2～3 位。原来空缺的号码资源，除了个别作为预留以外，都开始在各地作为填补号码资源空缺使用，以保证每个市级行政单位至少有一个三位区号。所以 63×以后的号码分别出现在山东、云南的区号里，西藏区号剩余的 898、899、890 则给了海南省，到 2001 年海南省合并 C3 网，又改为仅保留 898。北京的区号也因 GSM 移动电话特殊的长途拨号方式不得不由“1”改为“10”。表 2-1 列举了我国的国内长途区号位数分配方式。

表 2-1　我国的国内长途区号

	第一位	第二位	第三位
北京	1	0	
9 大城市	2	×	
其他城市	3～9	×	×

(3) 本地号码。最后拨被叫方的本地号码。

这几个部分合在一起时，在书写上，为了方便区分，常用短横间隔开，但在电话机上拨号时，连续拨号即可。表 2-2 给出了从北京拨打到重庆和从加州拨打到纽约的两个例子。

表 2-2 长途电话直拨示例

	国内长途字冠	+	国内长途区号	+	市内号码
从北京打到重庆的拨号	0		23		42871115
从加州打到纽约的拨号	1		315		555-1212

2.3.3 国际长途电话的编号方式

国际长途直拨电话(IDD：International Direct Distance Dialing)的号码分为国际长途字冠、国际长途区号、国内长途区号和本地号码 4 个部分。

(1) 国际长途字冠。表示国际长途的字冠是首先需拨的号码。半数以上的国家和地区，包括中国、德国、印度、中国澳门、越南等，都使用“00”来作为国际长途字冠。加拿大、美国使用“011”，日本、韩国、泰国、中国香港使用“001”，中国台湾使用“002”，新加坡使用“005”，英国使用“010”，来作为国际长途字冠。

由于各国的国际长途字冠五花八门，所以后期增设了“+”号为全球通用国际长途字冠。

(2) 国际长途区号。在拨完了国际长途的字冠后，接着就应该拨被叫用户所在的国际长途片区区域号了。国际长途区号长度有 1～3 位不等，如表 2-3 所示。

表 2-3 部分国家及地区国际长途区号

北美以 1 开头	美国 1，加拿大 1，夏威夷 1808
非洲以 2 开头	埃及 20，南非 27
南欧以 3 开头	荷兰 31，法国 33，西班牙 34，意大利 39
北欧以 4 开头	瑞士 41，英国 44，丹麦 45，挪威 47，德国 49
南美以 5 开头	墨西哥 52，阿根廷 54，巴西 55
南亚以 6 开头	马来西亚 60，菲律宾 63，新加坡 65，泰国 66
大洋洲以 6 开头	澳大利亚 61，新西兰 64
俄罗斯以 7 开头	
东亚以 8 开头	日本 81，韩国 82，越南 84，朝鲜 85， 中国 86，中国香港 852，中国澳门 853，中国台湾 886
西亚以 9 开头	土耳其 90，印度 91，伊拉克 964，蒙古 976

(3) 国内长途区号。在拨了“国际长途区号”后再接着拨“国内长途区号”。此时，国内长途区号前面无需加拨表示国内长途的字冠“0”。

例如，国外某大公司名片上电话号码的标准写法是：“+33(0)1xxxxxxxx”，其中“(0)”加个括号的意思就是为了表示这是法国的国内长途字冠，若主叫方在法国，就拨 01xxxxxxxx，若不在法国，就拨 +331 xxxxxxxx。33 是法国的国际区号，1 表示是巴黎大区。

(4) 本地号码。最后依旧是拨被叫方的本地号码。

以上 4 个部分合在一起，就是打跨国电话所需拨打的号码了。例如从德国打到重庆，或从北京打到台北，可以按照表 2-4 方式来拨号。

表 2-4　国际长途电话直拨示例

	国际长途字冠	+	国际长途区域号	+	国内长途区号	+	本地号码
从德国打到重庆的拨号	00		86		23		42871115
从北京打到台北的拨号	+		886		2		8780××××

再例如，从英国打到重庆来，需要拨打：010　86　23　87654321。此时，身在重庆的被叫用户看到的来电显示为：00　44　××××。

如果换过来，从重庆打到英国去，则需要拨打：0044××××。此时身在英国的被叫用户看到的来电显示则为：010　86　23　87654321。

2.3.4　特服电话

除了普通的电话号码以外，还有一些在通话之外的增值服务业务，被称之为特服电话。我们熟悉的 110、10086、12306 等都属于特服电话。由于这些号码数一般少于正常的电话号码数(7 位或 8 位)，所以也叫短号码。表 2-5 列举了一些常见的特服电话号码。

表 2-5　特 服 电 话

中国内地：警察 110，火警 119，救护车 120，交通事故 122	香港：紧急求救电话 999
新加坡：紧急呼叫 999，火警 995，警察 999，救护车 999	澳门：紧急求救电话 000
日本：警察 110，火警 119	澳洲：000
德国：警察 110，火警或救护车 112	新西兰：111
法国：通用紧急 112，警察 17，救护车 15	英国：通用紧急 999，112
意大利：警察 113，救护车 118，火警或灾害 115	加拿大：911
俄罗斯：警察 02，救护车 03，火警 01，气体泄漏 04	美国：911

2.4　智　能　网

2.4.1　智能网的基本概念

1984 年 AT&T 公司采用集中数据库方式提供 800 号(被叫付费)业务和电话记账卡业务，形成了智能网的雏形。1992 年 ITU-T 正式定义了智能网(Intelligent Network，IN)，它是一种在原有通信网的基础上，为快速、方便、经济、灵活地提供新业务而设置的附加网络结构。

根据定义，智能网只作为原有网络的一种“附加”结构，不能单独组网，必须依托原有的通信网络。它以计算机和数据库为核心，其目的是在多厂商环境下快速引入“新业务”，并能安全加载到现有的电信网上运行。其名字中的“智能”二字并非通常意义上的智能化，而是指能方便地增加这些新业务。

没有智能网以前，按照传统的实现方法，增加新业务时，需对呼叫处理程序及相关数据进行修改，在呼叫处理的适当环节增加必要的程序和数据，对现有网络结构、管理、业务控制、生成方法等都需进行变革。新业务从定义到最后可以上网使用，周期长达 1.5～5 年。

有了智能网以后，开发新业务的周期减少到最多 6 个月。智能网带来了巨大的经济利益和方便，提高了网络利用率，增强了网络智能性。

智能网的基本思想是：将呼叫控制功能与业务控制功能“分离”，即交换机只完成基本的呼叫控制功能。这种各功能分离的思路一直延伸到下一代网络 NGN 的概念中。

移动电话网络发展起来之后，又提出了移动智能网(Mobile Intelligent Network，MIN)的概念。MIN 是一种用来在移动网中快速、有效、经济和方便地生成和提供新业务的网络体系结构。3G 系统网络就是智能网技术在移动网中的应用，强调智能网和移动网的综合。2G 的 GSM 和 CDMA 系统，因为控制和管理机制与智能网十分相似，所以可方便地利用智能网技术对移动网进行优化设计。GSM 的智能网模型是 CAMEL(Customized Applications for Mobile Network Enhanced Logic，移动网增强逻辑的客户化应用)，CDMA 的智能网模型是 WIN(Wireless Intelligent Network，无线智能网)。它们都是在原有的移动网基本功能模块上逐渐增加智能网的功能单元并进行智能优化的结果，是智能网技术在移动领域的拓展。

2.4.2 智能网的典型业务

1. 智能网业务的国际标准——IN CS

智能网是为了更好地实施新业务而建立的业务网，它包含的业务林林总总，且在不断增加。IN CS 是 ITU-T 所建议的智能网能力集，它是智能业务的国际标准。

- IN CS1。1992 年 ITU-T 定义了 25 种智能网业务，14 个 SIB(与业务无关的构成块)，主要局限于 PSTN、N-ISDN 和在移动网上提供各种增值智能业务。CS1 只能在一个网内提供智能业务，是智能网的第一阶段。
- IN CS2。1997 年 ITU-T 又定义了 16 种智能业务，增加 8 个 SIB，主要是实现智能业务的漫游，即增加了智能网的网间业务，加入了对移动通信网中的业务支持和呼叫方处理业务等三类业务。其新增的个人移动业务有：用户鉴权、用户登记等。
- IN CS3。1999 年推出，新增智能网与 Internet 的综合、智能网支持移动的第 1 期目标(窄带业务)。
- IN CS4。主要是实现智能网与 B-ISDN 的综合、智能网支持移动的第 2 期目标(IMT2000)。

2. 我国首批 7 种基本智能网业务

根据我国通信发展的实际情况，原邮电部颁布了智能网上开放智能网业务的业务标准，首批定义了 7 种基本智能网业务的含义及业务流程。

(1) 被叫集中付费业务(Free Phone Service，FPH)。被叫集中付费业务最早于 1967 年在美国开始提供，是一项由企业或服务行业向广大用户提供免费呼叫的业务，常常被作为一种经营手段，广泛用于广告效果调查、顾客问询、新产品介绍、职员招聘、公共信息提供等。多数国家普遍采用“800”作为其业务代码。智能网的概念提出后，在世界各国得到了广泛的发展，几乎所有国家在规划智能网时，都将它作为发展的首选业务。

(2) 个人通信(Universal Personal Telecommunication，UPT)。个人通信业务让用户使用一个唯一的个人通信号码，可以接入任何一个网络并能够跨越多个网络进行通信。该业务

实际上是一种移动业务，它允许用户有移动的能力，用户可通过唯一的、独立于网络的个人号码接收任意呼叫、并可跨越多重网络。通用号码业务的主要功能有电话自动分配、黑白名单和话费分摊、专用密码、呼叫转移、费用控制。

(3) 广域集中交换机(Wide Area Centrex，WAC)。广域集中交换机名字中的“Centrex”，是虚拟交换机的简称。这是一种通过修改交换机的程序和数据来实现业务的方案，属于传统方法，而非智能网方案。它将市话交换机上的部分用户定义为一个虚拟小交换机用户群，群内的用户不仅拥有普通市话用户的所有功能，而且拥有用户小交换机(也称专用集团电话交换机，英文为 Private Automatic Branch Exchange，缩写为 PABX，也可简称为 PBX)的功能。用户无需真正购买和维护小交换机实物，就好比这台小交换机集中到局用网交换机中去了，故又称为集中小交换机业务。Centrex 用户一般有两个号码：① 长号：普通市话号；② 短号：群内号码。群内呼叫时，拨短号或长号皆可，都享受资费优惠(免费或打折)，并在来电显示上只显示短号。这样一来，用户既节约了成本和负担，又能享受到等同于电信公共网络的丰富资源和高可靠性，广受公司、学校、机关等单位的欢迎。

广域集中用户交换机是利用智能网的手段，把分布在不同交换局的 Centrex 和单机用户，通过物理及信令上的连接，从而组成一个虚拟的跨域的专用网络。适合地理位置分散的业务用户，使其在性质或使用方式上等同于单个集中用户交换机，且扩展容易。

同一 WAC 的短号长度要求一致，可以长达 5 位，其编码与单个 Centrex 编码方式一样，但同一 WAC 不同地点的 Centrex 短号不能重叠。短号保留第一位“1”作为紧急呼叫，“0、9”作为出局及备用。这样一来，只有小于 7 个 Centrex 点时，才能用短号第一位来区分不同地点的 Centrex，7～70 个点时，用短号码的前两位来区分。图 2-5 给出一个典型的 WAC 组网视图。图中的总部与分部之间，可以处在不同的市话网络中。

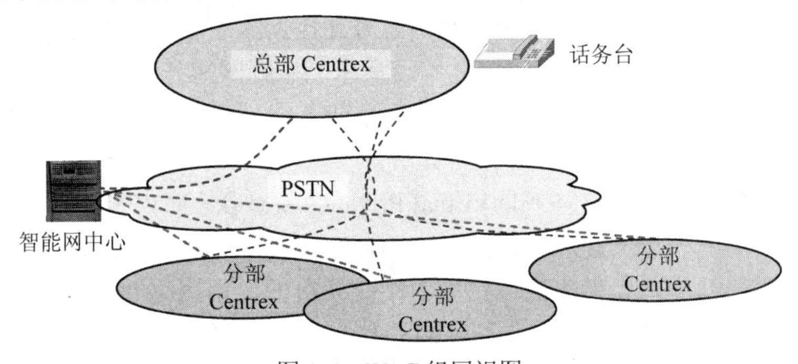

图 2-5　WAC 组网视图

(4) 电话投票(Televoting，VOT)。该业务的用户可拨打某个号码表示意见，系统将登记和计数此电话；同时，用户收到一个确认的录音通知。网络对每个投票号码的呼叫次数和用户意见信息进行统计。

(5) 自动电话计账卡(Automatic Calling Card，ACC)。该业务的用户可持卡在任何一部电话机上拨打电话，而将电话费用计在自己的卡上，与所使用的话机无关。

(6) 虚拟专用网业务(Virtual Private Network，VPN)。该业务以 600 为接入码，是一种利用公用电信网的资源，通过程控网络节点中的软件控制向大型企业的用户提供非永久的专用网络业务，它可以避免重复投资和网络的维护工作，同时用户可以管理自己的网络。

(7) 大众呼叫(Mass Calling Service，MCS)。该业务能有效地防止在瞬时大话务量时出现的网络阻塞现象。通过向电信部门申请一个热线电话号码，听众在拨此号码时，系统会将呼叫者接到节目主持人热线电话，也可以设置一段录音通知，呼叫者根据录音通知进行选择，系统能自动对此进行统计并供业务用户查询。

3. 智能网新业务

随着网络的发展，用户的业务需求也呈现出越来越多样化、个性化的发展趋势，智能网也相应开发了多种多样的新业务。常见的有以下几种。

(1) 密码记账式电话卡业务。这是以 200 或 300 为接入码业务。其中，最为大家熟悉的是 201 卡。1997 年，华为公司的市场人员认识到：“现在，价格已不是最有利的竞争手段，因为跨国公司的报价也很低。往往就是一两个功能的差别决定了客户选择谁。”华为中研部总裁回忆说，当天津电信的人提出“学生在校园里打电话很困难”的问题后，任正非紧急指示：“这是个金点子，立刻响应！”不出 2 个月，华为就做出了 201 校园卡。推出后市场反应热烈，很快推往全国。等其他公司反应过来时，华为已做了近一年。实际上，这项新业务只需要在交换机原本就有的 200 卡号功能上进行“一点点”技术创新，但就是这个能为运营商带来新利润的小创新，使得华为在交换机市场变劣势为优势，最终虎口夺食，占据了 40%的市场份额。

(2) 亲情号业务(Familiarity Number Service，FNS)。这是一种以话费优惠的方式吸引移动电话用户的新业务。该业务允许移动电话用户自己定义几个经常联系的亲人或朋友的电话号码为亲情号码，当用户呼叫这些已设成亲情号码的电话时，可以享受到比普通通话优惠的话费。而拨打非亲情电话则不享受优惠资费。

(3) 家庭网短号业务。该业务也简称“家庭网”，是由“家庭主号”提出申请，与另外最多 8 个号码(“家庭副号”)通过短号方式组成群体，家庭网成员之间短号通话可以享受资费优惠。家庭网成员之间允许使用家庭网短号互拨。家庭网短号长度在 3 位以内。家庭网短号号段与短号集群网(VPMN)的短号号段互斥，家庭网短号号段使用 55×。家庭网群内用户呼叫首先通过 VPN 业务调用家庭网短号业务得到群内关系，SCP 产生呼叫话单，BOSS 根据业务控制点处的话单进行批价计费。

(4) 移动虚拟专用网业务(Mobile Virtual Private Network，MVPN 或 VPMN)。这是电信运营商在公用移动网资源上建立的逻辑专用网，它能使一个用户群在这个逻辑网内进行相互联系。它能为移动用户提供类似固定网中小交换机的专用网络业务。该业务允许对网内的移动用户拨短号(如拨四位号码)。网内的移动用户可以形成一个闭合用户群，可以进行呼叫筛选、呼叫类型的限制等。该业务主要面对的是占用户总数量 20%的商业用户，但其话费占总话费的 80%。

(5) 主/被叫分摊付费业务。我国开展的“400”业务，号称 800 的升级版。

① 800 是被叫方付费，主叫完全免费。而 400 则是主叫和被叫分摊付费业务，客户作为主叫方，只需支付市话费；企业作为被叫方，承担长话费。这种客户承担小头，企业承担大头的做法，在通信收费居高不下的国情下，既可以被客户接受，又能为企业减小至少 40%的话费。

② 800 电话由于运营商网间结算的问题，只有固话才能拨打，而 400 电话固话和手机都能拨打。

③ 800 电话号必须转回申请地接听，400 电话可以全国组网，按区域转接。

④ 400 电话的主叫方也要承担部分费用，所以避免了无效呼叫，以及特别啰嗦的甚至跑题的咨询，提高了办公效率。

(6) 遇忙自动回呼。拨打电话遇忙时，先将此呼叫登记在交换系统上，由系统自动监测被叫方状态，而主叫方则只需挂机等候即可。一旦被叫方结束了前一通电话，主叫方的话机将同时振铃。此时只要主叫方提起话筒，就可以自动接通对方。在挂机等候时，也可以中途随时取消该业务，只需提起话机按下指定的按钮即可撤销登记。

遇忙回呼业务需要：

① 在智能网业务控制点上，驻留遇忙回呼模块；

② 在业务管理点上，驻留接续自动试呼模块；

③ 在业务数据点上，存放实现遇忙自动回呼业务的数据，从而构成具有实现遇忙自动回呼业务功能的智能网平台；

④ 再经由业务交换点，连接局域网或公共电信网，使它们也具有遇忙自动回呼业务功能。

遇忙自动回呼业务无需对现有公共电信网中的交换机进行大规模的改造，可以直接叠加在各地的智能平台上，而且对被叫所在的位置没有要求。

(7) 缩位拨号。只需拨打很短的代码，就能代替原来的多位电话号码。可减少用户拨叫多位号码的负担，节省拨号时间，便于记忆，使用方便，适用于经常拨叫的电话号码。

(8) 来电显示(Calling Identity Delivery，CID)。来电显示又名主叫号码显示。由具有主叫号码信息识别服务功能的交换机，向被叫方发送主叫方电话号码和时间等信息。同时要求被叫方电话终端具有显示和存储功能，以便事后查阅。

1986 年贝尔实验室申请了 CID 专利，首次引入话音频带数据通信的调制解调方式，采用 FSK(移频键控)方式。与此同时，瑞典采用 DTMF(双音多频)的方式在电话终端与交换机之间传送主叫号码。由于 FSK 实现容易，抗噪声与抗衰减性能好，传输速率高，且含有时间信号，还支持 ASCII 字符集，也就是说，除电话号码之外，还可显示来电人名、自动调整时间等，因此，大多数国家以及中国的大部分地区都选用 FSK 制式。

辨别电话终端的来电显示制式的方法很简单：DTMF 制式是在响铃前，或者响第一声铃的同时，显示来电号码；而 FSK 制式是在电话第二声铃显示来电号码。或者，先把该电话机的日期或钟点调乱，再用其他电话拨打该电话，无需接听，只要响铃一声之后，FSK 制式的电话的时间就会自动跳变为标准时间，而 DTMF 则不会改变。若某电话终端和该地区的端局交换机所遵循的来电显示制式不同，且不能同时兼容两种制式，那么该电话将无法显示来电号码。市面上有销售“来电显示 DTMF 转 FSK”的转换器，只需串联在电话线上即可。

(9) 电话银行。这是电信运营商与银行联合，通过智能网、银行卡系统相互配合的通信、金融增值业务。它不仅能有效提高银行卡的附加值，而且可以通过金融支付服务与电信服务的整合，实现跨行业的资源整合。持卡人可以使用银行卡代替传统的电话卡，享受质优价廉的国内、国际漫游通话服务，话费支出从银行卡中自动扣收，从而减少资金占用，简化使用流程。

(10) 个性化回铃音业务。俗称彩铃，是通过被叫用户设定，当其他用户呼叫该用户时，在被叫摘机前对主叫用户播放的一段音乐、广告或被叫用户自己设定的留言等，使主叫用户听到的不再是单调的“嘟嘟”回铃音。彩铃业务的解决方案，可以采用传统的基于交换

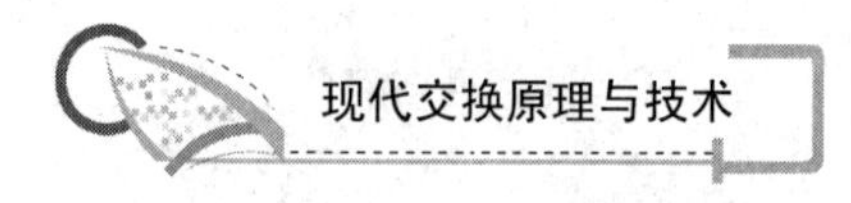

机的方式，也可以采用基于智能网的方案。

(11) 预付费业务(Pre-Paid Service，PPS)。预付费业务是指移动电话用户，在开户时，或通过购买有固定面值的充值卡(密码卡)充值等方式，预先在自己的账户上注入一定的资金。呼叫建立时，基于用户账户的余额决定接受或拒绝呼叫。在呼叫过程中实时计费和扣减用户账户的金额。资金用尽即终止呼叫，实现用户为其呼叫和使用其他业务预先支付费用。这种业务方案可用于一般用户或 GSM 租赁业务，防止呆账。

常见的预付费业务有：中国移动的神州行、动感地带、中国联通的如意通等。全球通原本采用后付费和包月优惠的资费方式，但后期发行的一些手机充值卡，利用原有的神州行充值卡平台，通过在原有的 BOSS 和智能网设备上新增接口，也可以为全球通用户充值。预付费业务流程和几种常见的预付费业务商标如图 2-6 所示。

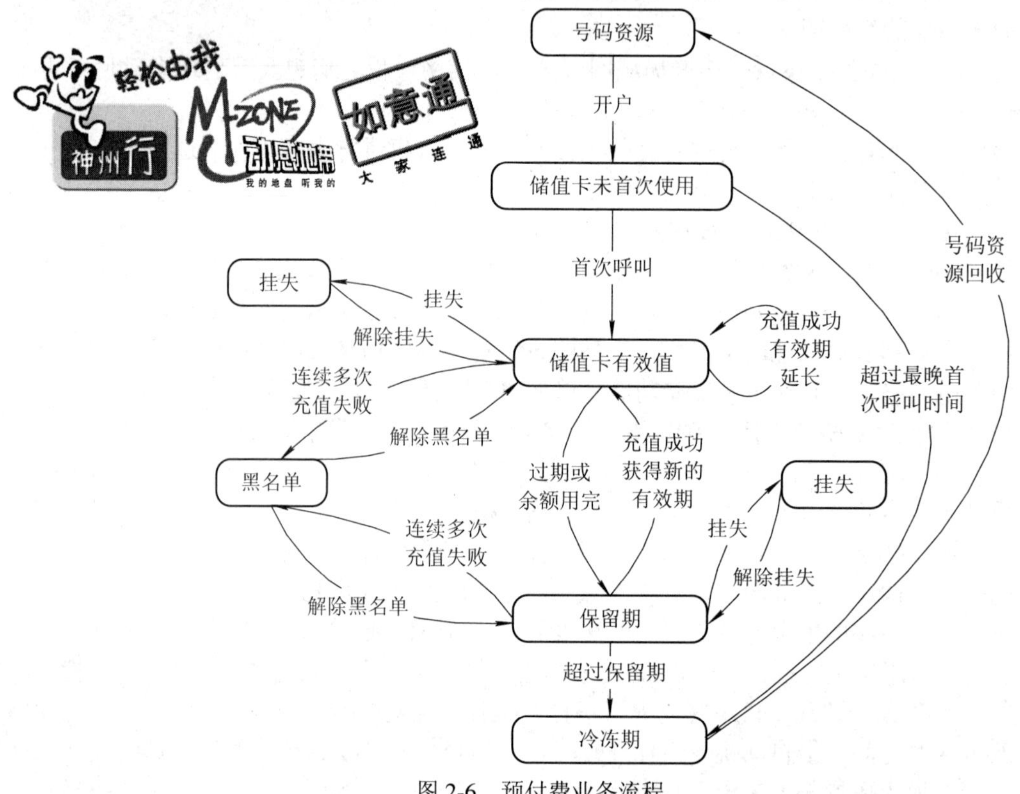

图 2-6　预付费业务流程

(12) IP 直通车。以 17951 为接入码，是中国移动公司推出的一项在固定电话上使用的 IP 电话业务。它基于移动智能网和 IP 网络，把多部固定电话与手机的付费账号进行捆绑，捆绑的固话可用 17951 一次拨号的方式，即在拨完接入码后，直接拨长途或本地电话，即可享受 IP 电话服务，并手机代付缴费。

(13) VoIP。以 17950 为接入码，是固定电话和移动电话的预付费 IP 记账卡业务，兼具 IP 电话卡和拨号上网卡两种功能。采用二次拨号方式，拨打接入码后根据语音提示进行操作。

此外，智能网上还有许许多多的新业务，并且还在不断地增加。例如，无线广告业务，分区分时计费，智能语音催缴话费，发端呼叫筛选，终端呼叫筛选，发端呼叫搜索，终端呼

叫搜索。

这些智能网业务方便了我们的生活，极大地丰富了电信网的功能。

那么，这些多种多样的业务是怎样实现的呢？下面让我们来看一下智能网的结构和几个典型业务的实现流程。

2.4.3 智能网的结构

智能网在电信网中设置了一些新的功能节点：业务交换点(SSP)、业务控制点(SCP)、智能外设(IP)、业务管理系统(SMS)等。这些功能节点，协同原来的交换机，共同完成智能业务。

当用户使用某种智能网业务时，具有 SSP 功能的程控交换机首先进行识别，若是智能网业务呼叫，就暂停对该呼叫的处理，通过 7 号信令网向 SCP 发出询问请求。SCP 运行相应的业务逻辑，查询有关的业务数据和用户数据。然后 SCP 向 SSP 下达控制命令，控制 SSP 完成相应的智能网业务。

ITU-T 把智能网的概念模型分为四个平面：业务平面、整体功能平面、分布功能平面、物理平面，如图 2-7 所示。

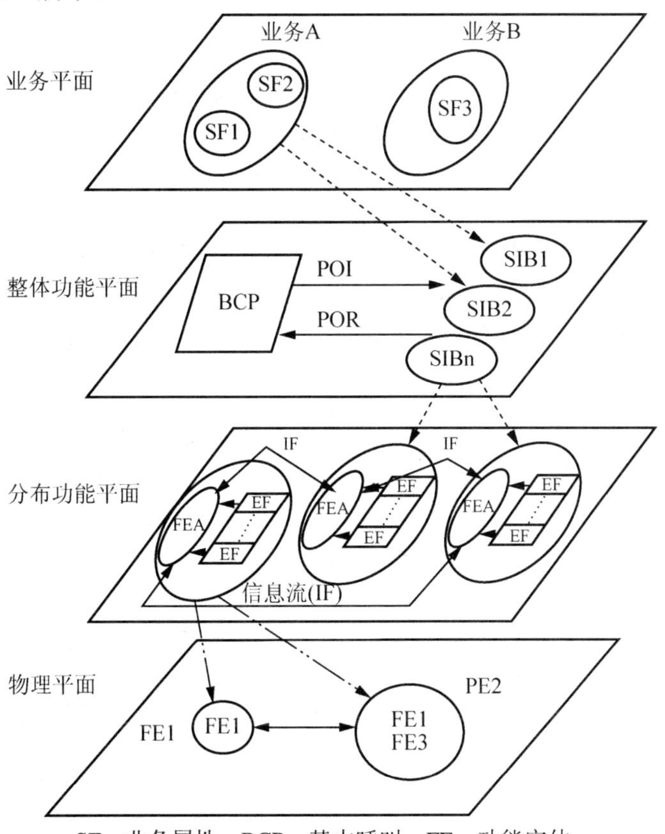

SF：业务属性；BCP：基本呼叫；FE：功能实体；

SIB：与业务无关的构成块；FEA：功能实体动作

图 2-7　智能网概念模型

1．业务平面

从使用者的角度，业务平面只说明业务的属性，而与具体实现无关。每一种智能业务，都可以独立地提供。其业务属性可分为核心业务属性和任选业务属性两种。核心业务属性是每种业务至少要包含的一个属性，而任选业务属性则是用来进一步增强其业务性能的任何属性。

2．整体功能平面

整体功能平面面向业务设计者描述了整体业务逻辑(GSL)包括链接方式和执行顺序等。整体功能平面包括以下几个方面：

(1) 与业务无关的构件(SIB)。这是独立于业务的、可再用的功能块，将 SIB 按照不同的组合及次序链接在一起，就可以实现不同的业务。

(2) 基本呼叫处理(BCP)。BCP 处理普通的业务呼叫和触发智能业务，包括以下两种类型的接口点：

① 起始点(POI)。POI 描述了在呼叫处理过程中，当智能网业务被触发时，从 BCP 进入整体业务逻辑(GSL)处理的始发点。

② 终节点(POR)。POR 则是在 GSL 处理结束后，返回到 BCP 继续呼叫处理的终节点。

3．分布功能平面

分布功能平面由一组被称为“功能实体(FE)”的软件单元构成。每个功能实体完成智能网的一部分特定功能，如呼叫控制功能、业务控制功能等。各个功能实体之间采用标准信息流进行联系。所有这些标准信息流的集合就构成了智能网的应用程序接口协议。这些信息流将采用 No.7 信令中的 TCAP 协议进行传输。

分布功能平面中的功能实体包括：呼叫控制接入功能(CCAF)；呼叫控制功能(CCF)；业务交换功能(SSF)；业务控制功能(SCF)；业务数据功能(SDF)；专用资源功能(SRF)；业务管理功能(SMF)；业务管理接入功能(SMAF)；业务生成环境功能(SCEF)。

4．物理平面

物理平面描述了如何将分布功能平面上的各个功能实体映射到实际的物理实体上。在每一个物理实体中可以包括一个或多个功能实体。

在分布功能平面中的各功能实体间传送的信息流，转换到物理平面上就是各物理实体之间的信令规程——智能网应用规程 INAP。

2.4.4 彩铃业务的流程

彩铃业务在智能网上是利用智能网的控制方式，在原有呼叫流程中修改放音过程，如图 2-8 所示。其步骤如下：

(1) A 拨打 B 的电话号码，被叫端局 LS 根据被叫用户 B 的号码属性，进行彩铃业务触发。将呼叫加上“接入码”后，转接到相应的汇接局 SSP 中。

(2) SSP 根据被叫的接入码，触发智能业务到 SCP。SCP 执行与彩铃业务有关的业务逻辑，下发连接命令给 SSP，要求 SSP 向被叫端局 LS 和彩铃平台发起呼叫，并建立这两个呼叫的对应关系。

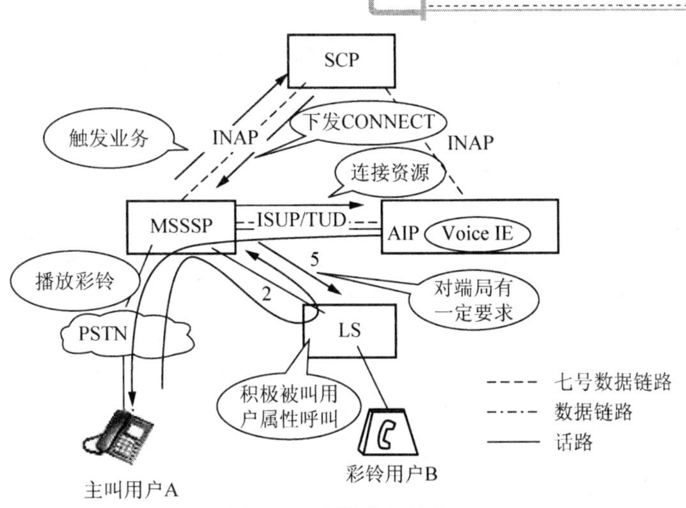

图 2-8　彩铃业务流程

(3) SSP 收到 Connect 命令，再向被叫端局 LS 发起呼叫；此时要求端局能够防止二次触发。

(4) 当 SSP 接收到 LS 返回的 ACM(地址全消息，本书将在信令网一节中加以介绍)时，先判断被叫用户 B 的状态。若 B 用户空闲，则 SSP 悬置当前呼叫，并以特定接入码向彩铃平台的增强型独立智能外设(Advanced Intelligent Peripheral，AIP)发起彩铃呼叫。AIP 处理呼叫，返回 ACM，并根据呼叫信息中主叫 A 的号码、被叫 B 的号码、呼叫到达时间等信息，确定播放用户 B 定制的彩铃音。

(5) SSP 在接收到 AIP 的 ACM 后，将 LS 返回的 ACM 信息发送给主叫局；然后 SSP 桥接主叫 A 和 AIP 的通路，让主叫用户 A 收听彩铃音。

(6) 当被叫用户 B 摘机应答后，SSP 需要桥接主被叫用户，并拆除和 AIP 之间的呼叫。

在原有呼叫流程中，通过智能网控制方式，修改原有流程中的放音过程。其中应注意的是，对于一个非关键过程的修改，不应该危害原有的流程，否则势必导致基本通话业务的质量下降。

☆☆ 本 章 小 结 ☆☆

本章介绍了固定电话网络和智能网。其中固定电话网是早期通信网的主要形式。本章详细介绍了我国固定电话网络长途网和市话网的结构和编号计划、计费方式，以及其附加网络——智能网的常见业务。通过对本章的学习，旨在让读者对固定电话网有一个全面的认识，并能联系日常生活中的常见业务和实际案例，说明固网的技术特点。

☆☆ 习　　题 ☆☆

一、填空题

1. 我国目前的两级长途网由__________和__________组成。

2．本地电话网是____________的所有的交换设备、传输设备和终端设备的组合。我国的本地网采用________的组网方式。

3．多局制本地网的电话号码由_____和_______两部分组成，一般_____部分由_____位构成，_______部分由____位构成。

4．国内长途电话号码由______________、______________和_______________构成。

5．智能网的基本思想是：将呼叫控制功能与______________“分离”，即交换机只完成基本的呼叫控制功能。

二、选择题

1．固定电话网的国内长途字冠是(　　)。

A．86　　B．086　　C．0　　D．00

2．指出下列错误的长途区号(　　)。

A. 10　　B. 211　　C. 351　　D. 510

3．“无级动态网”中所谓“动态”指的是(　　)。

A. 路由选择的方式是不固定的

B. 网络中各节点所在的等级是随时变动的

C. 链路上的话务量是不固定的

D. 网络的拓扑结构是随时变动的

4．智能网是在原有的通信网络基础上设置的一种(　　)。

A．附加/叠加网络　　B．新建的独立网络

C．支撑网络　　D．重复建设的网络

5．在智能网中，通常包括业务控制功能(SCF)和业务数据功能(SDF)的设备是(　　)。

A. SSP　　B. IP　　C. SCP　　D. SMS

三、简答题

1．智能网的概念模型有哪几个层面？简述4个层面的含义。

2．简要说明业务交换点SSP的基本功能。

第 3 章

数字程控交换技术

教学提示

数字程控交换机是由计算机控制的实时交换系统，它主要由硬件系统和软件系统两部分组成。本章主要讲解程控交换机的硬件系统和软件系统。其中，硬件系统方面会介绍程控交换机的组成框架，主要的接口模块及其功能，数字交换的基本原理和数字交换网络；软件系统方面，先介绍和分析软件系统的特点和组成，紧接着讲解程序的优先级和调度方法，后面简单讲解了程序设计用到的三种语言。最后，本章还会介绍衡量数字程控交换机好坏的性能指标，包括话务量、呼损以及呼叫处理能力。

导入案例

从“七国八制”中突围

——中国程控交换机史记

20 世纪 80 年代，作为改革开放率先开放的市场之一，中国电信基础网络当中，从农话到国家骨干电话网，清一色的进口设备。有人做过统计，这些动用巨量外汇购入的昂贵设备分别是来自于 7 个国家和 8 种制式的机型——“七国八制”的说法由此而起。

当时，中高端交换机市场上的“七国八制”主要包括日本的 NEC 和富士通、美国的朗讯、瑞典的爱立信、德国的西门子、比利时的 BTM 公司、法国的阿尔卡特和加拿大的北电网络，七个国家，八种制式(其中日本的 NEC 和富士通分别占据了两种制式)。中国的通信市场曾一度成为国外通信厂家的角斗场。“七国八制”在北京最为典型，什么型号的交换机都有。这种多制式造成了互联互通的复杂性。由于制式不统一，打电话时经常掉线，话音质量与今天相比也相差甚远。

是引进还是自主开发?中国的交换机产业走到了十字路口。日本在 20 世纪五

六十年代也曾大量引进欧美先进技术，但日本走的是引进—消化—吸收—创新之路，而我们则经常在引进—使用—落后—再引进—再使用的水平上徘徊。国内有的人不相信自己的创新能力，国外也预言“中国人搞不了大型局用程控交换机”。

1991 年，年方 38 岁的解放军信息工程学院院长邬江兴主持研制出了 HJD04(简称 04 机)万门数字程控交换机，从而一举打破了“中国人造不出大容量程控交换机的预言”。时任国务院副总理朱镕基给予了 HJD04 高度评价：“04 机送来的是一股清风。”

由于农村市场线路条件差、利润薄，国外厂商都没有精力或者不屑去拓展，从而给予了国内通信设备厂商一个机会。这次，本土厂商使用的同样是传统战术中的一招，也是非常有效的一招：农村包围城市。

C&C08A 型机是华为公司 1993 年自主开发的第一代数字程控交换机，并在 1994—1995 年大规模投入生产，主要用于公用通信网的 C5 农话局，容量较小，只有 2000 门，但是可完成基本通话和少量新业务功能。由于定位明确，迅速获得市场反应，并且开始了从农村走向城市的征程。

无独有偶，1992 年 1 月中兴通讯 ZX500A 农话端局交换机的实验局顺利开通，由于具有不同制式的中继接口，性能价格比也优于国外相应的产品，完全适应了农话端局设备更新改造直接进入数字网的要求，因而在全国农话市场引起了一场“农话改革高潮”。到 1993 年，中兴 2500 门局用数字交换机的装机量已占全国农话年新增容量(包括进口机型)的 18%。

农村包围城市是战术需求，真正取得在大容量程控交换机上的突破才是战略需求，否则，只能落为国际通信厂商的附庸。

1995 年是个吉祥年，对于“巨大金中华”来说，意义不同于一般。“巨大金中华”这一叫法，据说是由时任信息产业部部长吴基传首创。20 世纪 80 年代末至 90 年代中后期，中国电信市场呈喷发之势，本土力量应运而生，新兴的五家有代表性的通信制造厂商分别为巨龙通信、大唐电信、金鹏集团、中兴通讯、华为技术，吴基传取各家的头一个字串联起来，恰好是朗朗上口的“巨大金中华”。

在北京市朝阳区北苑路西侧，有一栋白瓷砖蓝玻璃的大楼。它看起来已经与周围的建筑融为一体，丝毫不显张扬。然而就在 1991 年前后，这栋大楼的主人却还在交换机领域叱咤风云。这就是巨龙公司。

当年 3 月 2 日，巨龙通信设备有限责任公司在北京注册成立，标志着 1991 年就研发成功的 04 机开始进入真正的产业化阶段。巨龙在成立后短短 3 年之内，其累计总销售额高达 100 多亿元，销售超过 1300 万线。

非独是巨龙，另外“四朵金花”也开始腾飞。

1995 年 11 月，中兴通讯自行研制的 ZXJ10 大容量局用数字程控交换机获原邮电部电信总局颁发的入网许可证，作为当时国内自行研制的三大主力机型之一，ZXJ10 终端局容量为 17 万线。在原邮电部组织的专家评审中认定为“是目前能与国际一流机型相媲美的最好机型”。

同样是 1995 年，华为也推出了号称万门机的 C&C08C 型机，并在 1996 年推出了容量可达 10 万门的 C&C08B 型机。

也是在1995年，由原电子工业部第五十四研究所和华中科技大学联合研制开发的EIM-601大容量局用数字交换机(简称EIM-601机)通过了部级鉴定，凭借EIM-601技术，金鹏起家了。

现任金鹏运营副总裁的杨作昌回忆说："当时下了军令状，如果2年内拿不下来，我就去看大门。"结果是平均年龄不到25岁的120人队伍在700个昼夜内完成了任务。

这样，巨龙、大唐、中兴、华为和金鹏五朵交换机领域的国产金花生生突破了国外厂商的重围，并渐成隐然对抗之势。

国外通信巨头交换机的价格被拉下来了。其程控交换机在中国市场上的售价从原来20世纪90年代初期的每线300～500美元，下降到了1998年的50美元，不仅远远低于国际市场价格，而且有些甚至已经开始低于产品成本了。

伴随着价格下降的，是国内电信设备厂商的崛起。

3.1　数字程控交换机的硬件组成

程控交换机的硬件系统分为话路和控制两个部分。话路部分包含数字交换网络和各种外围接口模块，如用户模块、中继模块、信令模块等。控制部分完成对话路部分的控制和管理，类似人工交换时代的话务员作用，由计算机来进行控制。数字程控交换机的硬件组成框图如图 3-1 所示。

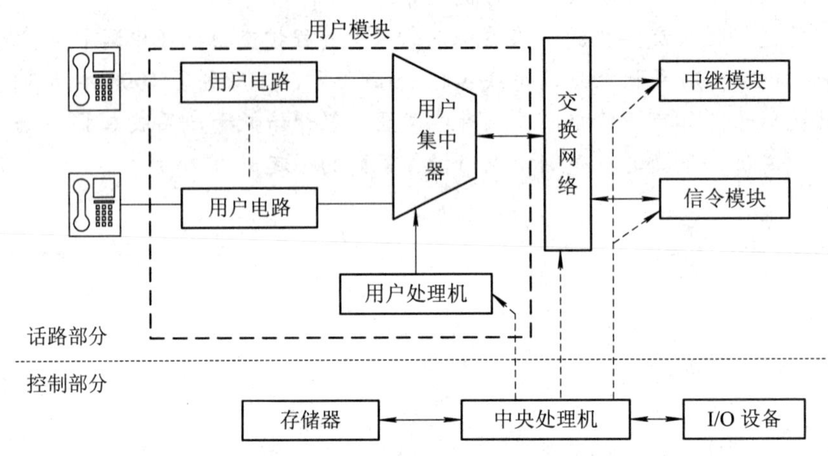

图 3-1　数字程控交换机的硬件组成框图

1．话路部分

话路部分用来实现交换机在建立通话过程中的实际话路连接和各种接口，是交换机的业务功能部分。

1) 交换网络

目前程控交换机的交换网络全部采用数字交换网络，它直接对 PCM 编码的数字信号进行交换。交换网络是整个话路部分的核心，它连接各个外围模块。

2) 用户模块

用户模块中包含用户电路、用户集中器和用户处理机三部分。

用户电路通过用户线直接连接用户的终端设备——话机，主要完成 BORSCHT 七大功能，这七大功能详见接口电路部分。

程控交换机中的用户电路大都采用独占方式供用户使用，即每个用户需要独占一条用户电路。大量用户电路与少量交换网络链路之间不能直接相连，因此通常需要通过用户集中器来实现用户电路与交换网络之间的连接。用户集中器主要完成用户电路与核心交换网络之间的连接，完成用户话务的集中和扩散。

用户处理机完成对用户模块的控制功能和管理功能。

3) 中继模块

中继模块是交换机与局间中继线之间的接口设备，完成与其他交换机之间的连接，从而组成整个通信网。目前主要使用数字中继线。

4) 信令模块

信令模块完成交换机在话路接续过程中所必需的各种信令功能。一是产生各种信号音，如拨号音、忙音、回铃音等，二是接收电话机和其他交换机送来的各种信号，如接收并识别电话机送来的 DTMF 信号以及七号信令的发送和接收、识别处理等。

2. 控制部分

控制部分是交换机的控制主体，完成整个交换机的控制功能，其实质是计算机系统，由处理机、存储器和输入/输出设备组成，通过执行相应软件，完成规定的呼叫处理、维护和管理的功能。

在分级控制方式的程控交换机中，中央处理机负责对数字交换网络和公用资源设备进行控制，如系统的监视、故障处理、话务统计和计费处理等。外围处理机完成对交换网络外围模块的控制，如用户处理机只完成用户线接口电路的控制、用户话务的集中和扩散、扫描用户线路上的各种信号并向呼叫处理程序报告、接收呼叫处理程序发来的指令并对用户电路进行控制。

1) 处理机

处理机是整个控制部分的核心，用来执行交换机的软件指令，其运算能力的强弱直接影响整个系统的处理能力。

2) 存储器

存储器一般指内部存储程序和数据的设备，存储器容量的大小会对系统的处理能力产生影响。

3) I/O 设备

输入/输出设备(I/O 设备)包括计算机系统中所有的外围部件，输入设备包括键盘、鼠标等；输出设备包括显示设备、打印机等。

3.2　数字交换原理和数字交换网络

3.2.1　语音信号数字化和时分多路通信

1. 语音信号的数字化

1) 为什么要进行数字化处理

由于电话网中核心网和传输部分已经基本实现数字化，而用户终端大部分是模拟电话，所以，用户电话语音进入数字交换网络前需要进行模/数转换，转换的位置为程控交换机的用户电路部分。

2) 模拟信号的数字化方法

把模拟信号转换成数字信号，通常要经过三个步骤：抽样、量化和编码。

(1) 抽样，即把时间连续的模拟信号，转换成时间离散、但幅度仍然连续的抽样信号，如图 3-2 所示。

如果想把时间连续的模拟信号变成 0/1 数字串，必须先抽样。但是，很显然，抽样以后的信号与原来的信号是不同的，为了能从抽样信号中恢复原信号，对于话音信号，抽样频率 f_s 必须至少等于被抽样信号所含最高频率的 2 倍。对于语音信号，频率通常在 300～3400 Hz，其最高频率为 3400 Hz，3400 Hz 的 2 倍为 6800 Hz，为了留有一定的富裕度，ITU-T 规定单路语音信号的抽样频率为 8000 Hz，即抽样周期为 125 μs。

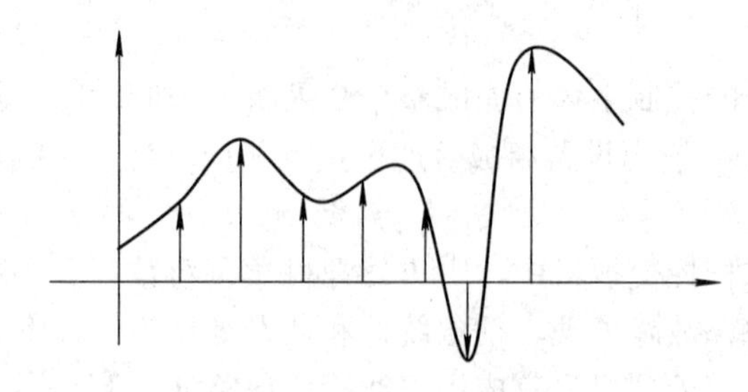

图 3-2　模拟信号的抽样

(2) 量化，即用预先规定的有限个电平来表示模拟信号抽样值。

因为离散的值是有限的，而抽样的值有无穷多种情况，所以需要多个样值对应 1 个离散值。通常使落在某一个纵轴区域内的样值对应 1 个离散值。量化分为均匀量化和非均匀量化，为了使小信号和大信号的信噪比趋于一致，通常采用非均匀量化。

(3) 编码，即将每一个量化值用一组二进制码来表示。在 PCM32 系统中，采用 8 位码来表示一个样值。

对于话音信号的 PCM 编码，由于抽样频率为 8000 Hz，每个抽样值编码为 8 位二进制码，所以其传输速率为 64 kb/s。64 kb/s 是数字程控交换机中基本的交换单位。

2. 时分多路通信

1) 时分多路复用

复用是指多路信号在同一线路上传输，其主要目的是为了提高信道的利用率。为了在接收端能够将不同路的信号区分开来，必须使不同路的信号具有不同的特征。复用通常包括频分复用、时分复用和码分复用三种。

所谓时分复用是把一条物理通道按照不同的时刻分成若干条通信信道(如话路)，各用户按照一定的周期和次序轮流使用物理通道。这样，各路信号在信道上会占用不同的时间间隔，这种方式通常适合传输数字信号。

PCM 通信是典型的时分多路复用通信系统，其基本原理如图 3-3 所示。每一路信道都在指定的时间内接通，其他的时间为别的信道接通。为了使发端各话路与收端各话路能一一对应、保证正常通信，收、发端的旋转开关必须同频同相。同频是指二者的旋转速度完全相同，同相指发端旋转开关接第一路信号时，收端旋转开关也必须连接第一路，一一对

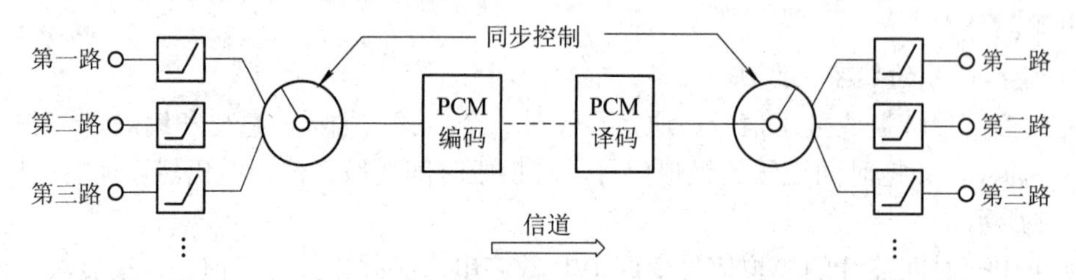

图 3-3　PCM 通信的基本原理

应。如果信号错位，第一路信号接到第二路上，显然收到的各路信号全都乱了套，那就根本无法通话。为了各路信道能够协调一致地工作，在发送端需传送一个同步信号，利用同步控制信号来确保发端和收端协调工作。

2) PCM 30/32 系统的帧结构

通用的 PCM 基本结构包括 32 路系统和 24 路系统，我国及欧洲采用 PCM 30/32 系统，美国和日本采用 24 路系统，下面简要介绍 PCM 30/32 系统中帧和时隙的概念。

在传送语音信号时，抽样频率为 8000 Hz，即每 125 μs 抽样一次。每次抽样后，经过量化和编码成为 8 bit 的码串。每一路的 8 bit 对应的时间长度就是一个时隙(Time Slot，TS)。在 PCM 30/32 系统中，32 路信息复用一条物理通道，在 125 μs 时间内，各路话音在物理电路上轮流传送一次，即 32 个时隙的编码串依次传送一遍，就合成了一“帧”，连续 16 帧可组成一个复帧。

PCM 30/32 系统帧结构如图 3-4 所示。一个复帧由 16 帧组成，分别记作 F_0～F_{15}；每帧分为 32 个路时隙，分别记作 TS_0～TS_{31}；每个时隙包含 8 bit，时隙 TS_0 用于传送帧同步信号，时隙 TS_1～TS_{15} 和 TS_{17}～TS_{31} 用来传送 30 路话音信号，TS_{16} 用来传送复帧同步码及 30 个话路的线路信号。

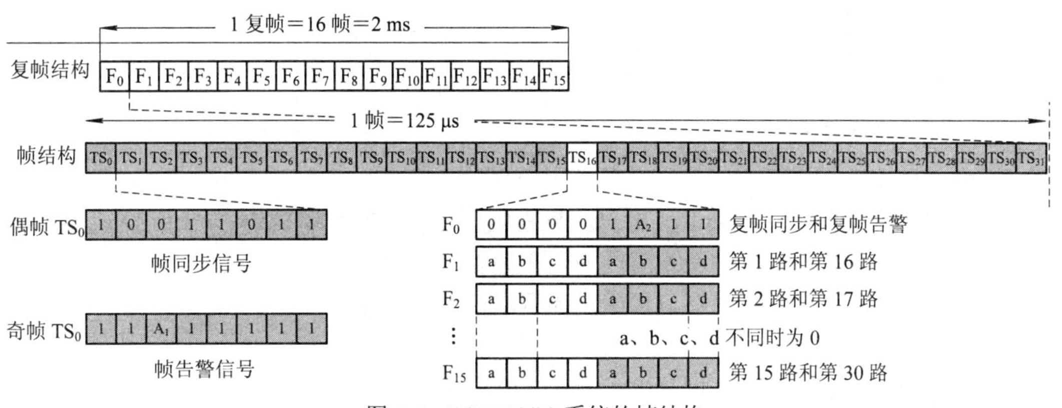

图 3-4 PCM 30/32 系统的帧结构

对于 PCM 30/32 路系统，可以算出以下一组数据：

① 帧周期：125 μs，抽样频率 8000 Hz，意味着每秒采样 8000 轮，每轮的结果制作成一帧(周期 1/8000 = 125 μs)，即帧速率为 8000 帧/s；

② 帧长度：32 × 8 = 256 bit；

③ 路时隙：125 μs/32 = 3.91 μs；

④ 位时隙：3.91 μs/8 = 0.488 μs；

⑤ PCM 30/32 路系统基群速率(总的信息传输码率)为

$$V_b = \frac{256\ \text{bit}}{125\ \mu\text{s}} = 2.048\ \text{Mb/s}$$

或

$$V_b = 8000(\text{帧/s}) \times 32(\text{时隙/帧}) \times 8(\text{bit/时隙}) = 2.048\ \text{Mb/s}$$

⑥ 每用户/每话路速率：8 bit × 8000 Hz = 64 kb/s；

⑦ 传送效率：由于 32 个用户中有 2 个(TS_0 和 TS_{16})需用来放置一些必要的公共信息，

所以实际上只有 30 个是真正的用户，效率为$(30 \div 32)\times 100\% = 93.75\%$。

3.2.2 数字交换原理和基本接线器

1. 数字交换原理

数字程控交换机的根本任务是通过数字交换来实现任意两个用户之间的语音交换，即在这两个用户之间建立一条数字话音通道。在数字程控交换机中，来自不同用户和中继线的话音信号被转换为数字信号，并被复用到不同的 PCM 复用线上，这些复用线连接到数字交换网络。为实现不同用户之间的通话，数字交换网络必须完成不同复用线之间不同时隙的交换，即将数字交换网络某条输入复用线上某个时隙的内容交换到指定的输出复用线上的指定时隙。在交换过程中，既有时隙间的交换，又有复用线间的交换，分别称为时间交换和空间交换。

(1) 时间交换：将一个话音信息由某个时隙搬移至另一个时隙，可以通过时间接线器来实现。

(2) 空间交换：将信息由这一条复用线上交换到另一条复用线上，时隙不变，可以通过空间接线器来实现。

时间(T)接线器和空间(S)接线器是数字交换机中两种最基本的接线器。将一定数量的 T 接线器和 S 接线器按照一定的结构组织起来，可以构成足够容量的数字交换网络。

2. 时间(T)接线器

1) 基本功能

对于同步时分复用信号来说，用户信息固定地在某个时隙里传送，一个时隙就对应一条话路，因此，对用户信息的交换就是对时隙里内容的交换，即时隙交换。

时间接线器用来实现在一条复用线上不同时隙之间交换的功能。

2) 基本结构

时间接线器主要由语音存储器(SM)和控制存储器(CM)组成，如图 3-5 所示。话音存储器用来暂存各个输入时隙的 8 位 PCM 话音信息，每个存储单元对应一个话路时隙，故每个单元的大小至少为 8 位。例如一个时间接线器的入复用线(或出复用线)上的时隙数为 32，那么该接线器的 SM 有 32 个存储单元，每个单元的大小为 8 bit，话音存储器的容量为 32×8 bit。

控制存储器用来控制话音存储器的读或写，它存放的内容是话音存储器在当前时隙内应该写入或读出的地址，每个单元所存储的内容是由处理机控制写入的。假设一条输入或输出复用线上的时隙数为 32，那么话音存储器就应具有 32 个单元，控制存储器也具有 32 个单元，且每个 CM 单元大小为 5 bit，控制存储器的容量就应该为 32×5 bit。

控制存储器会提供两个十分重要的信息：

① 时间，在哪一时隙对话音存储器进行读或写；

② 地址，在某一时隙对话音存储器的哪一个单元进行读或写。

如图 3-5 中，控制存储器的输出内容作为语音存储器的读入地址，如果要将语音存储器 TS_6 输入的内容 A 在 TS_{17} 中输出，可在控制存储器的第 17 单元中写入 6。

需要注意的是，每个输入时隙都对应着语音存储器的一个存储单元，这意味着 T 接线

器是通过空间位置的划分来实现时隙交换的。从这个意义上说，T 接线器带有空分的性质，其实质是通过空间分割的手段来完成时隙交换。

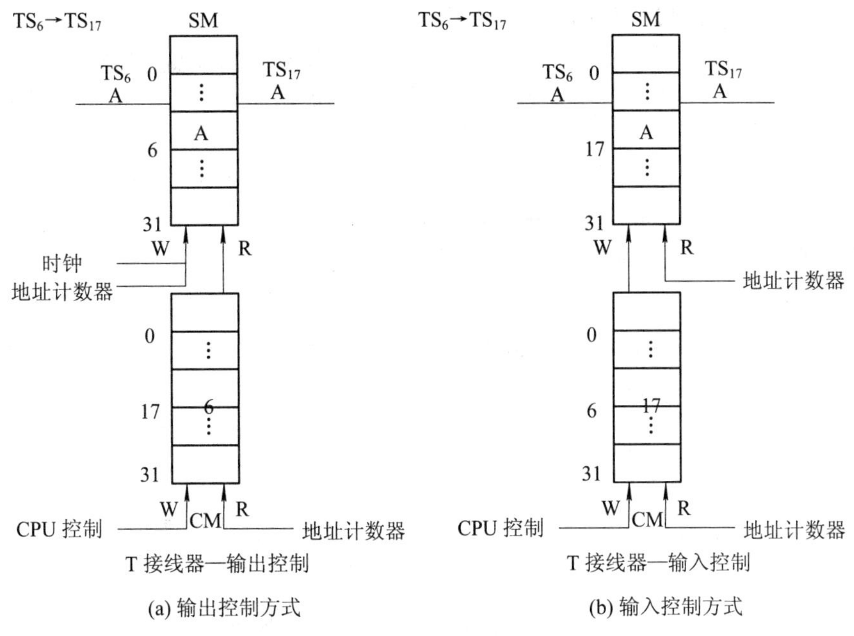

图 3-5　时间(T)接线器的工作原理

3) 工作原理

就控制存储器对语音存储器的控制而言，有输出控制和输入控制两种方式。在这两种控制方式下，语音存储器(SM)的写入和读出地址按照不同的方式确定。

(1) 输出控制。输出控制方式也叫顺序写入、控制读出方式，即 T 接线器的输入线的内容按照顺序依次写入语音存储器的相应单元，如输入复用线上第 6 时隙的内容就写入 SM 的第 6 个单元。而输出复用线某个时隙应该读出语音存储器的哪个单元的内容，则由控制存储器的相应单元的内容来决定，如控制存储器的第 17 个单元存放的内容是 6，就是输出复用线第 17 个时隙应读出的话音存储器的地址。控制存储器的内容是在呼叫建立时由计算机写入的，在此呼叫接续期间，控制存储器各单元的内容保持不变。例如，在图 3-5(a)中，要将 T 接线器的输入线上 TS_6 的内容 A 交换到输出线的 TS_{17} 上，为完成这个交换，计算机在呼叫建立时将控制存储器第 17 单元的内容设置为 6；在此呼叫持续期间，输入复用线上 TS_6 的内容 A 按照顺序写入语音存储器的第 6 单元，而在时隙 17 到达时，从控制存储器的第 17 单元中读出内容 6，作为语音存储器的输出地址，从语音存储器第 6 单元读出语音信号 A 输出，从而完成规定的交换。

(2) 输入控制。输入控制方式也叫控制写入、顺序读出方式，其工作原理与输出控制方式相似，不同之处不过是控制存储器用于控制语音存储器的写入，如图 3-5(b)所示。还以 $TS_6 \rightarrow TS_{17}$ 的交换为例，当第 6 个输入时隙到达时，由于控制存储器第 6 号单元写入的内容是 17，用它作为语音存储器的写入地址，就使得第 6 个输入时隙的语音信号 A 写入到语音存储器的第 17 号单元。当第 17 时隙到达时，语音存储器按顺序读出 17 号单元的语音信号 A，完成交换。

需要注意的是，上面提到的控制方式都是针对语音存储器而言的。对控制存储器而言，只有一种工作方式，它的内容是由处理机根据交换的需要随机写入，按顺序读出，即对于控制存储器只能是按控制写入方式进行工作。

经过时间接线器交换的信息存在着时延，时延最好的情况是入复用线上第 i 个时隙的信息要交换到出复用线第 i+1 个时隙(只经过 1 个时隙的时延)；时延最坏的情况是入复用线上第 i 个时隙的信息要交换到出复用线上第 i−1 个时隙，那么从入复用线上来的第 i 个时隙的信息将会存储在话音存储器中，直到下一帧第 i−1 个时隙到来时，才从出复用线上输出，其时延为 n−1 个时隙的时间(n 为 1 帧的时隙数)。

【一起来练习】

习题 1：设 T 接线器的输入/输出线的复用度是 32，在不同的控制方式下将输入线的 TS_2 输入的内容 B 交换到输出线的 TS_{31}，请将图 3-6 补充完整。

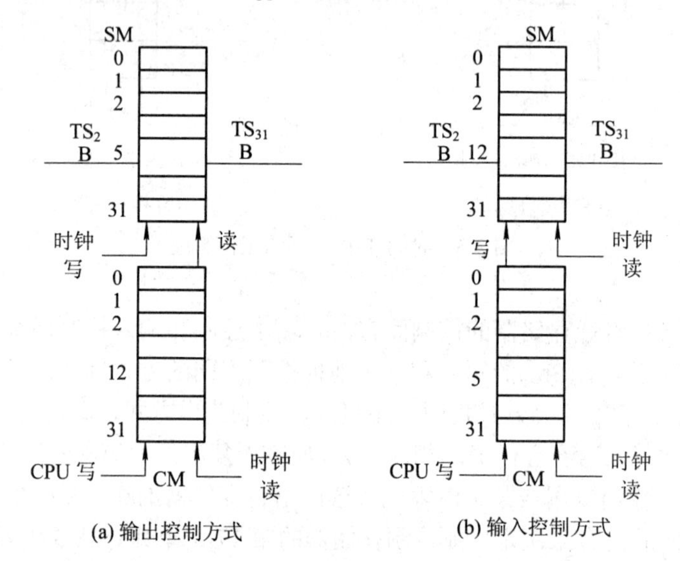

图 3-6　不同工作方式下 T 接线器交换原理图

3. 空间(S)接线器

1) 基本功能

空间接线器的作用是完成不同复用线之间同一时隙内容的交换，即将某条输入复用线上某个时隙的内容交换到指定的输出复用线的同一时隙，这种接线器简称 S 接线器。由于交换前后发生变化是被交换内容所在的复用线，而其所在的时隙并不发生变化，因此，这种交换也称为空间交换。

2) 基本结构

空间接线器由一个 N×N 的电子交叉矩阵和控制存储器(CM)组成。N×N 的电子交叉矩阵有 N 条输入复用线和 N 条输出复用线。

为了把某条入线上的信息交换到某条出线上去，最简单最直接的方法就是把该入线与该出线在需要的时候直接连接起来。为了做到在需要的时候直接将入线和出线连接起来，人们自然会想到在入线与出线之间加上一个开关，开关接通，则入线与出线连接；开关断

开，则入线与出线连接断开。如此构成的空间接线器的内部就是一个由大量开关组成的阵列，我们把这样的开关阵列称为电子交叉矩阵，如图 3-7 所示。

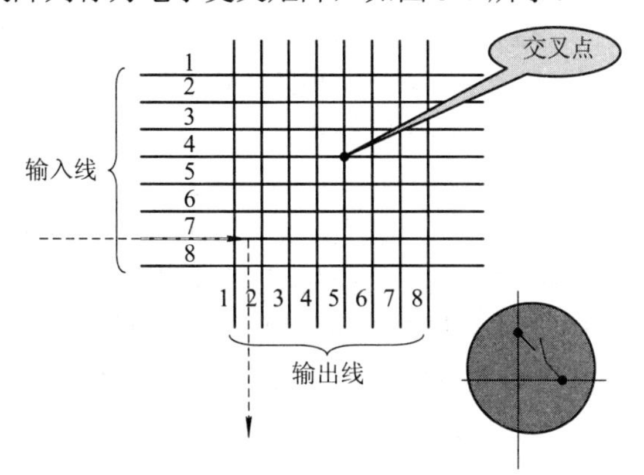

图 3-7 交叉矩阵实现简单的交换

【想一想】 空间接线器为什么不需要语音存储器？

空间接线器的时隙信号通常是并行信号，对应于每条入线都配有一个控制存储器。由于它要控制入线上每个时隙接通到哪一条出线上，所以控制存储器的容量等于每条复用线上的时隙数，而每个单元的位数则决定于选择输出线的地址码位数。例如，每条复用线上有 128 个时隙，交叉点矩阵是 32×32，则要配有 32 个控制存储器，每个控制存储器有 128 个单元，每个单元有 5 位，可选择 32 条出线。各个交叉节点在哪些时隙应闭合，在哪些时隙应断开，这取决于处理机通过控制存储器所完成的选择功能。空间接线器的结构如图 3-8 所示。

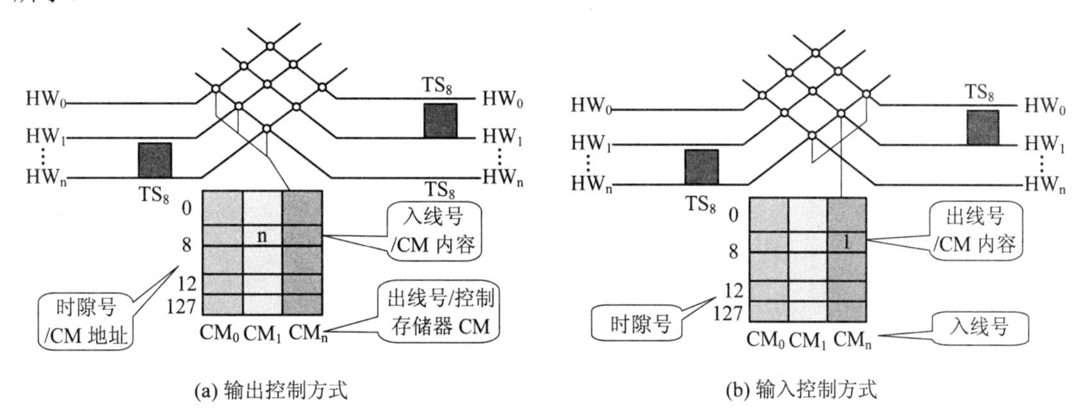

图 3-8 两种控制方式的空间接线器

3) 工作原理

空间接线器有两种工作方式，是按照控制存储器配置的不同而划分的。

(1) 输出控制：控制存储器为输出线配置，控制存储器(CM)控制完成与指定输入复用线的连接。对于有 n 条输入线的空间接线器来说，配备有 n 组控制存储器 CM_1～CM_n，CM_1 控制第 1 条输出线的连接，CM_2 控制第 2 条输出线的连接，以此类推。控制存储器的内容是在连接建立时由计算机控制写入的。在输出控制方式下工作的空间接线器的工作原理如图 3-8(a)所示。由图可见，由于控制存储器 CM_1 的 8 号单元值为 n，所以输出线 HW_1 在时

隙 8 时与输入线 HW_n 接通，将输入线 HW_n 上的 TS_8 交换到输出线 HW_1 的 TS_8 上。

(2) 输入控制：控制存储器为输入线配置，如图 3-8(b)所示。在控制存储器 CM_n 的 8 号单元值为 1，表示 HW_n 在 TS_8 时刻选择与 HW_1 接通。

输入控制与输出控制相比，在电子交叉矩阵中的连接点位置不变，只是在控制存储器中的控制单元和内容有所变化。在同步时分复用信号的每一帧期间，所有控制存储器的各单元的内容依次读出，控制矩阵中各个交叉点的通断。

输出控制方式有一个优点：某一入线上的某一个时隙的内容可以同时在几条出线上输出，即具有广播发送功能，例如，在每个控制存储器的第 8 个单元中都写入了入线号 n，使得入线 n 的第 8 个时隙中的内容同时在出线 0～n−1 上输出。而在输入控制方式时，若在多个控制存储器的相同单元中写入相同的内容，会造成出线冲突，这对于正常的通话是不允许的，因此空间接线器通常采用输出控制方式。

【一起来练习】

习题 2：设某一 S 接线器要把用户的信息从 0 号复用线的 TS_1 交换到 1 号复用线相同的时隙，1 号复用线的 TS_{14} 交换到 0 号复用线相同的时隙，请把图 3-9 补充完整，并指出图(a)和图(b)中空间接线器的工作方式分别是哪种。

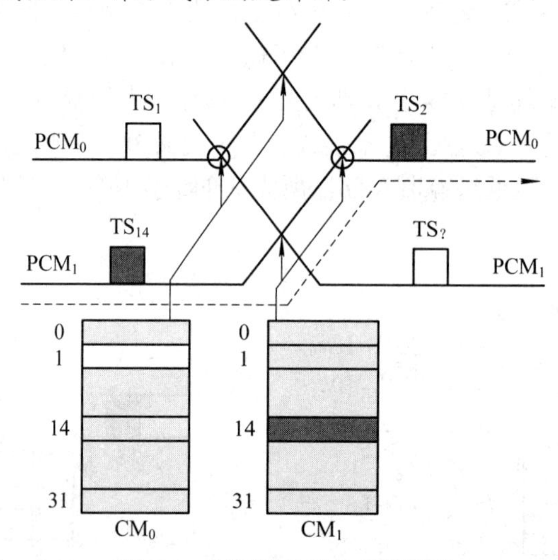

图 3-9　空间接线器的交换原理

3.2.3　数字交换网络

电话交换系统的任务就是在各条用户线之间、用户线和中继线之间或中继线与中继线之间建立起语音信号临时通道(接续)。这一工作是由交换网络最后完成的。

交换网络是能实现各个用户间话路接续的四通八达的信息通路，它应该能够根据用户的要求，通过控制部分的接续命令，建立主叫与被叫用户间的连接通路。

在大型程控交换机中，数字交换网络的容量比较大，只靠 T 接线器或者 S 接线器是不能实现的，必须将它们结合起来，才能达到要求。下面以 TST 交换网络为例，来看看如何利用 T 接线器和 S 接线器组合成大容量的数字交换网络。

1. 基本功能

TST 交换网络可以完成不同 PCM 复用线上不同时隙间的信息交换。

时间接线器可以实现同一复用母线上不同时隙的信息交换，空间接线器则可实现不同母线上同一时隙的信息交换。如把 T、S 接线器结合起来，即可完成不同复用线的任意时隙之间的信息交换。话音信息需双向传送，而数字交换网络只能进行单向传输，这意味着一对用户需建立两个通话回路。

2. 网络结构

TST 网络由前面讨论的时间(T)接线器和空间(S)接线器组成。

整个 TST 网络是一个三级交换网络，它以 S 接线器为中心，两侧为 T 接线器，输入侧的 T 接线器称为初级 T 接线器，输出侧的 T 接线器称为次级 T 接线器，两侧 T 接线器的数量取决于 S 接线器交叉矩阵的大小。设 S 接线器为 8×8 型的矩阵，则对应连接两侧的 T 接线器各有 8 个 T 接线器。

3. 工作原理

下面以一个具体的例子来分析 TST 的工作原理，如图 3-10 所示。S 接线器为 8×8 的矩阵，采用输出控制方式，其控制存储器用 CM_0～CM_7 表示。S 接线器前后分别接入 8 个 T 接线器。初级 T 接线器采用顺序写入、控制读出方式工作，次级 T 接线器则采用控制写入、顺序读出方式工作，简称“出入方式”。每一个接线器对应一条 PCM 复用线，假设每一条 PCM 复用线上的时隙数为 32。

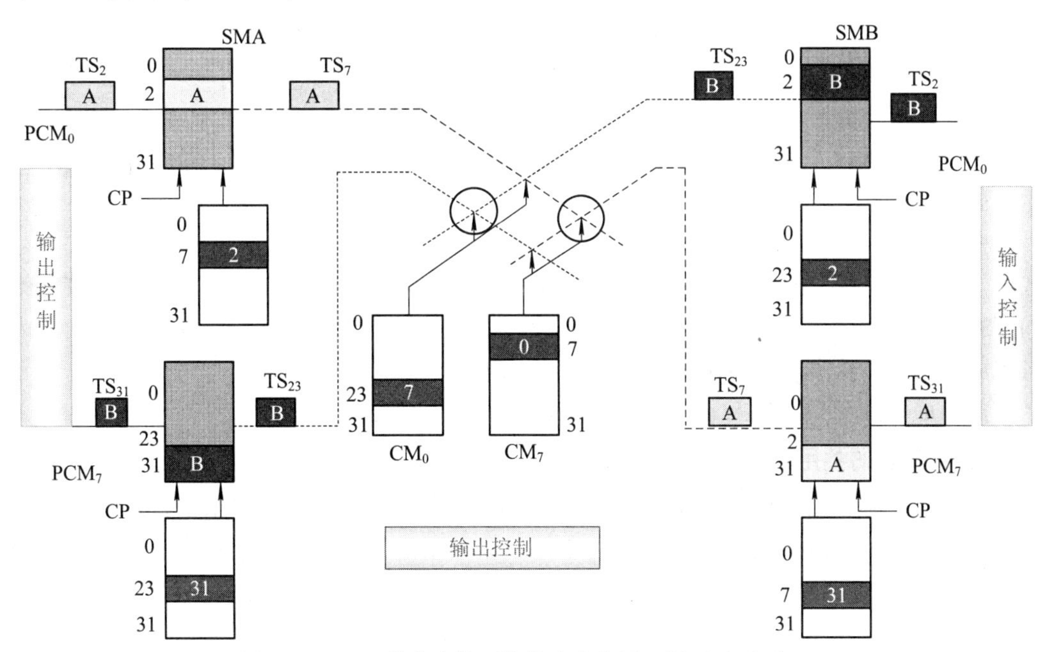

图 3-10　TST 数字交换网络数字交换原理图(出入方式)

设 A 用户占用 PCM_0 的 TS_2，B 用户占用 PCM_7 的 TS_{31}，需要实现 A 用户和 B 用户之间的通话链路连接，设 A 为主叫用户，B 为被叫用户，先看 A→B 的链路(称为正向通路)如何建立。

1) 正向通路的建立

仅从时隙上看，A→B 的链路，已经知道 A 用户占 TS_2，B 用户占用 TS_{31}，由于这里是三级交换网络，中间一级的时隙还未确定，这一级只是 TS_2→TS_{31} 的一个桥梁，所以称它为内部时隙。内部时隙可以任意选择，先由处理机随机选择一个空闲时隙，假设选 TS_7 为内部时隙，因此 A→B 的链路为 PCM_0 TS_2→PCM_0 TS_7→PCM_7 TS_{31}。

在初级 T 接线器中完成 TS_2→TS_7 的链路建立。根据以前的分析知道，该 T 接线器采用输出控制方式工作，处理机在该接线器的控制存储器的 7 号单元写入 2，即可完成 TS_2→TS_7 的链路建立。

在 S 接线器中，完成的是不同 PCM 复用线间同一时隙的交换，因此它的任务是将 PCM_0 TS_7 交换到 PCM_7 的 TS_7，即完成 PCM_0→PCM_7 的交换。由于它采用输出方式工作，只需要在 CM_7 的 7 号单元中写入 0 即可。

通过 S 接线器的交换，A 用户的语音信息到了次级 T 接线器，在这里需要完成的是 TS_7→TS_{31} 的链路建立。该 T 接线器采用输入方式工作，只需要处理机在该 T 接线器的控制存储器的 7 号单元写入 31 即可完成 TS_7→TS_{31} 的链路建立。

至此，已经完成 A→B 之间链路的建立。

2) 反向通路的建立

由于语音通信采用双向通信，因此还必须完成 B→A 之间的链路建立。

B→A 方向的内部时隙，从理论上看，是可以由处理机任选一个空闲时隙的。但从软件的实际运行情况看，处理机的查询工作是一个十分费时的工作，这需要增加 CPU 的占用时间。为了减少这个查询时间，路由选择通常采用“反相法”，这使得两个通路的内部时隙相差半帧。预先规定存在某种关系的两个时隙成对使用，选择一个就得到一对，从而减少 CPU 的查询时间。

所谓反相法就是 A→B 方向的内部时隙选定为时隙 X，则 B→A 所用的内部时隙序号 Y 由下式决定：

$$Y = (X+n/2) \bmod n$$

式中，n 为交换网络中的内部时隙总数，$(X+n/2)\bmod\ n$ 表示$(X+n/2)$对 n 取余。本例中给出的 TST 网络的内部时隙总数为 32，当 A→B 方向选用内部时隙 TS_7 时，B→A 方向的内部时隙就采用 7 + 32/2 = 23 时隙。

反向通路的交换过程与正向通路类似，请读者自行思考。

4. 存储器的共用

在图 3-10 中，初级 T 接线器和次级 T 接线器分别采用输出控制和输入控制的工作方式。下面将它们的工作方式变换一下，初级 T 接线器采用输入控制方式工作，次级 T 接线器采用输出控制方式工作，简称“入出方式”，如图 3-11 所示。

同样还是建立图 3-10 中 A、B 两个用户的连接，内部时隙的选择采用反相法。根据同样的方法，可以完成图 3-11 中各存储单元的信息。

从图 3-11 中可以看出，初级 T 接线器和次级 T 接线器采用入出方式工作，则每对 T 接线器的控制存储器中对一个双向呼叫链路而言，其地址单元号相同，而且二者的内容刚好相差半帧。如图 3-11 中 PCM_0 所对应的初级 T 接线器的 CM_2 号单元的内容为 7，对应的

次级 T 接线器的 CM_2 号单元内容为 23，7 和 23 正是前面反相法所确定的一对时隙，这个规律对所有双向链路的连接都是成立的。

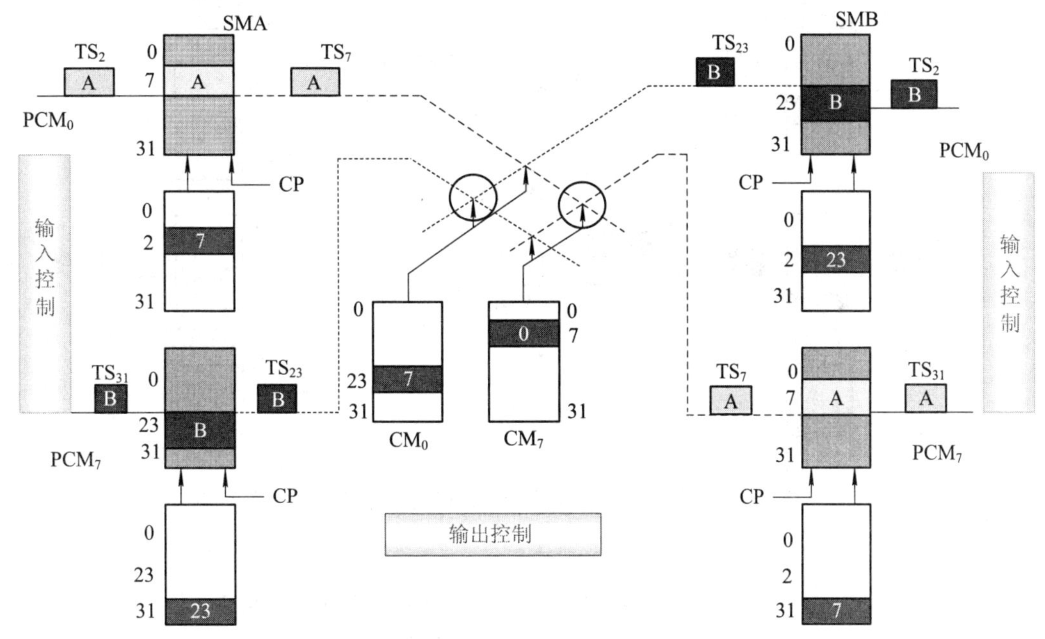

图 3-11　TST 数字交换网络数字交换原理图(入出方式)

既然两个控制存储器 CM 中相同单元号的内容是成对的，那么就没有必要全部存储，只需存储一对中的一个即可，另一个可通过初级 T 接线器 CM 中的内容计算出来。这样就可以节省一半的存储器，因此在实际中，一般采用“入出方式”的 TST 交换网络。

【一起来练习】

习题 3：假设有两个小镇 A 和 B，风光秀丽，人们和谐相处。小镇 A 上一共有 64 户人家，可巧的是小镇 B 上的人家与小镇 A 人数竟然相同。小镇 A 与小镇 B 之间想组建一个电话网，这样可以方便大家的交流，可是消息张贴出去很久，小镇上竟然没有一个人能接手这个工程。时间又过去了很久，依旧没有人能够胜任这份工作，镇长为此整天愁眉苦脸。镇长有个非常漂亮的女儿，看到父亲为此事烦恼，她说：“如果谁能完成这件工程，我可以做他的助手！”OK，现在，你愿意接手这件工程吗？假定每个 T 接线器有 64 个存储单元。

习题 4：如下图 3-12 所示的 TST 网络中，T 接线器的输入复用线速率为 8 Mb/s，S 接线器的交叉矩阵为 16 × 16。试问：

① T 接线器输入输出 HW 总线上的时隙数为多少？

② T 接线器的 SM 的容量和 CM 的容量分别为多少？S 接线器的每个 CM 的存储单元数如何？

③ A 用户占用 HW_0 TS_{24}，B 用户占用 HW_{15} TS_{103}，A→B 的内部时隙为 TS_5，B→A 的内部时隙采用半帧法，请计算 B→A 的内部时隙。最后请把图填写完整，以实现 A 与 B 之间的双向通信。

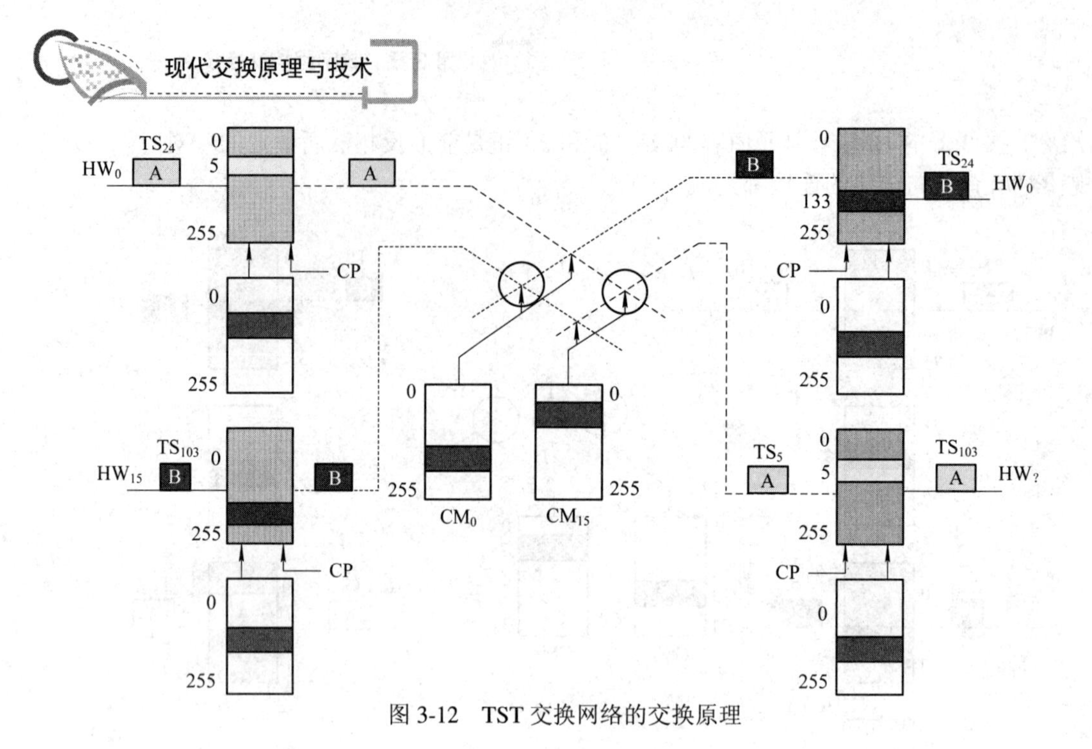

图 3-12 TST 交换网络的交换原理

3.3 数字程控交换机的终端与接口

数字程控交换机的终端与接口主要包括用户模块、中继器和信令设备。

3.3.1 用户模块

1. 基本结构

用户模块主要完成话务量集中、语音编译码和呼叫处理的底层控制功能，其典型结构如图 3-13 所示。话务量的集中可以提高用户线的利用率。数字程控交换机的交换网络交换的是数字信号，而从用户线传送来的信号是模拟信号，因此需要在用户模块中完成模/数(A/D)转换，才可进入交换网络，从交换网络中送出的信号也必须经过数/模(D/A)转换才能送给用户。

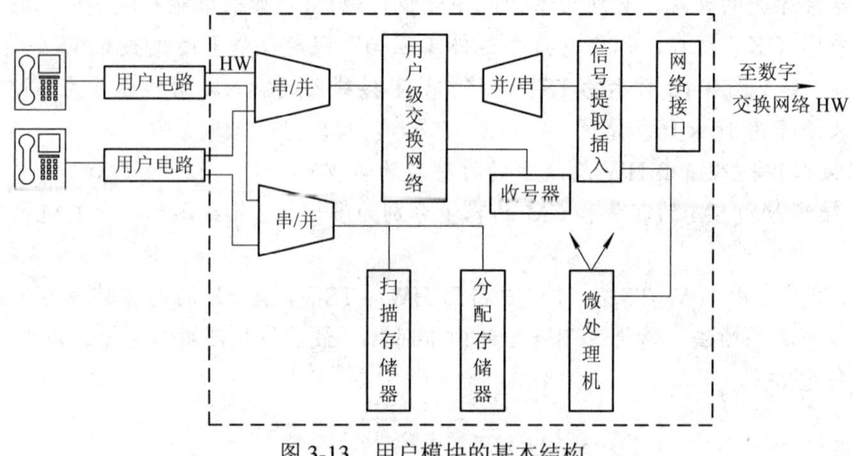

图 3-13 用户模块的基本结构

用户电路主要包括以下三个部分：

- 用户电路：用户线与交换机的接口电路。
- 用户级交换网络：主要完成话务量的集中和扩散。
- 用户处理机：完成呼叫处理的底层控制功能。

2. 模拟用户电路

用户电路分为模拟用户电路和数字用户电路。模拟用户电路用于连接模拟用户话机等模拟终端，数字用户电路用于连接数字话机等数字终端。现在普遍使用的电话机，发送和接收的都是模拟信号，所以需要用到模拟用户接口电路。下面主要介绍模拟用户电路的基本功能。

模拟用户电路有 7 项基本功能，常用 B，O，R，S，C，H 和 T 7 个字母表示，具体如下所述：

- B(Battery feeding)：馈电；
- O(Overvoltage protection)：过压保护；
- R(Ringing control)：振铃控制；
- S(Supervision)：监视；
- C(CODEC & filter)：编译码和滤波；
- H(Hybrid circuit)：混合电路；
- T(Test)：测试。

需要注意的是，用户电路是每个用户单独配置一个，即每个用户独占一个用户电路，也就是说，即使用户一直不使用电话，该用户电路也不能给其他用户使用，它专门负责所连接用户的这七大功能。

1) 馈电

目前的电话交换系统中，所有话机都由交换机的用户电路供电，称为中央馈电。数字程控交换机的馈电电压为−48 V，摘机时，馈电电流为 20～100 mA，但通常的交换机的馈电电流为 20～30 mA。馈电电路一般采用恒流源电路方式，限制用户线上的电流。

2) 过压保护

由于外界雷电、市电的影响，容易从用户线上串入高压、强电流到用户电路，烧毁交换机内部的电路板，因此在用户电路上必须有过压保护电路。通常在交换机的总配线架上对每一条用户线都安装保安器，主要用来防雷，称为一次保护。但高压经过保安器之后仍有可能有上百伏的电压，因此，需要在用户接口电路上设置过压保护电路，也称为二次保护电路。二次保护电路比一次保护电路的性能更好，反应速度更快，以防止高压和强电流在一次保护电路还没来得及工作时就串入了用户电路，在这里以更高速度起到二次保护的作用。

用户电路的过压保护通常采用 4 个二极管构成的钳位电路的方式，如图 3-14 所示。钳位二极管组成的电桥能够使用户内线保持为限定的负电压，如−48 V。若外线电压低于这个数值，则在 R 上产生压降，而内线电压仍被钳住不变。R 为热敏电阻，电流大时，电阻也随之增大，功耗增大，直至烧毁以保护内部电路。

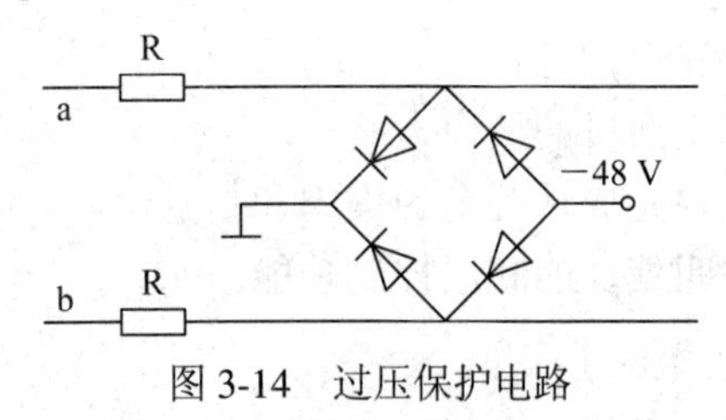

图 3-14　过压保护电路

3) 振铃控制

当有用户呼入时，交换机应向被叫用户发送振铃信号，该信号就是由用户电路通过用户线送到话机上的，振铃信号的标准是(90 ± 15) V、25 Hz 的高压交流信号。这里需要关心的问题是，在用户电路上是如何送出这个高压信号的呢？实际上，该高压信号是由专门的铃流发生器产生的，当需要对某个话机送振铃信号时，用户电路只是控制一个继电器，使继电器切换到铃流发生器上，从而将振铃信号送到话机上。

是否向用户发送铃流，是由用户处理机来控制的。在振铃控制信息控制下开启 R 继电器，就可将铃流送向用户。被叫用户闻铃声后摘机应答，振铃开关送出截铃信号，停止振铃，如图 3-15 所示。振铃节奏为 1 s 通，4 s 断。

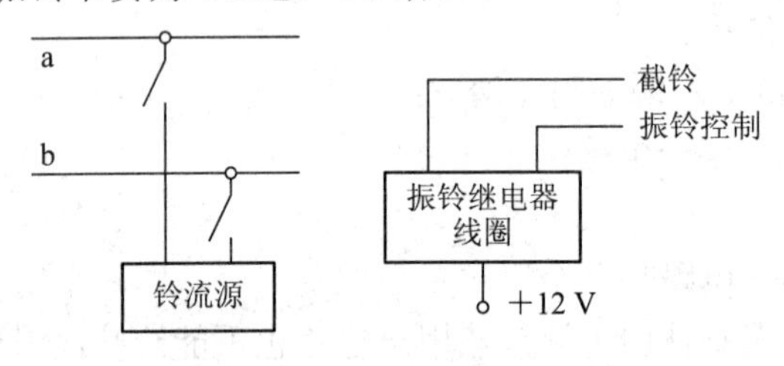

图 3-15　振铃控制示意图

4) 监视

监视的主要作用是及时检测用户话机的摘机/挂机情况，它是通过检测用户线是否有环流来实现的。由用户电路不断地循环扫描用户环路，一般的扫描周期是 200 ms 左右，不管用户是否在使用话机，用户电路都按照这个周期不断地对用户进行扫描，一旦发现摘机/挂机，立即向上层程序报告，进行下一步的处理。

一种简单的方法是在直流馈电电路中串联一个电阻，如图 3-16 所示，通过电阻两端的压降来判定用户线回路的通、断状态。

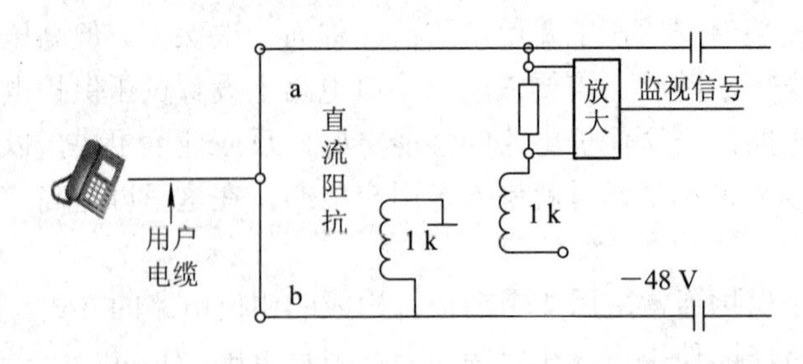

图 3-16　用户线监视

5) 编译码和滤波

编译码用来完成模拟用户线上的模拟信号与交换网络中的数字信号之间的转换，完成 A/D 和 D/A 转换功能，它由编码器(Coder)和译码器(Decoder)组成，简称 CODEC。编码器

的功能是将用户线上送来的模拟信号转换为数字信号(PCM 编码)，即模/数转换；译码器则完成相反方向的转换。通常，在编码器之前要进行带通滤波(300～3400 Hz)，而在译码器之后要进行低通滤波。

6) 混合电路

用户线上的模拟信号是以二线双向的形式传送的，但在交换机内部，传送的是四线单向的数字信号。因此，在用户话机和编译码器之间应进行二/四线转换，以把二线双向信号转换成收发分开的四线单向信号，而相反方向需进行四/二线转换。这就是混合电路的功能。

7) 测试

交换机在运行过程中，用户线路、用户终端和用户接口电路可能发生混线、断线、接地、与电力线相碰、元器件损坏等各种故障，因此需要对内部电路和外部线路进行周期巡回自动测试或指定测试。

测试分为外线测试和内线测试。外线测试主要对用户线上可能出现的混线、断线、短路、绝缘性等进行判断，进而排除。内线测试主要测试交换机提供的话路、振铃、截铃、馈电等是否正常。

测试工作可由外接的测试设备来完成，也可利用交换机的软件程序自动测试。测试结果可在交换机的维护终端上显示出来，以便维护人员准确判断故障情况，如图 3-17 所示。

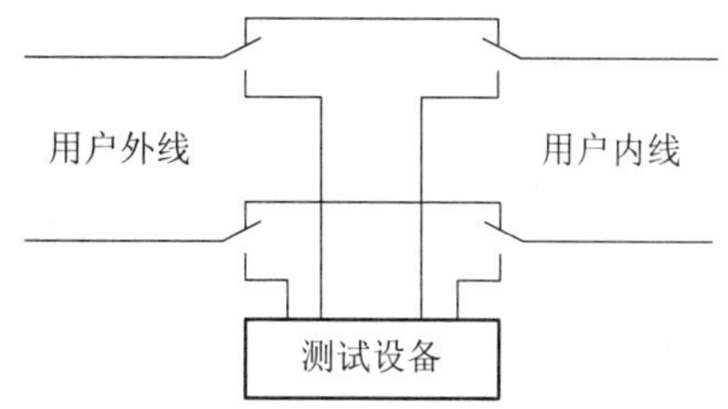

图 3-17　测试功能连接图

模拟用户电路功能的总体框图如图 3-18 所示。

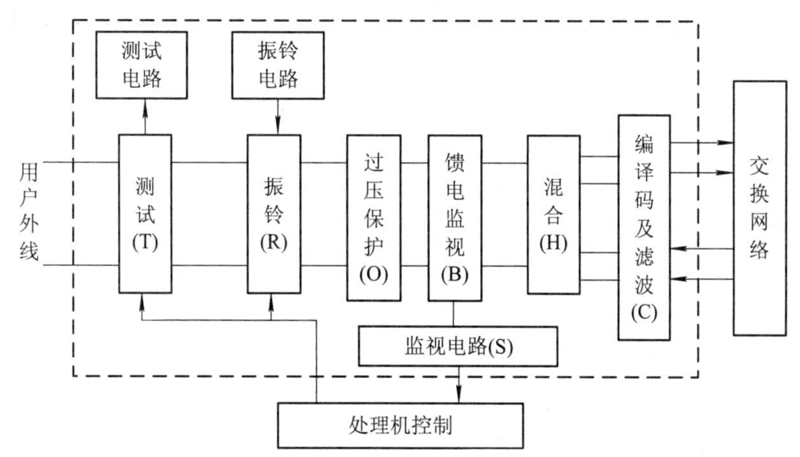

图 3-18　模拟用户电路功能的总体框图

3.3.2　中继器

中继器是数字程控交换机与其他交换机之间的接口。根据连接的中继线类型，中继器可分为模拟中继器和数字中继器。模拟中继线和数字交换机之间的接口电路目前很少使用，很多的程控交换机已不再安装模拟中继器，因此下面主要介绍数字中继器。

数字中继器是程控交换机和局间数字中继线的接口电路，它的输入输出端都是数字信号。数字中继器主要有以下功能：

1) 码型变换和反变换

在局间中继线上，为实现更高的传输质量，一般采用三阶高密度双极性码(HDB_3码)或双极性 AMI 码。而在交换机内部，我们更关心的是传输和高效，所以通常采用 NRZ 码。在交换机内、外两种不同码型的转换就由中继接口来实现。

2) 时钟提取

从 PCM 传输线上输入的 PCM 码流中提取对端局的时钟频率，作为输入基准时钟，使接收端定时和发送端定时绝对同步，以便接口电路在正确时刻判决数据。

3) 帧同步

帧同步的目的是使收发两端的各个话路时隙保持对齐。在数字中继器的发送端，在偶帧的 TS_0 插入帧同步码，在接收端检测出帧同步码，以便识别一帧的开始。

4) 复帧同步

复帧同步是为了解决各路标志信令的错路问题。帧同步以后，复帧不一定同步，因此在获得帧同步以后还必须获得复帧同步，以使收端自 F_0 开始的各帧与发端对齐。

帧同步和复帧同步的结果是使收端的帧和复帧的时序按发端的时序一一对准。它们都是依靠发送端在特定的时隙或码位上发送特定的码组或码型，然后在接收端，从收到的 PCM 码流中对同步码组或码型进行识别、确认和调整，以获得同步。

5) 帧定位

从数字中继线上输入的码流有它自己的时钟信息(它局时钟)，而接收端的交换机也有它自己的系统时钟(本局时钟)，这两个时钟在频率和相位上不可能完全一致。帧定位的目的是使收发两端的时钟保持同步。它从 PCM 输入码流中将提取的时钟控制输入码流存入弹性存储器，然后用本局时钟控制读出，从而将输入码流的时钟统一到本局时钟上，达到与网络时钟同步。

6) 信令的提取和插入

采用随路信令时，数字中继器的发送端要把各个话路的线路信令插入到复帧中相应的 TS_{16}；在接收端应将线路信令从 TS_{16} 中提取出来送给控制系统。

数字中继器的功能框图如图 3-19 所示。

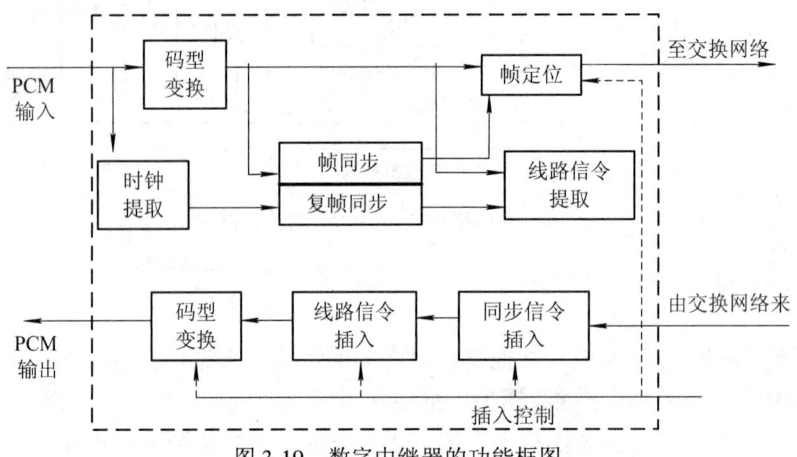

图 3-19　数字中继器的功能框图

3.3.3　信令设备

交换机除了具有话路部分的连接功能外，为了实现设备与人及设备与设备之间的信息交流，还需要信令的参与。信令设备是交换机的一个重要组成部分，它主要完成信令的接收和发送。它的主要功能包括：

- 信号音发生器：产生各种类型的信号音，如忙音、拨号音、回铃音等。
- DTMF 接收器：用于接收和识别用户话机发出的 DTMF 信号。
- 多频信号发生器和多频信号接收器：局间采用随路信令时，用于发送和接收局间的 MFC 信号。
- 7 号信令终端：局间采用 7 号信令实现信令终端的所有功能。

1. 常用的音频信号

交换机中常用的音频信号主要包含单音频信号和多音频信号。

(1) 单音频信号。交换机从用户线上送给用户的各种提示音为单频信号，我国采用 450 Hz 和 950 Hz 的频率，通过不同的断续时间来形成不同的提示信息，如拨号音、忙音、回铃音、空号音等。目前为了便于人们的理解，忙音和空号音等大都采用语音信号提示。

需要注意的是，在用户线上还有一种信号是振铃信号，但它不是低压信号，而是 (90 ±15) V、25 Hz 的高压交流信号，其断续比是 4 s∶1 s，它不能通过交换网络来传送，而是通过振铃继电器直接送到用户线上。

(2) 多音频信号。多音频信号有两种：一是电话机通过用户线送给交换机的电话号码，它采用两个频率来表示一个号码，也称为双音频信号，它按照表 3-1 的频率进行编码。二是在局间中继线上传送的多频记发器信号，称为 MFC 信号。如中国 1 号信令，前向 MFC 信号采用 1380 Hz、1500 Hz、1620 Hz、1740 Hz、1860 Hz、1980 Hz 六个频率来表示，采用 6 中取 2 的方式进行编码，共有 15 种组合；后向信号用 1140 Hz、1020 Hz、900 Hz、780 Hz 四个频率来表示，采用 4 中取 2 的方式进行编码，共有 6 种组合。

表 3-1　DTMF 的号码表示方法

低频组 \ 高频组		H1	H2	H3	H4
		1209 Hz	1336 Hz	1477 Hz	1633 Hz
L1	697 Hz	1	2	3	A
L2	770 Hz	4	5	6	B
L3	852 Hz	7	8	9	C
L4	941 Hz	*	0	#	D

2. 数字音频信号的产生

在数字程控交换机中，音频信号都是以数字信号的形式产生和发送的，数字信号音发生器的硬件是只读存储器(ROM)。对于不同的信号音发生器来说，其区别是 ROM 中存放的取样值不同，另外，不同的信号音发生器所需的 ROM 的存储单元数也不同。下面介绍两种典型的音频信号的产生原理。

1) 单频信号(450 Hz 拨号音)的产生

当用户摘机发出呼叫请求后，程控交换机检测到这一事件，在进行必要的分析后，如果判定用户可以呼出，应发送拨号音通知用户。发送拨号音的过程，是将用户的接收通路连接到系统中的信号音发送通路的过程，通常通过数字交换网络完成。

拨号音产生的基本原理是：交换机将模拟的拨号音按照 PCM 编码原理，将信号按 125 μs 间隔进行抽样(也就是 8 kHz 的抽样频率)，然后进行量化和编码，得到各抽样点的 PCM 信号值，按照顺序将其放到 ROM 中，在需要的时候按顺序读出。

在存储器中，原则上只要存储整数个音频信号周期的数字信号就可以。为了正确还原整个音频信号，首先需要整数倍个周期的信号长度，同时还必须与 8000 Hz 的周期 125 μs 成整数倍，才能保证在还原时不失真。下面以图 3-20 来说明这个问题。

设某个频率的周期为 5.5 个 125 μs，若只对 1 个信号周期进行 8000 Hz 采样，则只能得到 5 个点的编码，还原该信号时，周期性地重复这 5 个点，会丢掉部分波形从而造成失真。从图 3-20 中下半部分的波形可以看出，在周期性重复的接头处，出现波形跳变，引起失真。若采用 2 个信号周期的长度来采样，刚好取得 11 个点的波形，则还原该信号时，不会产生失真，即该信号至少需要 2 个信号周期的长度来进行采样。

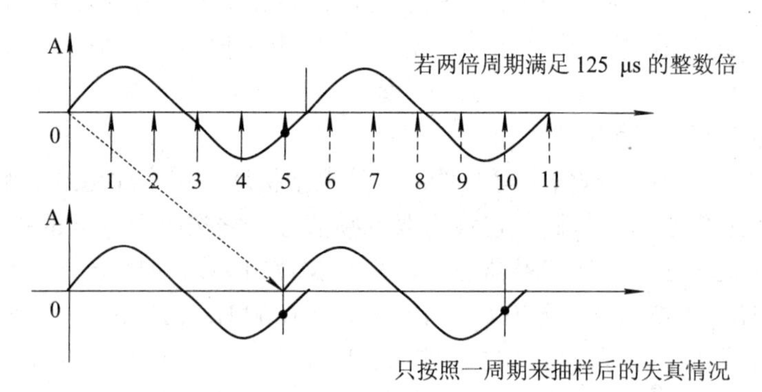

图 3-20 信号数字化时需要的最小时长

对交换机中用到的 450 Hz 信号，其周期为 2222.2 μs，2222.2/125 不能除尽，即不成整数倍。那么，多少个 450 Hz 的周期信号是 125 μs 的整数倍？只要取采用脉冲的周期(1/8000 s)和信号音周期(1/450 s)两者的最小公倍数(1/50 s)，在这个时间内采样脉冲取得的数值(160)就是整数个周期的音频信号(9 个周期)。用公式表示为

$$\frac{m}{f_{\mathrm{m}}}=\frac{l}{8000}=\frac{1}{f}=T \tag{3-1}$$

式中，T 是采样脉冲和音频信号周期的最小公倍数，在这段时间中，频率为 f_{m} 的音频信号发生了 m 次，而采样脉冲发生了 l 次，只需存储 l 次采样数值并依次发出，就得到了所需要的 450 Hz 的拨号音了，450 Hz 的信号音发生器所需要的存储器单元数为 160 个。

对断续性质的音信号，如忙音，是 450 Hz 按照 0.35 s∶0.35 s 的断续比进行发送，最简单的方法就是通过一个开关控制电路，按照 0.35 s∶0.35 s 进行开和关，即可产生忙音信号。

2) 多频信号的产生

具有两个或多个频率成分的音信号，其数字化的产生原理与单音频信号类似，所不同

的是采样时长应该是所有信号的周期及采样脉冲周期的整数倍，即要使所有信号都不能失真，那就是采样时长应该等于包含采样脉冲在内的所有信号周期的最小公倍数。采样时长可用下面的公式计算：

$$\frac{m}{f_{\mathrm{m}}}=\frac{n}{f_{\mathrm{n}}}=\frac{l}{8000}=T \tag{3-2}$$

式中，f_{m} 和 f_{n} 为两个音信号的频率。如 $f_{\mathrm{m}} = 1380$ Hz，$f_{\mathrm{n}} = 1500$ Hz，采样频率为 8000 Hz，代入公式中可得 $T = 50$ ms，$l = 400$，即在 50 ms 内，连续采样 400 个点就可使这两个频率的音频信号无失真地还原。

【一起来练习】

习题 5：若想产生由 1380 Hz 和 900 Hz 两种频率构成的双音频信号，请问：

① 该双音频信号的重复周期和重复频率分别是多少？

② 在该重复周期内 1380 Hz 的信号出现了多少个周期？900 Hz 的信号出现了多少个周期？

③ 需要多少个存储单元？

3. 数字音频信号的发送

在数字交换机中，各种数字信号一般通过数字交换网络来传送，和普通话音信号一样处理，也可以通过指定时隙(如 TS_0，TS_{16})传送。数字音频信号可以采用 T 接线器发送音频信号，也可以采用 TST 链路的半永久性连接法。

采用 T 接线器发送音频信号时，先将数字音频信号存放在 T 接线器的某个指定单元，当需要对某个用户送去音频信号时，则可从该单元中取出而送至该用户所在的时隙上。同时，由于一个音频信号在同一时间可能有多个用户同时使用，因此通过交换网络传送音频信号要建立的是点到多点的连接，而不是点到点的连接，如图 3-21 所示。

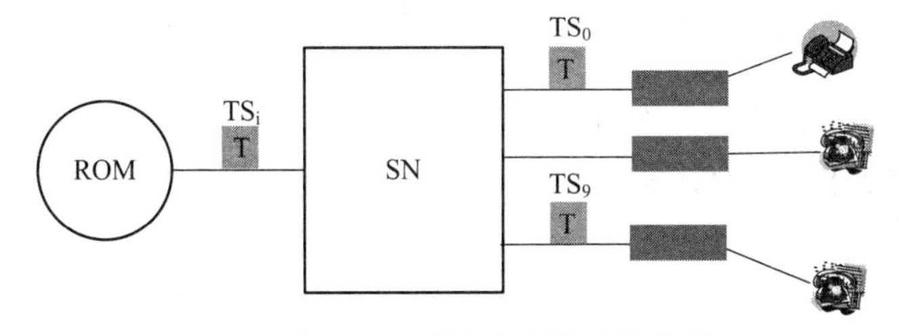

图 3-21　数字音频信号的发送

数字多频信号的发送原理与数字单频信号类似，不同的是一个数字多频信号发生器对应一路话路，它通过交换网络建立的连接仅为点到点的方式。

4. 数字音频信号的接收

各种单音频的信号音由用户话机接收，在用户接口电路中经过译码，转换成模拟信号后，送到话机。DTMF 信号和 MFC 信号的接收需要使用数字信号接收器。用户电路送来的按键话机双音多频 DTMF 信号，由 DTMF 收号器接收；另一种是由中继器送来的多频互控 MFC 信号(记发器信号)，由 MFC 收号器接收。接收器一般采用数字滤波器滤波，接收器根据每个滤波器的输出大小来判断输入信号包含的频率成分，然后由逻辑识别电路识别，如

图 3-22 所示。

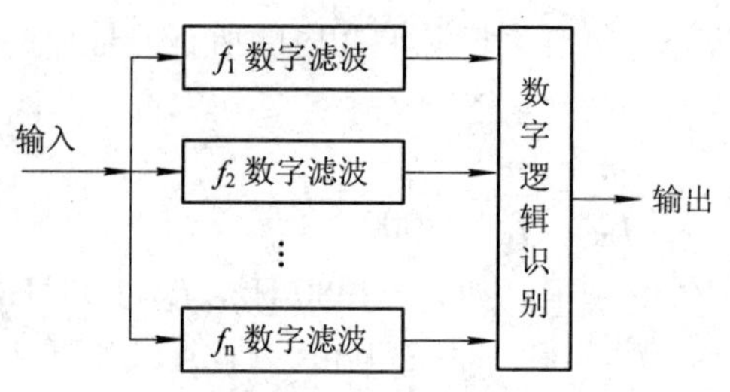

图 3-22　数字音频信号接收器的工作原理

3.4　数字程控交换机的软件系统

数字程控交换机是用预先编制好的程序去控制交换机系统的硬件动作，以完成呼叫接续功能。随着微电子技术的不断进步，程控交换系统的硬件成本不断下降，而其软件系统的成本却逐年上升。这是因为，交换机的全部智能性任务都要由软件来完成，交换机的功能越来越强，软件也就越来越复杂和庞大。程控交换机的容量可达十万门以上(可容纳几个端局)，软件总量可达几十万条至几百万条，软件开发的工作量可达到几百人每年。程控交换软件系统非常庞大和复杂。一方面因为它服务的对象通常是成千上万，程控交换机一旦投入使用，终生不间断运行直到被淘汰，另一方面因为它的服务对象对服务的质量水平要求很高。

3.4.1　程控交换软件概述

1．程控交换软件的基本特点

程控交换机的成本、质量(包括可靠性、话务负荷能力、过载保护能力、可维护性等)，在很大程度上取决于软件系统。下面从几个方面来分析程控交换机软件系统为了满足其性能和服务质量的要求需具备的几个特点。

程控交换软件的基本特点有：实时性强，具有并发性，适应性强，可靠性和可维护性要求高。

1) 实时性强

程控交换机是一个实时系统。在交换机中，许多处理请求都有一定的时间要求，所谓实时处理(Real Time Processing)，就是指当用户无论在任何时候发出处理要求时，交换机都应立即响应，受理该项要求，并在允许的时限范围内及时给予执行处理，实现用户的要求。

并不是所有的任务都需要非常高的实时性。例如，对于接收用户拨号脉冲的操作，根据拨号脉冲规范，标准脉冲的最短时间只有十几毫秒，当脉冲识别程序进行周期性扫描识别时，必须保证在这个时间里至少进行一次识别动作，否则这个脉冲就会被漏掉。这种扫描程序的运行周期必须设置得足够小。而对于用户摘机/挂机检测等操作在时间上的要求就不那么严格了，例如，从检测到用户摘机到向该用户发送拨号音允许有几百毫秒的间隔时间，只要不长于这个时间，电话用户就不会感到不便。相对而言，对时间要求最不严格的是运行管理功能，系统对这些功能的响应时间可以为若干秒甚至更长。但是，当系统出现

故障时，则需要处理速度越快越好，它的优先级最高。

2) 并发性和多道程序运行

在一部交换机上，往往不仅有多个用户同时发出呼叫请求，还同时有多个用户正在进行通话。此外，还可能有一些管理和维护任务正在执行，这就要求程控交换机能够在同一时刻执行多道程序，即软件系统需要具有并发性。并发性指两个方面的内容：

(1) 同一过程并发。用户呼叫过程是随机的，可能同时有多个用户发出呼叫请求，或有多个用户要求释放呼叫；

(2) 不同过程并发。在同一时刻，可能有些用户发出呼叫请求，而另一些用户要求释放呼叫。

软件应能同时处理上述这些问题。

采用多道程序运行不仅是交换机客观环境的需要，也是实现实时性要求的必然结果。因为，交换机在建立一个呼叫的过程中包含许多基本的处理动作，在处理执行完一个任务后，呼叫就处于相对稳定状态，而脱离稳定状态去执行另一个任务需要外部事件的触发。由于处理机工作速度很快，执行一个任务耗时在微秒数量级，而等待外部事件发生往往需要较长的时间。例如，交换机将每次的用户呼叫过程分成若干段落，每一段落称为进程(或称任务)。处理机在处理某个用户呼叫时，完成一个任务后，并不等待外设动作，而是即刻去处理另一呼叫请求，这样就可使多个呼叫“同时”得到处理。这可以充分利用处理机的宝贵资源。

3) 可靠性要求高

一台程控交换机要同时为许多用户服务，因此应尽可能保证其服务不中断。即使在其硬件或软件系统本身发生故障的情况下，也能在系统不停止运行的前提下，完成硬件和软件故障的恢复，保证业务不间断。我国要求运营级的程控交换机的系统级中断时间平均每年不超过 10 分钟，40 年内系统中断运行时间累计不超过 2 小时，以及不低于 99.98%的局内正确呼叫处理成功率，这些无疑都是很高的要求，是在进行程控交换机软件系统设计时就必须着重考虑的问题。

基于这样的可靠性要求，程控交换机软件系统从设计开始，就必须采取一系列措施来确保程控交换机的运行能达到高可靠性。通常采用的措施有：

(1) 对关键设备冗余配置，如处理机、数字交换网等。

(2) 及时发现错误。如果是硬件故障，迅速确定故障位置及性质，隔离故障部件，启动备用部件。硬件故障一般是物理损坏，软件则不同，例如在软件开发过程中，如果能确保其正确性，那么无论过多长时间，软件本身是不会发生故障的。但现在的软件开发技术无法保证这一点。也就是说，系统在运行中，总有你无法预知的状态的组合，这样，软件是不会做出正确处理的。为了保证可靠性，通常在软件中增加监督程序段来提高软件系统的自我检错、容错、排错能力，从而达到可靠性指标。

4) 可维护性要求高

交换软件的另一个特点是具有相当大的维护工作量。维护工作从系统投入运行开始，一直延续到交换机退出服役为止，一般软件总成本中有 50%～60%是用在维护上的，所以，提高程控软件的维护水平对提高程控交换系统的质量和降低成本具有非常重要的意义。

由于原来软件系统设计的不完善需要改进，或者是随着技术发展，要求不断引进新的

技术或对原有软件系统的性能进行改进和完善。另外，随着业务的发展也会对交换机软件提出新的要求。这就要求交换机软件具有良好的可维护性能，当硬件更新或增加新功能时，能很容易对软件进行修改。运用模块化、结构化设计方法，采用数据驱动程序的结构，都有利于提高软件系统的可维护性。

5) 适应性强

一个程控交换机要面对大量规模不同、对交换机功能要求不同、运行环境不同的交换局。每个交换局对交换机的功能、容量、编码方案的要求各不相同，当然不能为每一个交换局专门编制软件，这就要求软件要有广泛的适应性。在设计程控交换机系统时，可采用参数化技术、数据和程序分离等技术，保证交换机系统具有较大的适用范围。

2．数据驱动程序的特点及结构

程控交换软件的一个基本要求是容易追加新的功能及适应不同的条件。为了使交换软件在追加新的功能模块或面对不同的条件时对程序的影响小，通常采用数据驱动程序结构。

所谓数据驱动程序，就是根据一些参数查表来决定要启动的程序。它的优点是，当处理策略变化时，不必修改处理程序的结构，只需修改表格中的部分数据即可。

下面举一个简单的示例来说明以上概念。设 A 和 B 表示两个独立的数字变量，按其值的组合，3 个程序 R_1、R_2、R_3 中有一个将按规定执行。表 3-2 表示出了初始规范和变化后的规范。为完成表 3-2 所示规范要求而编写的动作驱动程序的流程图如图 3-23 所示，完成同一规范要求的数据驱动程序的流程图如图 3-24 所示。

表 3-2　初始规范和变化后的规范

条件		待执行的程序	
A	B	初始规范	变化后的规范
0	0	R_1	R_2
0	1	R_1	R_1
1	0	R_2	R_1
1	1	R_3	R_3

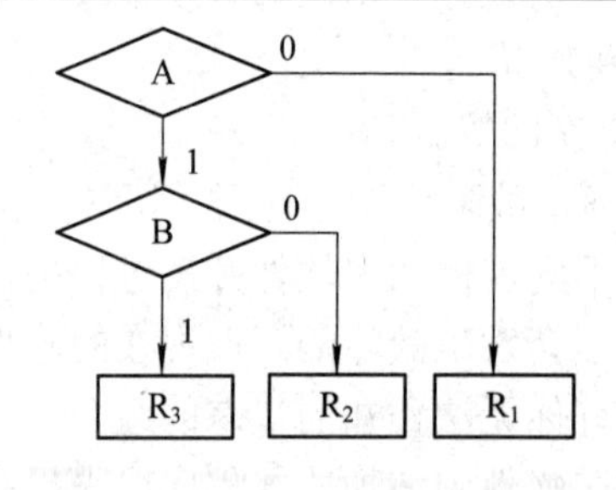

(a) 变化前的流程图

(b) 变化后的流程图

图 3-23　动作驱动程序的流程图

从图 3-23 可以看出，规范发生了变化，程序结构也发生了变化。如果采用数据驱动程序情况如何呢？首先要制作一系列的表格，然后用参数去检索这些表格，确认要执行的程序。每一个表格由 2 行、2 列构成。第一列为标志项，其值为 0，表示其后的数据项的内容为要执行的程序的入口地址；其值为 1，表示其后的数据项的内容为下一级表格的初始地

址。两行表示一个参数可能取 0、1 这两个值，如表 3-3 所示。

表 3-3　数据驱动程序的表格结构

标　　志	数　据　项
0/1	程序或下一级表格地址
0/1	程序或下一级表格地址

现在，我们用这种方法描述一下初始规范的执行过程。控制程序先用 A 的值为索引检索第一级表格，当表格中的标志位为 0 时，其后的数据项为待执行的程序号码；当表格中的标志位值为 1 时，数据项为指向第二级表格的地址指针，可用变量 B 的值为索引检索第二级表格，从而得到结果数据。

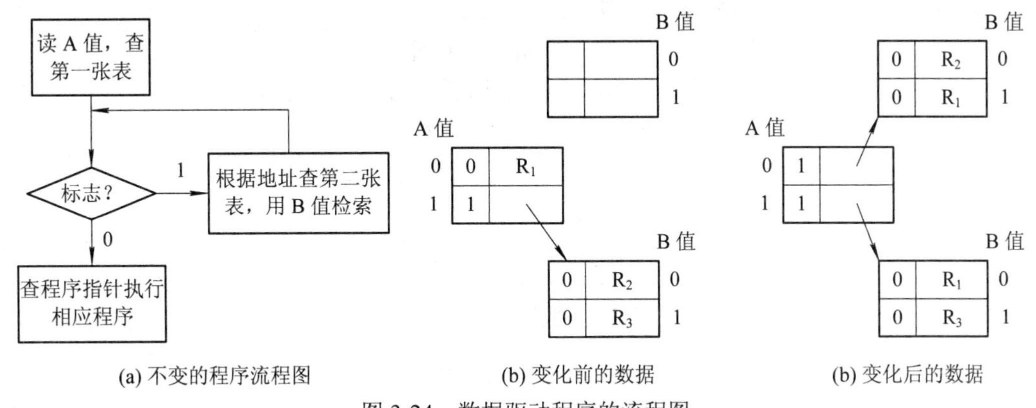

图 3-24　数据驱动程序的流程图

实际上，查表变量的取值和表格的级数可根据实际需要而定。数据驱动程序的一般结构如图 3-25 所示。

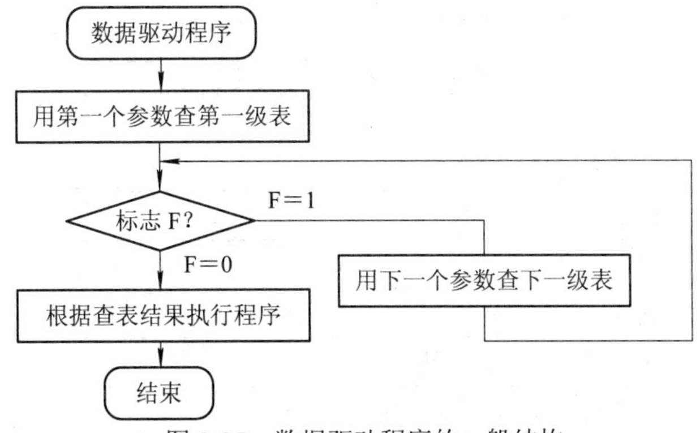

图 3-25　数据驱动程序的一般结构

从图 3-23 和图 3-24 中可见，采用动作驱动程序结构，当设计规范发送变化时，相应的程序结构要发送变化。而对于数据驱动结构来说，当规范发生变化时，其程序结构不变，只需修改表格中的数据就能适应修改后的规范，因此它更灵活，也更利于管理，故程控交换软件中广泛使用数据驱动程序的结构。

3.4.2　程控交换机软件系统的组成

程控交换机软件系统由数据和程序两大部分组成。根据功能不同，程序又分为系统程序和应用程序。系统程序包括操作系统、故障监视处理系统和数据库管理系统；应用程序包括呼叫处理程序和管理维护程序，如图 3-26 所示。

- 交换软件
  - 数据
    - 半固定数据
      - 局数据
      - 用户数据
    - 暂时数据(忙闲状态、拨号等)
  - 程序
    - 系统程序
      - 操作系统
      - 故障监视处理系统
      - 数据库管理系统
    - 应用程序
      - 呼叫处理程序
      - 管理维护程序

图 3-26　程控交换机软件系统组成

1. 程控交换机软件系统中的数据

在程控交换机中，所有有关交换机的各种信息都通过数据来描述，数据可以分为暂时数据和半固定数据两大类。

1) 半固定数据

半固定数据用来描述交换机的硬件配置和运行环境等信息，它可分为局数据和用户数据，这些数据一般不用修改，在需要时也可以通过人机命令进行修改。

(1) 局数据。反映交换局情况，为每个交换局所特有，如表 3-4 所示。

表 3-4　常见的局数据

公用硬件配置情况	中继数与类别，信号设备数与类别，收号器数
局间环境参数	局向数、每局的中继器数和类别
迂回路由设备	出局、入局呼叫迂回路由提供情况
接用户交换机	用户交换机类、入网方式、号码、中继线数
计费数据	用来确定有关的计费方式，如不同局向不同费率、不同时段不同费率等
提供新业务	能提供的新业务种类、每种业务能提供的最大服务的用户数
各种号码	本地网编号长度，局号，最多能收的号码等
……	……

(2) 用户数据。反映用户情况和属性，为每个用户所特有，如表 3-5 所示。

表 3-5　常见的用户数据

用户情况	如呼入/呼出限制
用户类别	如私人用户、公用电话
话机类别	DTMF 或脉冲拨号
出局限制	局内、市内、国内、国际
用户业务	热线、叫醒、缩位等
计费类别	定期/立即计费，免费
各种号码	用户设备号、时隙号、局号、密码等
临时状态数据	用户的忙、闲、测试状态，用户的摘、挂机状态等，所占的收号器、时隙……

2) 暂时数据

暂时数据又称为动态数据，它是不断变化更新的。这些数据是在呼叫处理过程中产生的，它们描述了呼叫的进展情况、相应设备的状态及各设备之间的动态链接关系。随着呼叫的进展，这些数据被呼叫处理程序不断修改，一旦呼叫处理结束，这些暂时数据就没有存在的必要了。

2. 操作系统

程控交换机是一个实时处理系统，它的操作系统应该能向应用程序屏蔽硬件的差异性，

并支持多任务，其主要功能包括任务调度、内存管理、通信控制、定时管理以及系统监督和恢复。

1) 任务调度

任务调度程序的基本功能是按照一定的优先级调度已具备运行条件的程序在处理机上运行，它需要按照一定的调度策略、算法，将处理机资源分配给并发执行任务中的一个。与整个程控交换机系统相适应，合理有效的调度策略将直接影响整个程控交换机运行的效率和质量。

2) 内存管理

程控交换机系统在运行中会产生和使用大量的动态数据，它们存放在内存特定区域中。内存管理的基本功能是实现对动态数据区及可覆盖区的分配与回收，并完成对存储区域的写保护。

3) 通信控制

为提高程控交换机的容量和呼叫处理能力，通常都采用多处理机控制系统，各处理机系统必然存在相互配合的需求，也就需要互通信息。另外，一个处理机系统内的各软件模块工作时，也必然需要通信，这需要操作系统的支持和管理。

4) 定时管理

在呼叫处理和维护管理中，会出现定时要求，定时管理的功能可以为应用程序的各进程提供定时服务，定时服务可分为相对定时和绝对定时。

(1) 绝对时限定时。用户监视某个未来的绝对时间，如“闹钟服务”业务，就要求在用户指定的某个绝对时间向用户振铃。

(2) 相对时限定时。监视从用户提出要求开始的某一时间间隔，例如久不拨号时限监视和久不应答时限监视等。

5) 系统监督和回复

为保证系统的安全可靠，操作系统应该能对系统中出现的软件、硬件故障进行分析，识别故障发生的原因和类别，决定排除故障的方法，使系统恢复正常工作能力。

3. 故障监视处理系统

程控交换机系统需要很高的可靠性，为了达到这个目标，程控交换机对重要的硬件设备和软件模块都设置了监视机制，以便及早发现故障。

当发现故障后，并不立即告警，而是自动进行恢复尝试或诊断测试，这样可减少偶然因素引起的误报。在确定故障出现后，隔离故障，重组模块，然后进行相应的告警，报告给维护人员。

4. 数据库管理系统

程控交换机软件系统中有大量的数据，这些数据一般都采用数据库的形式来统一管理。数据库管理系统包括的数据库控制系统、数据库组织系统和数据库安全系统都在程控交换机软件系统中得到广泛应用。

5. 呼叫处理程序

呼叫处理程序用于处理呼叫，进行电话接续，是直接负责电话交换的软件，它最能体现交换机的使用价值，是交换机软件中使用最频繁的一组软件。

6. 管理维护程序

管理维护程序用于提供人机通信平台，支持操作维护人员查询和修改各种数据，为了让操作维护人员能及时了解程控交换机的实际工作情况，还需要记录统计整个程控交换机的服务数据，并进行分类汇总统计，最后提供设备运行统计和话务统计结果给操作维护人员和网管系统，操作维护人员根据这些数据进行资源调度，以提高全网服务质量和效率。

3.4.3 交换软件中程序的优先级和调度方法

在任意一个瞬间，一个运行着的程控交换机系统，都有若干任务在执行。即使在其中任何一个处理机系统内，也可能有多个任务被并发地执行着。那么，究竟这些不同的任务是以什么样的顺序被执行，是依次执行还是按照指定的规则执行？

1. 程序的优先级

在程控交换机中，各任务的调度是根据实时性要求的不同，按照一定的优先级进行调度的。按照对实时性要求的不同，程序的优先级可以分为以下三种：

- 故障级(中断级)。故障级程序有两个特点，一个是实时性要求高，在事件发生时必须立即处理；另一个是事件发生的随机性，即事件何时发生事先无法预知。故障级程序由硬件中断启动，一般不通过操作系统调度。
- 时钟级(周期级)。时钟级程序有一定的执行周期，它由时钟级调度程序调度执行。
- 基本级。基本级程序对实时性要求低、没有严格的周期性。可以等待插空执行，由操作系统调度执行。

三种不同级别程序的工作顺序如图 3-27 所示。

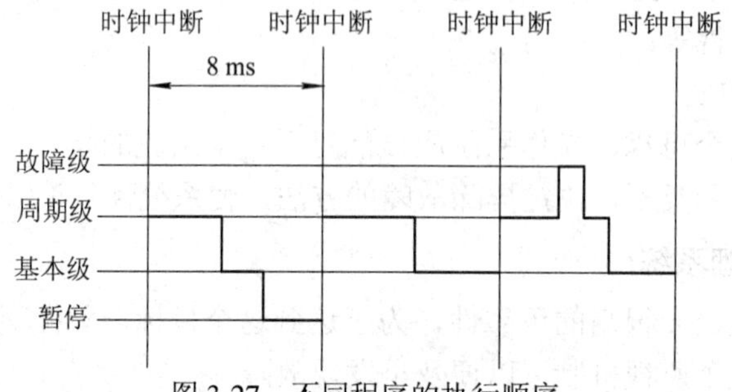

图 3-27　不同程序的执行顺序

2. 时钟级程序的调度

所谓时钟级程序，是指必须周期性执行的程序。拨号脉冲扫描程序、各种扫描程序以及超时判断程序都属于周期级。

不同的时钟级程序执行的周期可能不同，一般设置成基本周期的整数倍。某一次时钟中断到来后，可能没有时钟级程序需要执行，也可能有多个，既然有多个就需要确定执行顺序，时钟级程序的调度一般采用比特型时间表进行，如图 3-28 所示。

比特型时间表由时间计数器、屏蔽表、时间表和转移表组成。

(1) 时间计数器。时间计数器是周期级中断计数器，它是根据时间表单元数设置的，如果时间表有 12 个单元，则计数器即由“0”开始累加到“11”后再回到“0”。每次时钟中断到来时，时间计数器加 1。

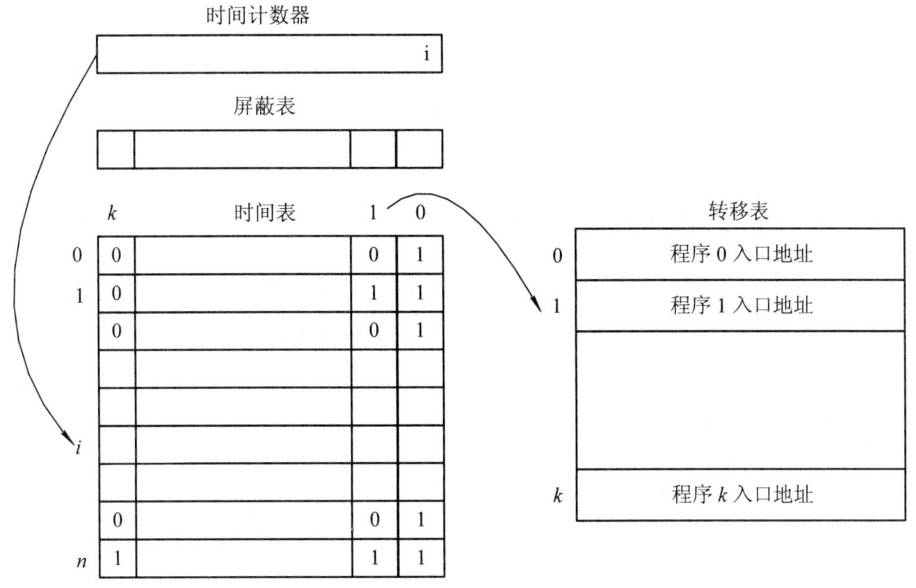

图3-28　比特型时间表

(2) 屏蔽表。屏蔽表只有一行，表中每一列对应一个程序，其值为“1”表示允许执行该程序，其值为“0”表示不允许执行该程序。

(3) 时间表。时间表执行任务的调度表。时间表的行数表明单元数，列数表明在每个单元里可以有多少个要执行的程序。每一位代表一个程序，在该位中填入“1”表示执行该程序，填入“0“表示不执行该程序。

(4) 转移表。转移表存放时钟级程序的入口地址，转移表的行号对应于时间表的列号。

在比特型时间表方式下，时间计数器按照时基跳动，到达最大值后清零循环，每次计数器的值累加后，就以计数器的值为索引去查询对应于时间表表体的一行以调度相应的若干个时钟级程序。时间表表体每列对应于一个时钟级程序，每次操作一行中的某位为“1”，同时屏蔽表中相应的位也为“1”，说明本次应该执行该列对应的时钟级程序。等所有位均进行了上述处理，并执行完相应的程序以后，表明这一周期中已执行完周期级程序，可以转向执行基本级程序。当计数器计到最大值时，即对最后一个单元进行处理。当处理至最后一位时，将计数器清零，以便在下一个时钟中断到来时重新开始。

【一起来练习】

习题6：设某交换机的字长为8 bit，时钟中断周期为10 ms，请设计一时间表，用来调度A程序、B程序、C程序、D程序和E程序，它们的执行周期分别为10 ms、20 ms、30 ms、40 ms和40 ms。其它要求如下：

① 时间表包含计数器清零程序；

② D程序暂不启用；

③ 请将时间表的4个表格补充完整，并注明每一部分所对应的名称、行数、列数及对应单元的数据内容；

④ 要求有简单的文字说明。

3. 基本级程序的调度

程控交换机系统中的绝大多数任务属于基本级，这类程序一般没有固定的执行周期，而是按需执行，有任务就激活。通常可将需要执行的任务排队，如划分级别则每级有一个队列，同一级别按先到先服务的原则调度执行。

3.4.4 呼叫处理程序的基本原理

呼叫处理程序负责呼叫的建立、监督、撤销及呼叫处理中的一些其他处理。呼叫处理程序在整个交换机的运行软件中所占比例并不大，但它运行十分频繁，占用处理机的时间最多。

1. 呼叫处理过程示例

假定一次呼叫中，主叫用户 A 呼叫被叫用户 B。

- 当 A 和 B 属于同一交换局时，则本次呼叫称为本局呼叫。
- 当 A 和 B 不属于同一交换局时，且以 A 所在交换局为观察点，则本次呼叫被称为出局呼叫，以 B 所在交换局为观察点，则本次呼叫被称为入局呼叫。
- 当本次呼叫经过了另外的交换局转接才到达 B 所在局时，以另外的交换局为观察点，本次呼叫被称做转接呼叫或者汇接呼叫。
- 如果 A 呼叫的对象不是电话用户而是一个服务台，则本次呼叫为特服呼叫。

下面以一次简单的本局呼叫处理过程为例来说明呼叫处理的基本原理。

(1) 主叫用户摘机。

① 在开始时，用户处于空闲状态，电路交换系统对用户进行周期性扫描，监视用户线状态。用户摘机后电路交换系统检测到用户摘机状态。

② 电路交换系统根据摘机用户端口号查询用户类别、话机类别和服务类别，确定用户有权呼入。

(2) 送拨号音。

① 在用户有权呼入的前提下，电路交换系统为用户寻找一个空闲的收号器，寻找信号音到主叫用户的空闲路由。

② 向主叫用户送拨号音，监视收号器的输入信号，准备收号。

(3) 收号。

① 主叫用户拨第一位号码，收号器收到第一位号后，停拨号音。

② 主叫用户继续拨号，收号器将收到号码按位储存。

③ 呼叫处理程序对“已收位”进行计数。

④ 将号首送到分析程序进行预译处理。

(4) 号码分析(数字分析)。

① 号码分析首先对号码进行预译处理，确定呼叫类别，并根据分析结果是本局、出局、长途或特服等来决定还要接收几位号码。

② 根据号码预译结果以及用户订购业务特性决定这一呼叫是否允许接通(如是否限制了长途呼叫或特殊业务等)。

③ 当号码收完或后续拨号超时退出后，根据所收号码进行号码分析。

④ 根据号码分析结果，假设是局内有效呼叫，则检查被叫用户是否空闲，若空闲，则标志被叫用户为呼入忙状态。

(5) 测试并预占主、被叫通话路由。

(6) 向被叫用户振铃。

① 向被叫用户 B 振铃；

② 向主叫用户 A 送回铃音；

③ 监视主、被叫用户状态。

(7) 被叫应答通话。

① 被叫摘机应答，电路交换系统检测到后，停振铃和停回铃音；

② 建立 A、B 用户间通话路由，开始通话；

③ 启动计费设备，开始计费；

④ 监视主、被叫用户状态。

(8) 话终、主叫先挂机。

① 假设主叫用户先挂机，电路交换系统检测到以后，进行通话路由复原；

② 停止计费；

③ 向被叫用户送忙音；

④ 被叫用户挂机复原。

(9) 被叫先挂机。

① 另一种可能是被叫用户先挂机。因为是局内市话呼叫，电路交换系统检测到以后，直接进行通话路由复原；

② 停止计费；

③ 向主叫用户送忙音；

④ 主叫用户挂机复原。

2. 用 SDL 图描述呼叫处理过程

从前面的描述过程中可以看出，整个呼叫处理过程就是监视状态变化，接收用户的拨号，对接收到的号码进行分析，根据分析结果执行任务，接着再进行监视、接收、分析、执行……

但是，由于在不同情况下出现的请求及处理的方法各不相同，一个呼叫处理过程是相当复杂的。为了方便从整体上把握整个呼叫处理过程，采用 SDL 图来描述呼叫处理过程会更准确更直观。

由国际电信联盟 ITU 指定的规范描述语言(Specification and Description Language，SDL)，是以有限状态机为基础扩展而来的一种表示方法。SDL 图是 SDL 语言的一种图形表示法。SDL 语言有限状态机的动态特征是触发—响应过程，即系统平时处于某一个稳定状态，等待触发条件，当接收到符合的触发条件以后立即进行一系列处理动作，还可能又输出一个信号，并转移到另一个稳定状态，又等待相应的触发事件，如此不断转移。显然，有限状态机运行正好和呼叫处理过程是一致的，因此用 SDL 图来描述呼叫处理过程是合适的。图 3-29 用 SDL 图描述了一个简化的本局呼叫接续过程，图中 T0 为首位拨号等待时间，T1 为号码间隔时间，T3 为振铃最长时间。

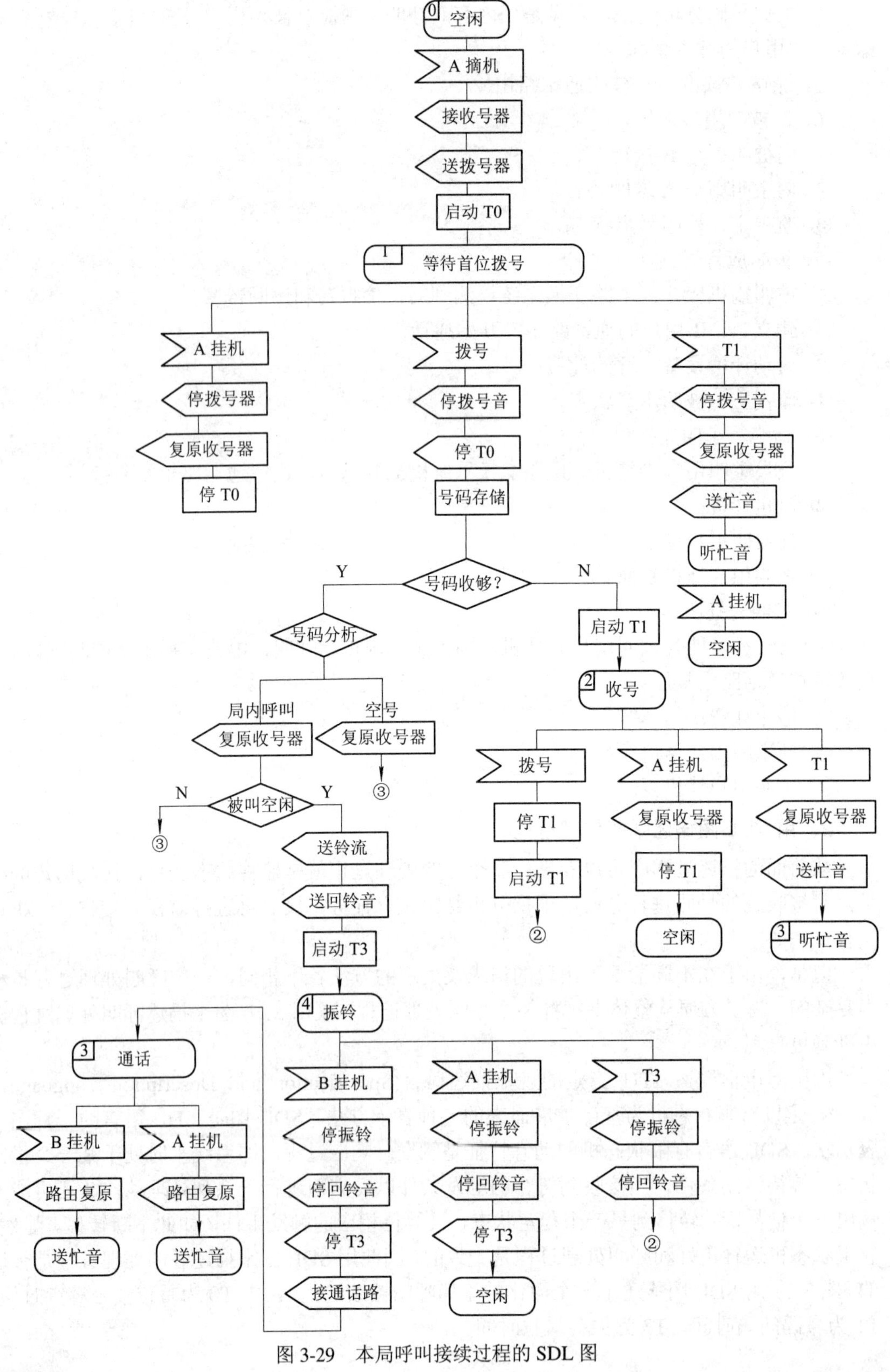

图 3-29　本局呼叫接续过程的 SDL 图

3.4.5 软件设计语言

在程控交换机软件系统的整个设计过程中一般要用到三类语言，这就是规范描述语言(SDL)、各种高级语言和汇编以及人机对话语言(MML)。规范描述语言用于系统设计阶段，用来说明对整个程控交换机的各种要求和技术规范，并描述功能和状态的变化情况；高级语言和汇编语言用来编写软件程序；人机对话语言主要用于人机对话，在软件测试和运行维护阶段使用。

1. SDL 语言

SDL 语言有图形和文档两种形式，实际中经常采用其图形形式，它能够清晰地显示系统的结构并使人易于看清控制流程。SDL 的图形表示法可以简单明了地用图形对系统的功能和状态进行分块，并对每块的各个进程，以及进程的动作过程和各状态的变化进行具体描述。在系统设计和程序设计初期，用它来概括地表达设计者的思路、程序的功能组成，以及它与周围环境(硬件和软件)的联系等。

2. 汇编语言和高级语言

1) 汇编语言

汇编语言是面向处理机动作过程的语言，用它编写的程序可读性和可移植性差，但是运行效率高，占用存储空间少，能较好地满足交换机软件实时性的要求。对一些实时性要求严格的程序，如拨号脉冲的接收、中断服务程序等一般采用汇编语言。

2) 高级语言

用于编写交换机软件的高级语言中，常用的有 CHILL 语言和 C 语言。

(1) CHILL 语言。CHILL 语言(CCITT High Level Language)是 1980 年 11 月 CCITT 组织正式建议在交换系统中用于软件设计的高级语言，该语言得到了广泛应用，例如法国的 E10、德国的 EWSD、日本的 D-70 还有上海贝尔电话公司的 S1240 都采用了该语言。

(2) C 语言。C 语言在内存的使用效率和运行速度等方面可以和汇编语言相媲美，同时它的结构和指针功能很强，因此在程控软件设计中也经常用到，如美国的 5ESS、华为技术公司研制生产的 C&C08、中兴通信公司的 ZXJ-10 程控交换系统都采用 C 语言编程。

3. 人机对话语言 MML

MML 语言(Man-Machine Language)是一种交互式人机操作和维护命令语言，用于程控交换系统的操作、维护、安装和测试。MML 语言包括输入语言和输出语言。维护管理人员通过输入语言对程控交换机进行维护管理，控制交换机的运行；交换机通过输出语言将交换机的运行状态及相关信息(话务数据、计费信息、故障信息等)报告给操作维护人员。

3.5 数字程控交换机的性能指标

评价一台数字程控交换机的处理性能通常有三个指标：话务量、呼损及单位时间内呼叫处理的次数。

3.5.1 话务量

1．话务量的基本概念

电话用户进行通话时，必然要占用电话局的交换设备，用户通话次数多少和每次通话时间长短都从数量上说明用户使用电话的程度，也说明电话局内的交换设备被占用的程度。

话务量就是反映电话交换系统话务负荷大小的量，它是用户占用交换机资源的一个量度。话务量指从主叫用户出发，经交换网络达到被叫用户的话务。话务量的大小自然与用户呼叫次数有关，也与呼叫平均占用时长有关。单位时间里(如一个小时)用户处产生的呼叫越多，其话务量越大，而每次呼叫占用时间越长，其话务量也越大。这两个因素结合起来，在电话局内表现为交换设备的繁忙程度，用公式表示为

$$A = \lambda \times S \tag{3-3}$$

式中，A 为话务量，λ 为呼叫发生强度(即单位时间内发起的呼叫次数)，S 为平均占用时长，两者必须使用相同的时间单位。

话务量的基本单位用爱尔兰(Erlang)表示，简记为 Erl 或 e，是为纪念话务量理论的创始人、丹麦数学家 Erlang A. K.而命名的。1 Erl 的话务量是一条电路可能处理的最大话务量。例如，一条电路被连续不断地占用了 1 h，话务量就是 1 Erl，如果这条电路在 1 h 内被占用了 30 min，那么，话务量就是 0.5 Erl。

话务量可分为流入话务量和完成话务量。流入话务量指送入设备的话务量，它反映了设备的负荷。完成接续的那部分话务量称做完成话务量，未完成接续的那部分话务量称做损失话务量，损失话务量与流入话务量之比称为呼损率。

我国电话网对话务量的规定：

- 用户线单向话务量(呼出)≤0.1 Erl;
- 用户线双向话务量≤0.2 Erl;
- 中继线话务量≤0.7 Erl。

怎样理解用户线双向呼出话务量≤0.2 Erl 的概念呢？

我们可以理解为：对于每个用户，平均每小时有不超过 12 min(1 h × 0.2)处于通话状态，或者平均每天通话的时长不超过 4.8 h(24 h×0.2)；也可理解为：对交换机的所有用户，在任一时刻，最多只有不超过 20%的用户处于通话状态。

2．话务量的特性

话务量是衡量数字程控交换机质量的重要指标，了解它的特性可以使交换机更好地运行，减少维护量，提高服务量。话务量具有以下特性：

(1) 波动性。一般来说，交换机的话务量经常处于变化之中。例如，一天 24 h 内各小时的话务量是不同的；不同日子同一时间的话务量也不相同。话务量的这种变化，是多方面因素影响的综合结果，如季节性的影响、节假日的影响、突发事件的影响等。总之，交换机的话务量是随时间不断变化着的，这种特性称为话务量的波动性。

(2) 周期性。对话务量进行的长期观察表明，话务量除了随机性的波动外，还存在着周期性，也就是说有某种规律的波动。在话务量强度的规律性波动中，具有重要意义的是一昼夜内各小时的波动情况。尽管每天的波动规律不尽相同，但都有相似的规律，如上午

九点到十点、下午三点到四点话务量大，凌晨一点到两点话务量小等。

(3) 话务集中系数 K 的采用。为了在一天中的任何时候都能给电话用户提供一定质量的服务，交换机设备应根据一天中出现的最大话务量进行配备。这样，在话务量非高峰的时间里，服务质量就不会下降。我们把一天中最忙的一个小时的话务量称为忙时话务量，忙时话务量的集中程度，用话务量集中系数 K 来表示。它是忙时话务量与全天话务量的比值，即

$$K = \frac{\text{忙时话务量}}{\text{全天话务量}} \tag{3-4}$$

集中系数 K 的值一般在 8%～15%，它主要与用户类型有关，系数越小，设备的性价比越好。

3.5.2　呼损的计算及呼损指标

1. 呼损的概念

呼损是交换设备未能完成的话务量和流入的总话务量之比，也叫呼损率。这个值越小，交换机为用户提供的服务质量就越高。

实际考察呼损的时候，要考虑在用户满意服务质量的前提下，使交换系统有较高的使用率，但这两者是相互矛盾的。因为用户满意度越高，呼损率就越小；而呼损小了，设备的利用率就不高。因此要进行权衡，从而将呼损确定在一个合理的范围内。一般认为，在本地电话网中，总呼损在 2%～5%范围内是比较合适的。适当的呼损，使网络成本大大降低，而对用户的影响很小，满足经济性要求，可以做到经济与技术的统一。

2. 呼损的计算方法

有两种计算呼损的方法：一种是按时间计算的呼损 E；另一种是按呼叫次数计算的呼损 B。即从时间的角度来看，时间呼损(E)=全忙时间/总时间；从次数的角度来看，呼叫呼损(B)=呼损次数/总次数。

3. 爱尔兰公式

当线束容量为 m、流入话务量为 A 时，线束中任意 k 条线路同时占用的为概率 $p(k)$。当 k=m 时，表示线束全忙，即交换系统的 m 条话路全部被占用，此时 $p(k)$为系统全忙的概率。当 m 条话路全部被占用时，到来的呼叫将被系统拒绝而损失掉，因此系统全忙的概率即为呼叫损失的概率(简称为呼损)，记为 $E(m，A)$，则爱尔兰呼损公式为

$$E = \frac{\dfrac{A^m}{m!}}{\displaystyle\sum_{i=0}^{m}\frac{A^i}{i!}} \tag{3-5}$$

为了应用方便，将爱尔兰呼损公式做成了一个速算工具软件(爱尔兰 B 表计算器)，可以快速准确地算出在一定呼损率指标要求下，不同信道数所对应的话务量，省去查爱尔兰 B 表、使用不方便而且能查询的信道数目和精确度都很有限等方面的麻烦，对网优人员尤

其有用。爱尔兰 B 表计算器界面如图 3-30 所示。

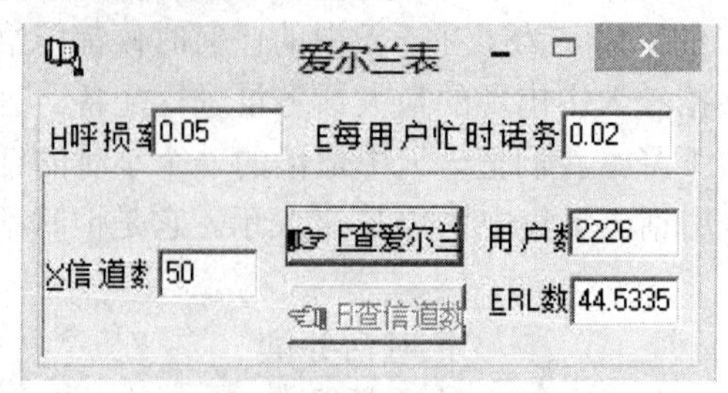

图 3-30　爱尔兰 B 表计算器

3.5.3　呼叫处理能力

呼叫处理能力是在保证规定的服务质量前提下，处理机能够处理呼叫的能力。这项指标通常用“最大忙时试呼次数”，即 BHCA 值(maximum number of Busy Hour Call Attempts)来表示。它表示控制部件对呼叫的处理能力，是评价交换系统设计水平和服务能力的一个重要指标。

显然，交换系统的 BHCA 值越大，说明系统能够同时处理的呼叫次数就越大。影响这个数值的相关因素有很多，包括交换系统容量、处理机能力以及软件设计水平等。

与话务量一样，对于 BHCA 的精确计算非常困难，主要是处理机处理不同的程序所花费的时间受诸多因素的影响，因此对于处理机的呼叫处理能力的测算通常采用一个线形模型粗略估算。根据这个模型，处理机在单位时间内用于处理呼叫的时间开销为

$$t = \mathrm{a} + \mathrm{b} \times N \tag{3-6}$$

式中，a 是与话务量无关的开销，只与系统容量、设备数量等参数有关，b 是处理一次呼叫的平均时间开销，它与不同的呼叫结果(中途挂机、被叫忙、完成呼叫等)以及不同的呼叫类型(本局呼叫、出局呼叫、入局呼叫等)有关。N 为一定时间内各种呼叫接续的总数，即处理能力值(BHCA)。通常情况下，处理机的忙时利用率不会达到 100%，时间开销一般为 0.75～0.85。

例题 1：某处理机忙时用于呼叫处理的时间开销平均为 0.85，固有开销 a = 0.29，处理一个呼叫需 16 000 条指令，每个指令平均需要 2 μs，求其 BHCA 的值。

解：一个呼叫处理时间为：

$$t = 16\,000 \times 2 = 32\,000 \text{ 微秒 } = 0.032 \text{ 秒}$$

由 $t = \mathrm{a} + \mathrm{b}N$ 可得

$$0.85 = 0.29 + \frac{0.032}{3600} \times N$$

求得 $N = 63000$ 次/小时。

☆☆ 本 章 小 结 ☆☆

数字程控交换机是电话交换网中的关键设备，其主要功能是完成用户之间的接续。

本章主要讲解了程控交换机的硬件系统和软件系统，其中硬件系统方面介绍了程控交

换机的组成框架，主要的接口模块及其功能，数字交换的基本原理和数字交换网络；软件系统方面，先介绍和分析了软件系统的特点和组成，紧接着讲解程序的优先级和调度方法，后面简单讲解了程序设计用到的三种语言。评价一台数字程控交换机的性能主要有话务量、呼损和 BHCA 三个指标，这三个指标对于设计数字程控交换系统非常重要。最后，本章介绍了衡量数字程控交换机好坏的三个性能指标。

☆☆ 习　　题 ☆☆

一、填空题

1. 数字程控交换机包括硬件和______两大部分。

2. PCM 方式的模拟信号数字化要经过______、______、______三个过程。

3. 话音信号的 PCM 编码每秒抽样______次，每个抽样值编码为______比特。

4. T 接线器又叫______接线器，它的基本功能是完成______交换。

5. T 型接线器由________和_______两部分组成。按照信号读写的方式分为_______和______两种，它们的含义是______。

6. T 接线器采用输入控制方式时，如果要将 T 接线器的输入复用线时隙 7 的内容 A 交换到输出复用线的时隙 20，则 A 应写入话音存储器的______号单元，控制存储器的 7 号单元的内容是______。控制存储器的内容在呼叫建立时由______控制写入。

7. T 接线器的话音存储器 SM 用来存储______，每个单元的位元数至少为______位，控制存储器 CM 用来存储处理机的控制命令字，控制命令字的主要内容是用来指示写入或读出的______。

8. 设 S 接线器有 8 条输入复用线和 8 条输出复用线，复用线的复用度为 256。则该 S 接线器的控制存储器有______组，每组控制存储器的存储单元数有______个。

9. 设 S 接线器在输入控制方式下工作，如果要将 S 接线器的输入复用线 HW1 的时隙 46 的内容 A 交换到输出复用线 HW2 的同一时隙，则计算机应将控制存储器组______的______号单元的内容置为______。

10. 假如信号音设备需要能够发送 1000 Hz 的信号音，则需要的内部存储单元数为___，这些存储单元存储的数据为______ bit，如果该信号音连续播放了 2 s，说明它对应的语音存储单元的内容被循环播放了______轮。

11.程控数字交换机中，模拟用户电路的主要功能有七种，请给出其中三种______、______、______。

12. 用户模块的基本功能是提供______，完成用户话务的______，并且______。

13. 数据分为局数据和用户数据，其中，交换机中继数属于______；话机的呼出权限属于______。话机的忙闲状态属于______数据。

14. 话务量与______和______成正比例关系。

15. 国标规定，每用户的呼出话务量不大于______；每中继的话务量不大于______。

二、选择题

1. 下面不属于交换机数字中继接口功能的是(　　)。

A. 时钟提取　　B. A/D 转换　　C. 码型变换　　D. 帧同步

2. 话务集中的思想就是将 M 条连通数字交换网络的话路分配给 N 条用户线共用，所以 N:M 通常是(　　)。

A. 大于 1　　B. 小于 1　　C. 等于 1　　D. 任意的

3. 发端交换机收到“主叫摘机”信令后，将检查主叫用户的(　　)。

A. 忙闲　　B. 用户线　　C. 局数据　　D. 用户数据

4. 与数据驱动程序的规范相对应的数据结构如下图所示，当 ABC=110 时应执行程序(　　)。

A. R_4　　B. R_2　　C. R_3　　D. R_1

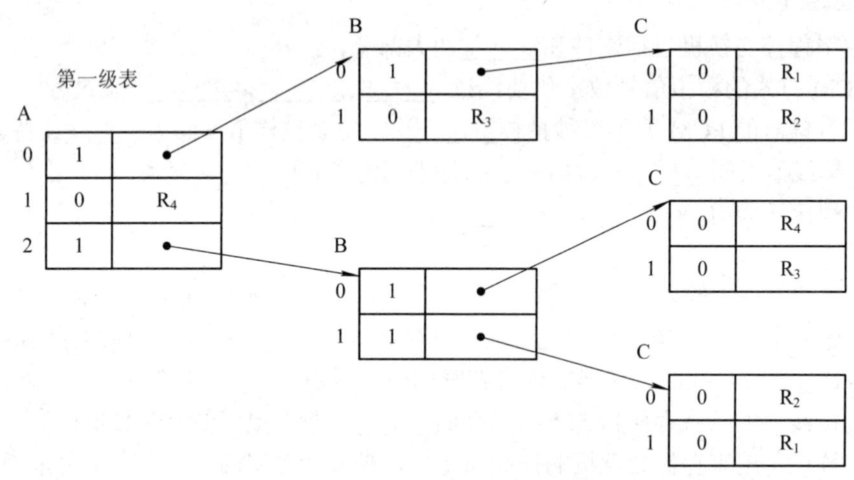

图 1　与初始规范对应的数据

5. 对时钟级程序的比特型时间表，设时钟中断周期为 10 ms，时间表的总行数为 8，如果表中第 k 列的各行中只有一个 1，表示该列所对应的程序的执行周期为(　　)。

A. 10 ms　　B. 20 ms　　C. 40 ms　　D. 80 ms

6. 程控交换机中时钟中断可以被(　　)中断插入。

A. I/O　　B. 基本级　　C. 故障　　D. 异常

7. 交换系统的服务质量指标可由下列那些指标来衡量(　　)。

A. 话务量，话音响度　　B. 呼损指标，接续时延

C. 话音响度，通话时长　　D. 话音清晰度，杂音

8. 应用爱尔兰公式所得到的部分结论已列在下表中，若要求呼损率不大于 0.15%，则可查表得出所需要的单向全利用度中继线数为(　　)条。

表 1　爱尔兰公式所得的部分结论

E / M / ¥	12	13
4.5	0.0016	0.000554
5	0.003441	0.001322
5.5	0.003533	0.002770

9. 在爱尔兰公式中，如果 m 保持不变，则 A 越大，E 就(　　)。

A．变大　　B．不变　　C．变小　　D. 无规律

10. 在交换机软件中优先级最高的程序是(　　)。

A．故障级程序　　B．信令接收及处理程序

C．分析程序　　D．时钟级程序

三、简答题

1. T 接线器和 S 接线器的主要区别是什么？
2. 简要说明程控交换软件的基本特点。
3. 简要说明比特型时间表调度时钟级程序的原理。
4. 按照对实时性要求的不同，交换机中的程序可分为哪几个级别？
5. 在交换软件的开发中主要用到了哪几类程序设计语言？
6. 假定要产生 950 Hz 的信号音，m、l 和 T 分别是多少 ？
7. 程控交换系统由哪几部分组成？各部分的功能是什么？
8. 什么是呼损？什么是 BHCA？

第4章
信令系统

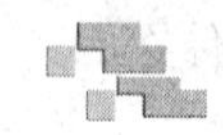

在前面的章节中，我们了解了电话网络结构的相关知识，并且学习了组成电话网络的主要部件——程控交换机的详细工作原理。在此基础之上，本章我们将进一步学习信令系统。信令系统可将通信网络中的各个部分有机地连接起来，而且是通信网络中不可或缺的组成部分。

信令系统——通信设备连接的纽带

当我们想要和亲戚朋友电话联系时，通信系统是如何帮助我们跨越千山万水，迅速准确地为我们提供通话连接通道的呢？

在绝大多数的电话接续中，仅由一个交换接续设备就完成主被叫用户的通话连接的仅占极小的比例。那么，当一个通话接续过程需要多个地理位置相距甚远的交换接续设备协调一致地配合完成时，他们彼此之间是如何做到的呢？帮助实现这一艰巨且复杂任务的系统就是通信网络中必不可少的信令系统。

本章将要学习的正是信令系统。

4.1 信令系统概述

4.1.1 信令的基本概念

信令系统是通信网的重要组成部分。

建立通信网的目的是为通信用户传递包括话音信息和非话音信息在内的各种信息。为了达到这一目的，就必须使通信网中的各种设备协调工作，因此各设备之间必须彼此交流传递大量的“控制信息”，用以说明各自的运行处理情况，提出对相关设备的接续要求，从而使各设备之间能够协调运行，最终配合完成用户信息的传递任务。这些控制信息就是信令，也称为协议。我们可以形象地把信令或者协议理解为通信网中各个设备之间彼此沟通所采用的通信语言。

信令系统则是在通信网中的各个节点上配置的，用来在通信网的节点之间传送控制信息，即信令或者协议的所有部件的总称。

图 4-1 列举了几种目前通信网络中典型的信令应用案例。

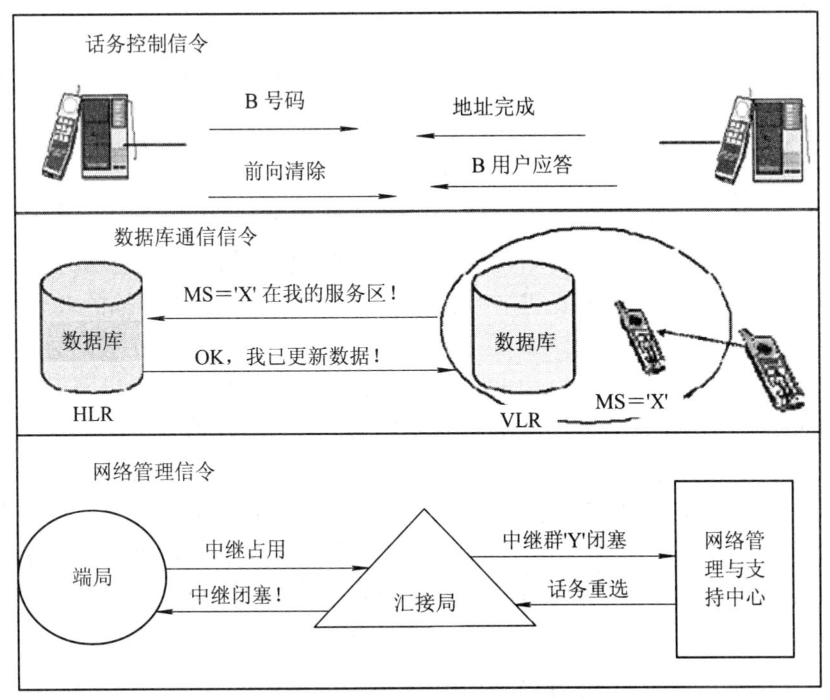

图 4-1 通信网中典型的信令应用案例

图 4-2 所示的是市话网中两个各自属于不同分局的用户进行电话接续时的完整信令配合流程。

为了使不同厂家生产的交换机能够协调一致地配合工作，在不同交换机之间传送的信令必须遵循统一的协议规范，遵循不同协议规范的信令就构成了不同的信令系统。

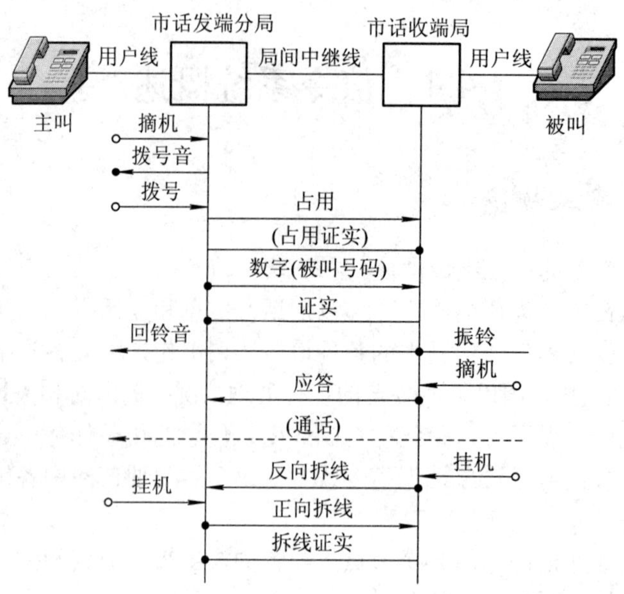

图 4-2　市话网中分属两分局的用户电话接续信令流程

4.1.2　信令的分类

在通信网中有各种各样的信令，可以按照多种方式进行分类。常用的分类方式有以下几种：

1. 按照信令的传送区域分类

按照信令的传送区域划分，可将信令分为用户线信令和局间信令。

(1) 用户线信令。这是用户终端设备和交换机之间传送的信号，也称为接入网络信令。例如：在有线电话网络中，用户话机与市话端局之间的用户线路上传输的双音多频(DTMF)拨号信号、振铃信号、回铃音信号、忙音信号等属于用户线信令；在移动通信网络中，用户的移动终端与移动业务交换中心(MSC)之间所传输的大量控制信息也属于此类信令。在本章的后续章节我们将较详细地介绍目前有线网络中普遍采用的用户线信令。

(2) 局间信令。这是在交换机之间，或交换机与网管中心、数据库之间传送的信令。例如：在有线电话网络的端局之间、端局与本地汇接局之间以及各长途汇接局之间所传输的控制信息属局间信令；在移动通信网络中，移动业务交换中心(MSC)之间，或者 MSC 与移动用户的归属位置寄存器(HLR)数据库之间传递的控制信息也属局间信令。本章的后续章节我们将就目前通信网络中广泛使用的局间信令方式 No.7 信令系统进行系统地介绍。

2. 按照信令信道与传递用户信息的信道之间的关系分类

按照信令信道与传递用户信息(例如：语音信息，数据信息等)的信道之间的关系来划分，信令可分为随路信令和公共信道信令两大类。

(1) 随路信令。这是指用传送用户信息的通路来传送与该通路有关的各种信令，或者传送信令的通路与相应的话路之间有固定的对应关系，图 4-3 示意出了典型的随路信令方式。(例如：中国 No.1 随路信令)

(2) 公共信道信令。这是指传送信令的通道和传送话音的通道在逻辑上和物理上均完

全分开的，有单独用来传送信令的通道，在一条双向的信令通道上，可为上千条话音电路传送信令消息。(例如：No.7 信令)图 4-4 示意出了典型的公共信道信令方式。

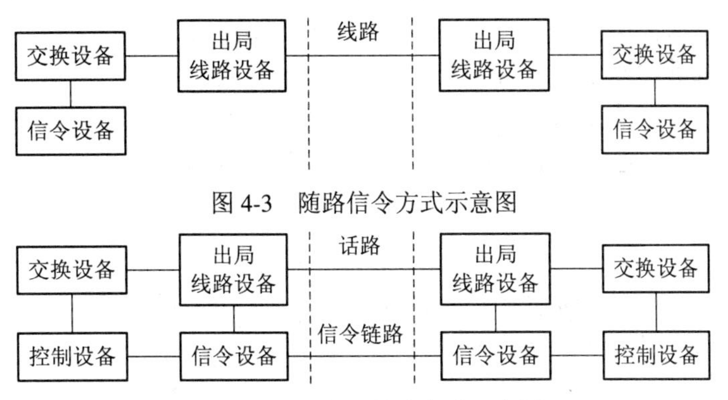

图 4-3　随路信令方式示意图

图 4-4　公共信道信令方式示意图

No.7 信令是目前最广泛应用于各种电话通信网的局间公共信道信令方式。它的传送速度快，信号容量大，可靠性高，既可以传送与电路接续有关的信号，也可以传送各种与电路接续无关的信令消息。特别适合用于程控数字交换机组成的通信网中。

目前在我国电话网的信令系统中随路信令方式已几乎全部被 No.7 信令方式所取代。

3. 按照信令的功能分类

按照信令的功能来分，随路信令又可分为线路信令和记发器信令两大类。

(1) 线路信令，又称为监视信令，用来检测或改变中继线的呼叫状态和条件，从而控制接续的进行。由于中继线的占用和释放等又是随机发生的，因此在整个呼叫接续期间都要对线路信令进行处理。

(2) 记发器信令，又称为选择信令，主要用来传送被叫(或主叫)的电话号码，供交换机选择路由和被叫用户。由于记发器信令仅在通话前传送，可利用话音通道来传送记发器信令。

4. 按照信令的传送方向分类

根据信号的传送方向，可将信令分为前向信令和后向信令。

(1) 前向信令，指信令沿着从主叫到被叫的方向传送。

(2) 后向信令，指信令沿着从被叫到主叫的方向传送。

图 4-5 中概括了信令的典型分类及其在不同类型的通信网中的使用情况。

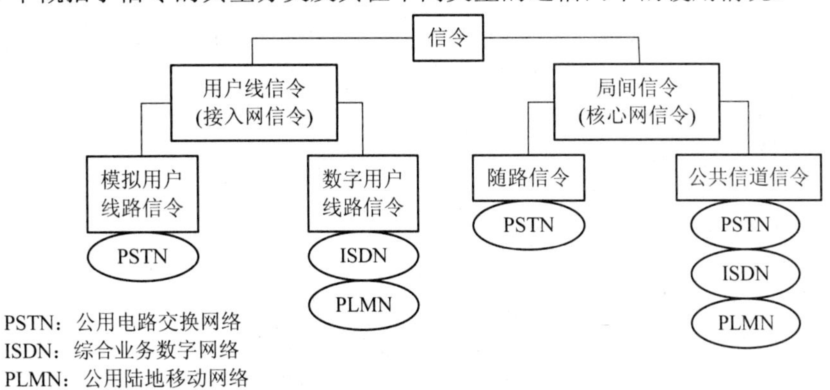

图 4-5　通信网中的信令分类

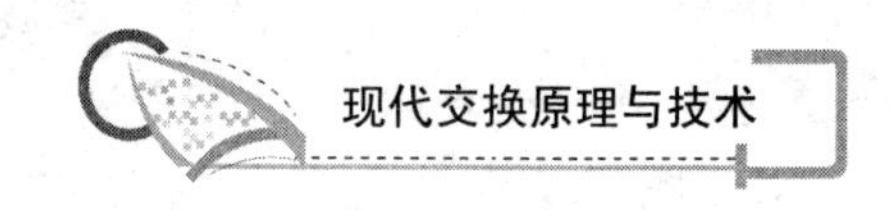

4.1.3 信令方式

由于通信网络通常由多个厂家的设备共同组成，这就要求各个厂家的设备之间传递的信令遵守统一的规则和约定，这就是特定的信令方式。通常信令方式包括：信令的编码方式、信令在多段链路上的传送与控制方式等。信令方式的选择对于通信网的服务质量以及业务的实现影响很大，通常由通信行业主管部门与网络运营商共同协商决定。

1. 编码方式

信令的编码方式有未编码方式和已编码方式两种。

未编码方式的信令可以按照脉冲的幅度、持续时间以及脉冲数量等的不同来表征不同的信令，用于模拟电话网的随路信令方式中。由于其表征的信令数量有限，传输速度慢，目前已不再使用。

已编码方式有以下几种形式：

(1) 模拟编码方式：这是利用一个或者多个不同频率的模拟信号的组合来表征一个数字信息，以达到传输信令的目的。包括起止式单频编码、双频二进制编码和多频编码等方式，其中多频编码使用较多。该类型编码均用于模拟随路信令方式中，随着数字通信网络取代了模拟通信网络，此编码方式亦不再被使用。

(2) 二进制编码方式：其典型代表是数字型线路信号，它是用 4 比特二进制编码来表示线路的状态等信令。它也是一种在随路信令方式中所采用的编码方式。例如我国的中国 1 号随路信令方式曾经长期采用这一编码方式。但是随着通信网络的局间信令方式升级改造为公共信道信令方式，即 No.7 号信令方式，此编码方式亦不再被使用。

(3) 信号单元方式：采用不定长分组数据的形式，用经过二进制编码的若干字节构成的信令单元来表示各种信令。此方式编码容量大、传输速度快、可靠性高、可扩展性强，是目前各类公共信道信令系统广泛采用的方式。目前广泛使用的 No.7 信令系统就是其典型的代表。

2. 传送方式

传送方式指的是信令在多段链路上传输的方式。主要有以下几种：

(1) 端到端方式：在此方式下转接局只将信令路由接通，之后的信令在此通道上透明传送，从而使终端局收到由发端局直接发来的信令。

(2) 逐段转发方式：这是“逐段识别，校正后转发”的简称。在此方式下，每个转接局收到信令后都进行识别，并加以校正，然后转发至下一个交换局。目前的 No.7 信令系统中主要采用逐段转发方式，以确保信令传输的可靠，但也可以支持端到端的信令方式。

3. 控制方式

控制方式就是控制信令发送过程的方法，主要有以下 3 种方式：

(1) 非互控方式：即发端连续向接收端发送信令，而无需等待接收端的证实信号。该方式控制简单，发送速度快，适用于传输质量较好的数字信道。

(2) 半互控方式：发端向接收端发送一个或者一组信令后，必须等收到接收端回送的证实信号后才能发送下一个信号。即前向信令发送受后向证实信令控制。

(3) 全互控方式：发端连续发送前向信令，且不可自动中断，直到收到接收端回送的

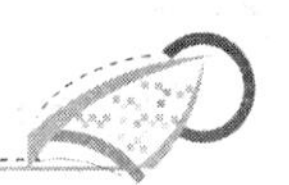

后向证实信令后，才停发前向信令；接收端发送后向证实信令也是连续且不可自动中断的，直到收到发端的停发前向信令后，才可以停发该证实信令。此方式抗干扰性强，可靠性高，但设备复杂，速度慢。目前的公共信道信号均主要采用非互控方式，但为了确保可靠性，仍保留了后向证实信令。

4.2 用户线信令

用户线信令是在用户终端与交换机之间的用户环路上传送的信令。由用户话机到交换机方向的信令和交换机到话机方向的信令两部分组成。

4.2.1 用户话机发出的信令

1. 监视信令

监视信令主要反映用户话机的摘、挂机状态。该状态通过用户的用户线直流环路的通、断来表示。

2. 选择信令

选择信令是用户话机向交换机送出的被叫号码，选择信令又可分为直流脉冲信号和双音多频(DTMF)信号。

直流脉冲信号是由用户直流环路的通、断次数来代表不同的拨号数字的信号。它包括了脉冲速度、断续比以及最短位间隔等三个参数。在国家的相关产品入网标准中均有详细的规定。

DTMF 信令是用高、低两个不同的频率来代表一位拨号数字。DTMF 信令是带内信令，能通过数字交换网络和局间数字中继线进行正确传输。DTMF 信令的组成如表 4-1 所示。

表 4-1 DTMF 的拨号数字信号

	1209 Hz	1336 Hz	1477 Hz	1633 Hz
697 Hz	1	2	3	A
770 Hz	4	5	6	B
852 Hz	7	8	9	C
941 Hz	*	0	#	D

4.2.2 交换机发出的信令

1. 铃流

铃流是交换机发送给被叫用户的信令，用于提醒用户有呼叫达到。铃流信号是(25 ± 3) Hz 正弦波，输出电压有效值为(75 ± 15) V，振铃采用 5 s 断续，即 1 s 送，4 s 断。

2. 信号音

信号音是交换机发送给用户的信号，用来说明有关的接续状态，如忙音、拨号音、回铃音等。信号音的信号源为(450 ± 25) Hz 和(950 ± 50) Hz 正弦波，通过控制信号音的不同的断续时间可得到不同的信号音。

表 4-2 中列出了常用的信号音。

表 4-2　信号音含义和种类

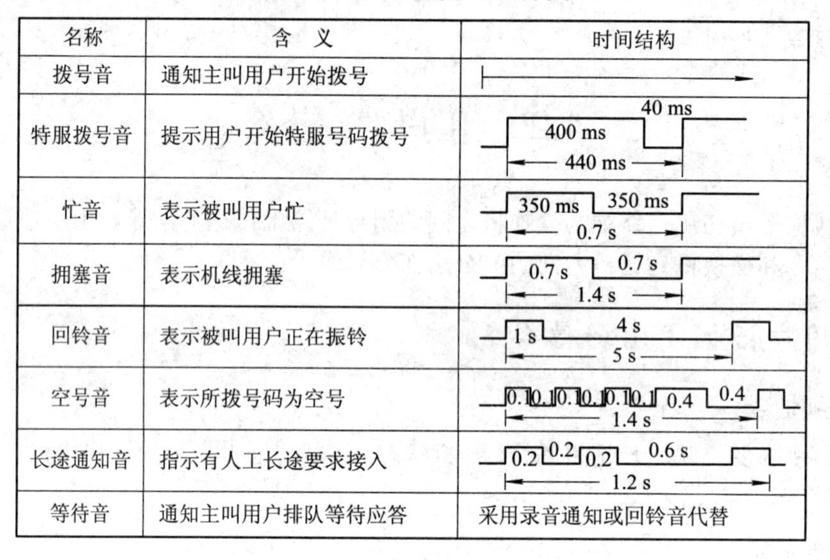

名称	含　义	时间结构
拨号音	通知主叫用户开始拨号	（连续）
特服拨号音	提示用户开始特服号码拨号	400 ms　40 ms　440 ms
忙音	表示被叫用户忙	350 ms　350 ms　0.7 s
拥塞音	表示机线拥塞	0.7 s　0.7 s　1.4 s
回铃音	表示被叫用户正在振铃	1 s　4 s　5 s
空号音	表示所拨号码为空号	0.1 0.1 0.1 0.1 0.1 0.1　0.4　0.4　1.4 s
长途通知音	指示有人工长途要求接入	0.2　0.2　0.2　0.6 s　1.2 s
等待音	通知主叫用户排队等待应答	采用录音通知或回铃音代替

4.3　No.7 信令系统概述

No.7 信令是一种典型的局间公共信道信令方式。它广泛应用于数字化的通信网络，不但适用于电话、数据、移动电话业务，而且还适应于综合业务数字网(ISDN)中多种业务的要求。它是一种国际性的标准化通用公共信道信令方式，既可用于传送传统电话网、综合业务数字网的局间信令，还可支持智能网业务和移动通信业务。

4.3.1　No.7 信令系统的特点与应用

1. No.7 信令系统的基本特点

(1) 最适合由数字程控交换机和数字传输设备所组成的综合数字网；

(2) 能满足现在和将来传送呼叫控制、遥控、维护管理信令及处理机之间事务处理信息的要求；

(3) 为信令提供了可靠的传递方法，使信令按正确的顺序传送又不致丢失或重复传输。

2. No.7 信令系统的应用

No.7 信令系统能满足多种通信业务的要求，当前的主要应用列举如下：

(1) 传送电话网的局间信令；

(2) 传送电路交换数据网的局间信令；

(3) 传送综合业务数字网的局间信令；

(4) 在各种运行、管理和维护中心传递有关的信息；

(5) 在业务交换点和业务控制点之间传送各种控制信息，支持各种类型的智能业务；

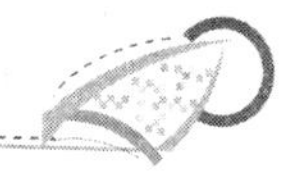

(6) 传送移动通信网中与用户移动有关的各种控制信息。

No.7 信令系统能够支持如此广泛的业务，主要得益于采用了功能模块化的结构。它由一个公共的消息传递部分和因网络业务不同而不同的各种应用部分组成。以下我们将对此做进一步介绍。

4.3.2 No.7 信令系统的分层结构

1. 分层结构概述

随着程控交换机的使用，在交换机之间呼叫接续控制信令的传送，已变成各交换机的处理器之间的通信。No.7 信令系统实质上是一个专用的计算机通信系统，用来在通信网的各种控制设备之间传送各种与电路连接相关或者无关的控制信息。

实现计算机之间的相互通信，需要解决很多复杂的问题。在计算机通信系统的设计中，普遍采用了分层体系结构的思想。其基本概念如下：

(1) 将通信的功能划分为若干层次来完成，其中的每一层仅完成一部分功能，各个层次相互配合，共同完成完整的通信功能。

(2) 每一层只和其直接相邻的上下两层打交道，它利用下层所提供的服务(但并不需要知道它的下层是如何实现的，仅需要该层通过层间接口所提供的服务)，并且向上一层提供本层所能完成的功能。

(3) 每一层均各自独立，各层都可以采用最适合的技术来实现，每个层次可以单独进行开发和测试。当某一层由于技术的更新发生变化时，只要接口关系保持不变，则其他各层不受任何影响。

No.7 号信令系统是在通信网的控制系统(计算机)之间传送有关通信网控制信息的数据通信系统，实际上就是一个专用的计算机系统。No.7 信令系统首先的开发就是按照分层结构思想设计的，主要考虑在数字电话网和采用电路交换方式的数据通信网中传送各种与电路连接有关的控制信息，因而 CCITT(现为 ITU-T)在 1980 年发布的 No.7 号信令系统第一版的技术规范黄皮书中对此作了规定。因为 No.7 号信令系统的分层方法没有与 OSI(开放系统互联)的七层模型取得一致，所以对 No.7 号信令系统提出了四级功能分级的规范。

但是，随着移动通信网和智能网的发展，不仅需要传送与电路接续有关的消息，而且需要传送大量的与电路接续无关的端到端的控制信息，原来的四级结构已不能满足要求。因此，在 1984 年和 1988 年的红皮书和蓝皮书建议中，CCITT 做了大量的工作，使 No.7 号信令系统的分层结构尽量与 OSI 七层模型对应，并且最终在 1992 年的白皮书中进一步完善了这些新功能和程序。以下我们将分别介绍 No.7 号信令系统两个阶段分层结构的基本思路。

2. No.7 号信令系统第一阶段的分层结构——四级功能结构

No.7 号信令系统的四级功能结构如图 4-6 所示。

在 No.7 号信令系统的四级功能结构中，将 No.7 号信令系统分为消息传递部分(Message Transfer Part，MTP)和用户部分(User Part，UP)。

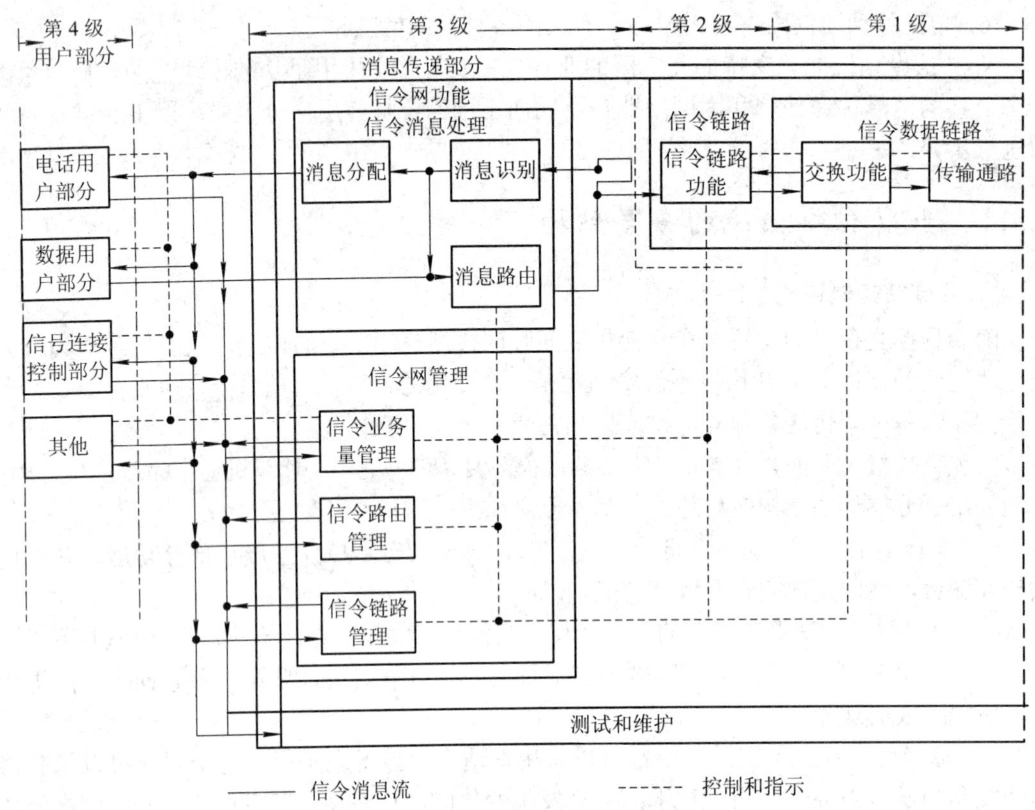

图 4-6　No.7 号信令系统的四级功能结构

(1) MTP 的基本功能是将用户发出的消息信令单元正确地发送到用户指定的目的地信令点的指定用户，即完成 7 号信令消息的准确可靠的传送任务。为此该部分分成三级来实现，即：

- MTP-1：信令数据链路功能。它对应于 OSI 模型的物理层，规定了信令链路的物理电气特性及接入方法，提供全双工的双向信令传输通道。此通道由一对传输速率相同、传输方向相反的数据通道组成，可完成二进制比特流的透明传递。在采用 PCM 数字传输信道时，每个方向的传输速率可以是 64 kb/s(占用一个 PCM 的时隙传送信令)，或者 2 Mb/s(占用完整的一个 PCM 帧，即 32 个时隙传输信令)。
- MTP-2：信令链路功能。它对应于 OSI 模型的数据链路层。其基本功能是将第一级中透明传输的比特流划分为不同长度的信令单元(Signal Unit，SU)，并通过差错检测及重发校正的纠错方法确保信令单元在第一级的物理链路上正确传输。
- MTP-3：信令网功能。它由两个部分功能组成，即信令消息处理和信令网管理。其中的信令消息处理的功能是根据信令单元中的地址信息，将信令单元送至指定的目的信令点的相应用户部分。而信令网管理功能则是对每条信令路由及信令链路的状态进行监视。当发现故障时，则会根据信令网的状态数据和信息，控制信息路由和信令网的结构，完成信令网的重新组合，从而恢复信令消息的正常传递。

(2) 用户部分(UP)构成 No.7 信令系统的第四级，UP 的基本功能就是将业务处理所需要由一个节点传送给另一个节点的控制信息，采用特定的格式表征，然后利用 MTP 功能实现

正确传输。由于通信网中存在大量的不同业务，因此UP部分也存在多种不同的信令协议。例如：

- 电话用户部分(Telephone User Part，TUP)：用于处理PSTN中的呼叫控制信令消息；
- 综合业务数字网用户部分(ISDN User Part，ISUP)：用于处理ISDN中的呼叫控制信令消息。

No.7号信令系统的功能实现，可以十分形象地理解为我们日常生活中的邮局帮助用户传递邮件的过程。如图4-7所示。

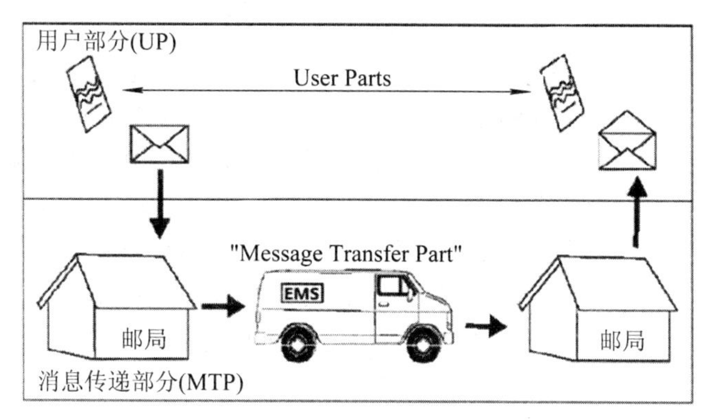

图4-7 No.7信令系统功能理解的对比案例

从图4-8中我们看到：MTP的功能等同于邮局，就是确保邮件能够按照发信人所提供的地址准确无误地送达收信人；而UP的功能则是按照一定的语言和格式完成所需要传递信息的编写，然后交给发端邮局(即发送端信令设备的MTP功能)完成传递，在接收端邮局(即接收端信令设备的MTP功能)再根据邮件地址送达正确的收件人。本案例中的邮件内容就等同于通信设备之间所要传送的各种业务控制信息。

3. No.7信令系统第二阶段的分层结构——与OSI模型相对应的七层结构

No.7信令系统的MTP没有能够完整地提供OSI模型的1～3层的全部功能，它的寻址能力有一定的欠缺，当需要传送与电路建立无关的端到端的控制信息时，MTP因无法获取准确的目的节点的信令点编码(目的地址信息)而无法完成信息的传送。为了使No.7信令系统的结构与OSI模型一致，CCITT在1984年对No.7信令系统进行了功能补充，在不修改MTP的前提下，通过增加信令连接控制部分(Signaling Connection Control Part，SCCP)来增强MTP的寻址能力，并增加了事务处理能力(Transaction Capabilities Application Part，TCAP)部分来传送节点到节点的大量与电路接续无关的控制消息。例如：移动应用部分(MAP)、智能网应用部分(CAP，INAP)等等。

No.7信令系统与OSI七层模型对应的分层结构如图4-8所示。

从图4-8中我们可以清晰地看到No.7信令的功能分级与OSI模型的对应关系。

(1) MTP功能对应OSI模型低三层(1～3层)功能的绝大部分，它提供No.7信令网中可靠的信令消息传递功能，将发端用户部分(UP)发送的控制信息(信令)传送到其指定的目的地信令点的指定用户部分(UP)。并且，在系统或者信令网出现故障时，采取必要措施以恢复信令消息的正常传送。

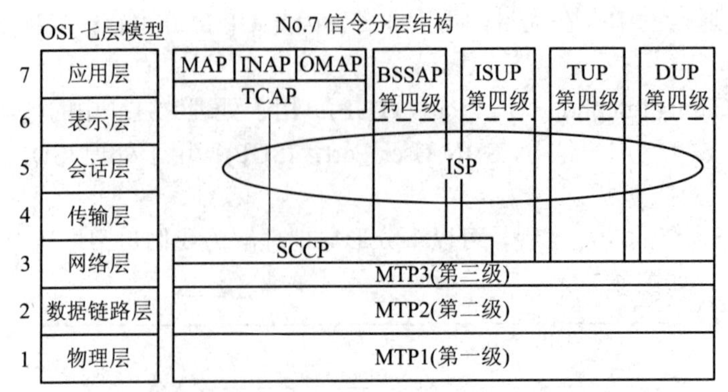

图 4-8 No.7 信令功能级结构与 OSI 七层参考模型对应关系

(2) SCCP 功能对应于 OSI 第 3 层网络层功能的一部分，用于补充和增强 MTP 第三级功能的路由与寻址能力，因此它与 MTP 的第三级配合提供完整的 OSI 模型网络层的功能。其主要是为了满足新的用户部分(如：移动通信应用、智能网应用等)对于信令消息传递的进一步要求。值得注意的是，在第一阶段的功能分级里面，SCCP 是划分在 UP 即功能分级的第四级的。而在第二阶段的分层结构里，鉴于 SCCP 的功能特点，将它对应到了 OSI 模型的第三层。

(3) ISP(Intermediate Service Part)称为 No.7 信令的中间业务部分，对应于 OSI 模型的 4～6 层，目前尚未开发使用。可以理解为 No.7 信令还留有待开发的空间。

(4) TUP、DUP(数据用户部分)和 ISUP 都是属于 No.7 信令的第四功能级，对应于 OSI 模型的第 7 层应用层功能。TUP 主要规定了有关电话呼叫的建立和释放的信令流程及其实现这些流程的消息和消息编码；ISUP 则是在 TUP 基础上扩展而成的，它提供 ISDN 中的信令功能，以支持基本的承载业务和附加的承载业务。其中端到端的信令部分，需要受到 SCCP 的支持方能完成；DUP 是早期利用电路交换方式完成数据传输时所采用的信令，随着分组数据网络的日益普及与完善，目前几乎已不再使用此种方式来传输数据信息，DUP 也很少使用了。

(5) BSSAP 基站子系统应用部分，是 GSM 移动通信网络的基站控制器(BSC)与移动交换中心(MSC)之间的信令。该信令属于应用层的信令，它借助于 MTP 和 SCCP 层完成信令在以上两节点之间的传递。

(6) MAP 移动应用部分的主要功能是在 GSM 网络的 MSC、HLR(归属位置寄存器)、VLR(访问位置寄存器)等功能实体之间交换大量与电路接续无关的数据和控制指令，从而支持移动用户所特有的漫游、信道切换和用户鉴权加密等重要的网络功能。

(7) INAP 智能网应用部分用于在智能网的功能实体间传送有关的控制信息。以便于各功能实体协同完成智能网业务。

(8) OMAP 操作维护应用部分，用于在通信网络中传递与网络管理相关的信令消息。

4.4 No.7 信令系统的消息传递部分

在第 4.3 节中我们已经对 No.7 信令系统的功能实现方法，也就是功能分级的基本原理

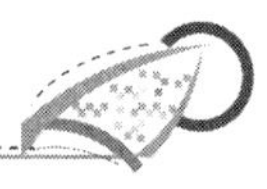

有所了解。在本小节里我们将进一步了解在功能分级中的消息传递部分(MTP)详细的实现原理。

MTP 完整的功能实现可以简洁地总结在图 4-9 中。稍后我们将介绍其中基本而重要的功能实现。

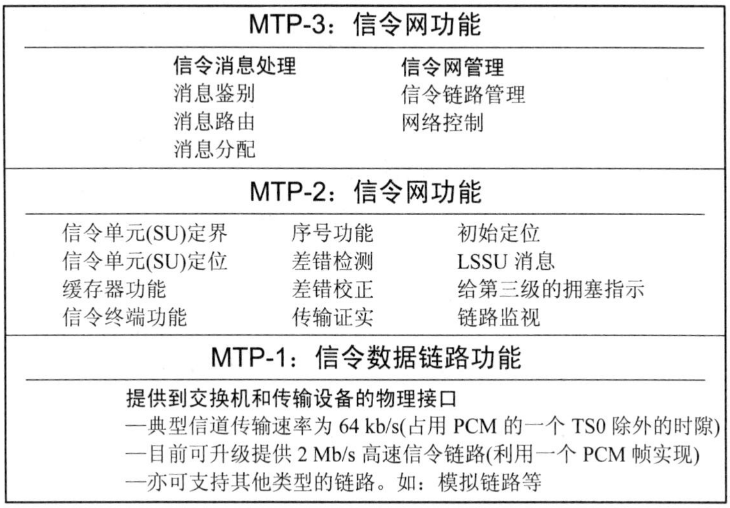

MTP-3：信令网功能
信令消息处理
消息鉴别
消息路由
消息分配
信令网管理
信令链路管理
网络控制
MTP-2：信令网功能
信令单元(SU)定界
信令单元(SU)定位
缓存器功能
信令终端功能
序号功能
差错检测
差错校正
传输证实
初始定位
LSSU 消息
给第三级的拥塞指示
链路监视
MTP-1：信令数据链路功能
提供到交换机和传输设备的物理接口
—典型信道传输速率为 64 kb/s(占用 PCM 的一个 TS0 除外的时隙)
—目前可升级提供 2 Mb/s 高速信令链路(利用一个 PCM 帧实现)
—亦可支持其他类型的链路。如：模拟链路等

图 4-9　MTP 的分级功能实现

4.4.1　信令数据链路(MTP-1)

MTP 第一级信令数据链路提供了传输信令消息的物理通道。它由一对传送速率相同，工作方向相反的数据通路组成，完成二进制比特流的透明传输。

信令数据链路定义了数字信令数据链路和模拟信令数据链路两种传输通道。数字信令数据链路是传输速率为 64 kb/s 传统信令链路和 2 Mb/s 高速信令链路；模拟信令数据链路的速率为 4.8 kb/s，但因目前的通信网络均已实现数字化，已淘汰未采用。

采用数字信令链路时，在交换设备中的实现方式有两种类型：

(1) 数字传输链路通过数字选组级的半永久连接到信令终端。如图 4-10 所示。

(2) 数字传输链路通过时隙接入设备接入信令终端。如图 4-11 所示。

第二级
数字交换网络
传输链路
传输链路
数字交换网络
第二级
第一级：数字信令数据链路
信令终端
64 kb/s
数字交换网络
半永久连接
C
多路复用
传输链路

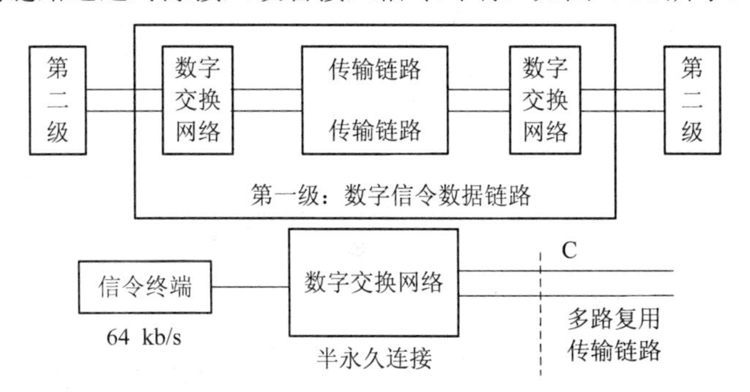

图 4-10　信令终端与数字交换网络构成半永久连接以提供数字信令链路

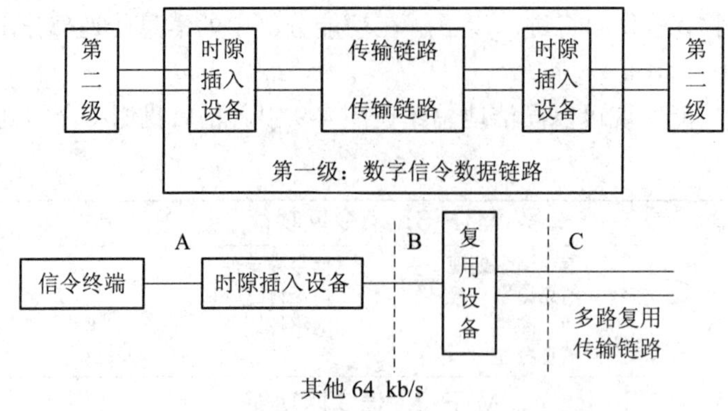

图 4-11　信令终端经过时隙接入设备构成数字信令链路

4.4.2　信令链路功能(MTP-2)

信令链路功能是 No.7 信令系统功能分级的第二级。它与第一级数据链路功能配合，在两个信令点之间提供一条可靠的 No.7 信令消息传送通路。信令链路功能级的主要功能已示意在图 4-10 中。以下我们将较详细地介绍其实现原理。

1．信令单元(SU)的格式

在 No.7 信令系统中，所有的信令消息以数字信号的形式，并在 MTP 第二级功能中构成可变长度的信令单元(SU)的格式后在 MTP 第一级提供的链路上传送。

根据传送的信令的作用不同，No.7 信令中共分成三种信令单元，即：

- 消息信令单元(MSU)；
- 链路状态信令单元(LSSU)；
- 填充信令单元(FISU)。

其中，MSU 用来传送第三级及其以上各层发送的信令信息；LSSU 用来传送该信令链路的各种状态信息；FISU 则是在该信令链路无任何消息要传送时，向对端发送的握手信号，用于通知本端的状态正常，从而维持信令链路的正常通信状态，同时还可以证实对端发来的信令单元。LSSU 和 FISU 都是由 MTP 第二级生成并处理的信令单元。三种信令单元的格式如图 4-12 所示。

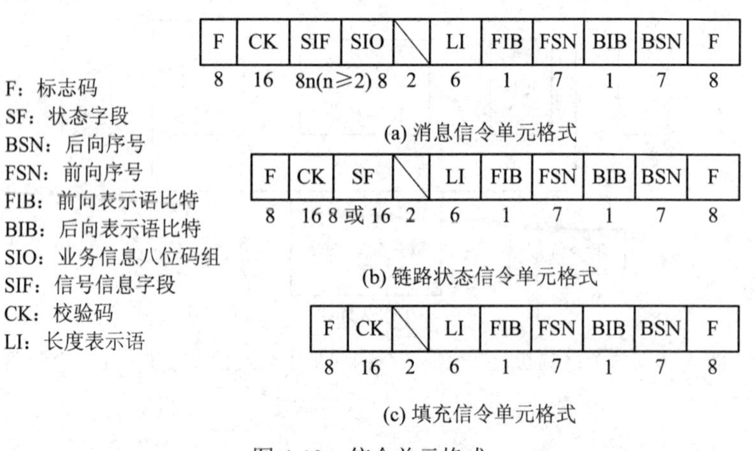

图 4-12　信令单元格式

信令单元各字段的功能如下。

(1) 标志码(F)：用于信令单元的定界，由8比特固定码组01111110组成。任一信令单元的首尾均有此码组合。并且还采用了比特填充的方法来防止SU的其他字段出现伪标志码。

(2) 前向序号(FSN)、后向序号(BSN)、后向表示语比特(BIB)、前向表示语比特(FIB)：FSN是发送端为发送的SU分配的序号；BSN则表示已正确收到对端发来的SU的序号，用于SU的肯定或否定证实；BIB和FIB各1比特，用于配合FSN和BSN完成SU的肯定与否定证实，并完成重发控制。因此以上四个字段均用于差错校正。

(3) 长度指示(LI)：在No.7信令系统的第一阶段(黄皮书)中，该字段用于表征SIF字段的字节数，但后续版本中，因SIF字段功能扩展，目前对于超过63字节的SIF字段已不能够准确表示。然而，LI仍可作为对于3种不同类型SU的区分指示。即：

当LI=0时表示FIFU；

当LI=1或者2时表示LSSU；

当LI=3～62时表示MSU，且指示了SIF的准确字节数；

当LI=63时表示MSU的SIF字段超过63字节。

(4) 校验码(CK)：CK用于差错校验。No.7信令系统采用循环冗余校验的差错检测方法，以检测SU在传输中是否出错。CK在发端根据一定的算法对SU中的除F、CK以外的数据字段进行运算，运算结果取高16比特(两个字节)放在SU的CK字段，与数据一起传送至接收端，供接收端检查传输错误。

以上四个字段均为MTP第二级在发端形成的长度恒定的控制信息，并在接收端的第二级进行处理。

(5) 业务信息八位码组(SIO)：用于指示消息的业务类别，第三级据此将消息准确分配给不同的UP。

SIO分为业务表示语(SI)和子业务字段(SSF)。SI和SSF各占四个比特。如表4-3所示。

表4-3　SIO字段格式

DCBA	DCBA
子业务字段(SSF)	业务表示语(SI)

业务表示语SI的编码及含义如下：

DCBA

0000——信令网管理消息；

0001——信令网测试和维护消息；

0011——信令连接控制部分SCCP；

0100——电话用户部分TUP；

0101——ISDN用户部分ISUP；

0110——数据用户部分DUP(与呼叫和电路有关的消息)；

0111——数据用户部分DUP(性能登记和撤销消息)。

其他码组合分配给另外的网络业务(例如软交换网络)或者备用。

子业务字段SSF的A、B两位备用，D、C比特称为网络指示语，用于区分网络的属性。其基本编码含义如下：

DC

00——国际网络；

01——国际备用；

10——国内网络；

11——国内备用(在移动通信网中，指示为接入网络的节点，如 BSC、RNC 等)。

(6) 信令信息字段(SIF)：用于传输各种通信业务处理需要传送的控制信息(不超过 272 字节)。由于 MTP 采用数据报方式来传送消息，其寻址信息全靠自身携带。为此在 SIF 字段中带有一个由 MTP 第三级功能形成的路由标记。该标记由目的地信令点编码(DPC)、发源地信令点编码(OPC)和信令链路选择码(SLS)组成。OPC 和 DPC 分别用于标识发端和收端的信号点，SLS 则是对物理的信令链路的标识。SIF 的格式如图 4-13 所示。

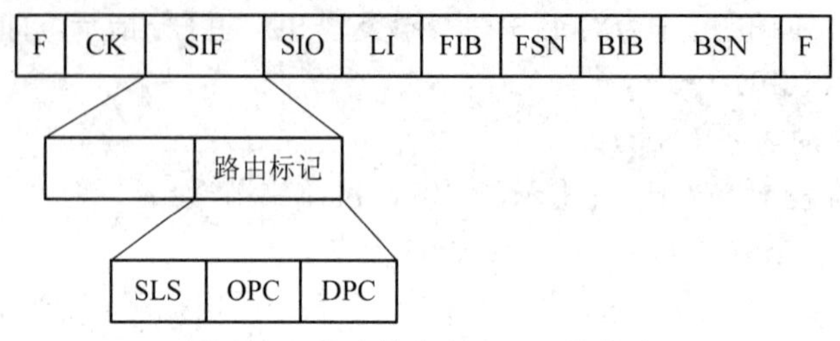

图 4-13　信令信息字段 SIF 的格式

目前，在通信网中为了提高信令传输的速率，还广泛使用了速率为 2 Mb/s 的高速信令链路。该信令链路的消息格式与上述传统的 64 kb/s 的消息格式基本一致，仅有少数字段增加了比特数。其格式如图 4-14 所示。从图 4-14 中可以看到其不同的字段有：FSN 和 BSN 的长度增加到 12 比特，即序号由原来 0～127 编号扩展到 0～4095 编号；长度指示(LI)增至 9 比特，取值范围 0～511，可准确表征 SIF 字段字节数。

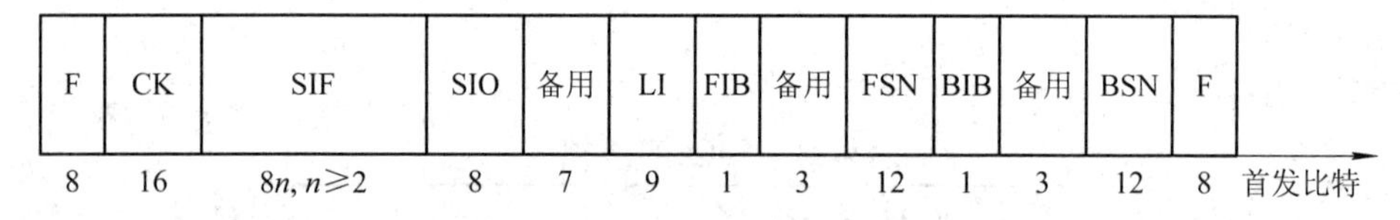

图 4-14　高速信令链路的信令单元格式

(7) 状态字段(SF)：用于 LSSU 中，指示特定信令链路的定位状态或者异常状态的字段。该信息由 MTP 第二级生成和处理。SF 的格式如表 4-4 所示。

表 4-4　链路状态字段 SF 格式

HGFED	CBA
备用	状态指示

在 8 比特的状态字段中，5 比特备用，3 比特作为状态指示，编码及其含义如下：

CBA

000——失去定位(SIO)；

001——正常定位(SIN)；

010——紧急定位(SIE)；

011——业务中断(SIOS)；

100——处理机故障(SIPO)；

101——链路忙(SIB)。

2. 信令单元的定界与定位

信令单元的定界功能就是将MTP第一级上连续传送的比特流划分为信令单元。F字段的作用正在于此。为防止在消息内容中出现伪标志码，信令信息的发送端要对待传送的内容进行插“0”操作，即将连续5个“1”后强制插入“0”从而保证消息中不会出现伪标志码。在接收端则进行删“0”操作，即将5个连“1”后的“0”删除，从而使消息内容恢复原样。

信令单元定位功能主要是检测失步和失步后如何处理。当检测到以下异常时，就认为失去定位：

——收到了不允许出现的码型(6个及其以上连“1”)；

——信令单元内容太短(少于5个字节)；

——信令单元内容太长(大于272+5个字节)；

——两个F之间的比特数不是8的整数倍。

在失去定位的情况下，MTP第二级的LSSU将进行对告，进入定位捕捉模式。

3. 差错检测

No.7信令系统第二级采用的差错检测方法是循环冗余校验(CRC)。算法如下：

$$\frac{X^{16}M(x)+X^{k}(X^{15}+X^{14}+\cdots+X+1)}{G(x)}=Q(x)+\frac{R(x)}{G(x)}$$

其中：$M(x)$ = 发送端发送的数据；

$K = M(x)$的长度(比特数)；

$G(x) = X^{16} + X^{12} + X^{5} + 1$，是生成多项式；

$R(x)$是左式分子被$G(x)$除的余数。

发送端按照以上算法对发送内容进行计算，得到的余数$R(x)$的长度是16比特。将其逐位取反后作为校验码(CK)在SU中被传送到接收端。接收端对收到的SU做相同运算获得16比特，然后与接收的SU中的CK字段进行比较。如果相同，说明正确接收，如果不一致，说明收到的SU有错，接收端将此SU丢弃，并在回送的SU中利用纠错字段BSN、BIB通知发端重传纠错。这就是以下差错校正功能要完成的任务。

4. 差错校正

在No.7信令系统中推荐了两种差错校正的方法：基本差错校正方法和预防循环重发校正方法。基本差错校正方法用于传输时延小于15 ms的陆上信令链路，是最广泛采用的差错校正方法。而预防循环重发校正方法主要用于传输时延较大的卫星信令链路。

在每个信令终端内都配置有重发缓存器(RTB)，已发出但还没有得到肯定证实的信令单元(SU)均需要暂存在RTB中，一旦收到肯定证实，该SU立即从RTB中删除。

1) 基本差错校正方法

基本差错校正方法是一种非互控，正/负证实的重发纠错方法。正证实指示信令单元的正确接收，负证实指示接收的信令单元发生错误并可以要求重发。消息单元的正、负证实以及重发请求等是通过信令单元内的FSN、BSN、FIB、BIB相互配合完成的。

FSN 和 BSN 完成肯定证实功能。当收到对方的 FSN 是期望值，即 FSN(对端)=BSN(本端)+1，且该 FSN 序号的 MSU 经差错检测是正确的，就将 BSN 加 1 发向对端，否则 BSN 不变。

FIB、BIB 完成否定证实功能，并利用值的反转来向对方要求重发。正常情况下，BIB 与另一个方向的 FIB 一致，当一端收到 MSU 不是期望值时(FSN ≠ BSN+1)，就将 BIB 反转，送向对端，对端收到 BIB，发现与本端的 FIB 不一致，就开始重发，并将 FIB 反转。重发都是从 BSN+1 的消息开始的。

根据这个原则，No.7 信令系统就可以完成差错校正了。

图 4-15 给出了基本重发校正过程的一个实例。

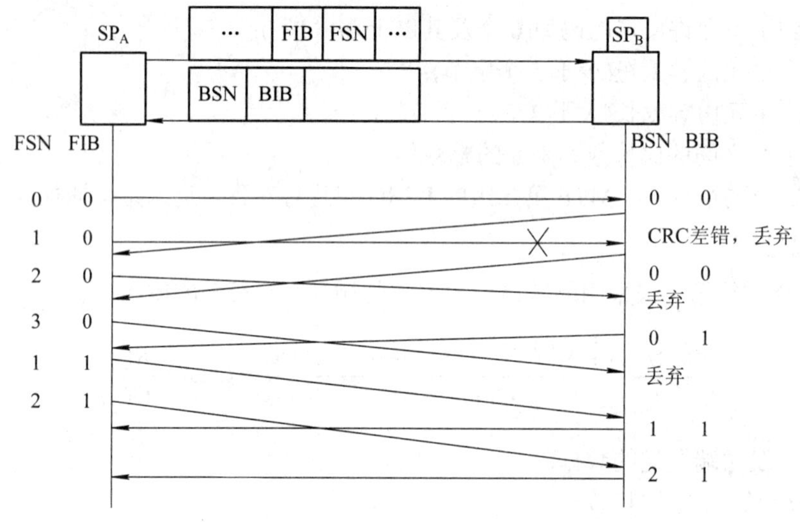

图 4-15　基本重发校正过程实例

2) 预防循环重发校正方法

预防循环重发校正方法是一种非互控的前向纠错方法。它只采用肯定证实，无否定证实，此时，前后向指示语比特无作用。

肯定证实信号为：$BSN_{收端SU} = FSN_{发端SU}$。

该纠错过程由发送端自动控制，当无新的 MSU 需要发送时，发端自动循环重发未经证实的已发信号单元，一旦收到返回的肯定证实信号，则该序号的 MSU 将从循环重发的队列里删除，不再重发；若有新的 MSU 请求发送，则可以优先发送，然后又进入循环重发的队列，直到收端的肯定证实信号送达，方可停止循环发送。

5．初始定位

初始定位是信令链路从未工作(包括空闲状态和故障后退出服务状态)进入工作状态时执行的信令过程。只有当信令链路初始定位成功后，方可进入工作状态，传送 MSU。

初始定位过程的作用是与信令链路的对端节点交换握手信号，协调一致地将此链路投入运行，同时检验该链路的传输质量。只有在信令链路的两端都能按照规定的协议发送链路状态信令单元(LSSU)，且该链路的信令单元差错率低于规定值时，才认为定位成功，可以投入使用。

6. 信令链路差错率监视

为保证信令链路的传输质量，必须对信令链路的差错率进行监视。当信令链路差错率超过门限值时，应判定信令链路故障，并强制其退出服务状态。

信令链路差错率监视过程有两种，即：信令单元差错率监视过程和定位差错率监视过程。分别用于监视信令链路处于工作状态和处于定位时的信令单元差错率。

确定信令链路差错率监视过程的参数主要有以下两个：连续接收的差错信令单元数和信令链路的长期差错率。例如：在采用 64 kb/s 的数字信令链路时，当连续接收的错误信令单元数目为 64 或者信令单元的长期差错率大于 1/256 时，该过程就会判定信令链路故障并向第三级报告。

7. 第二级流量控制

该功能用于处理第二级的拥塞状况。

当信令链路的接收端检测到拥塞时，即启动流量控制过程。此时该接收端将停止对接收的消息信令单元进行肯定或者否定证实，并利用 LSSU 的 SF 字段向发端发送链路忙(SIB)消息。发端收到此消息后，将停发新的 MSU，并启动一个计时器(T_6)，若该计时器超时，而对端继续发送 SIB，则会判断为该信令链路故障，并向第三级报告。若在计时器周期内拥塞解除，则 LSSU 停发，并恢复对输入信令单元的证实。

8. 处理机故障控制

因为第二级(MTP-2)以上的功能级的原因导致信令链路无法使用时，在 MTP 第二级均认为是处理机故障。处理机故障是指消息不能传送到第三级或者第四级。故障原因很多，有可能是中央处理机故障，也可能是人工阻断了一条信令链路。

例如：当第二级收到第三级发来的指示或识别到第三级故障时，则会判定为本地处理机故障，并开始利用 LSSU 的 SIPO 状态通知对端，且会将其后收到的 MSU 丢弃。如果对端的第二级处于正常状态，收到 SIPO 后将通知第三级停发 MSU，并连续发送 FISU。

4.4.3 信令网功能(MTP-3)

我们已经知道，No.7 信令系统是一种典型的公共信道信令系统，也就是说 No.7 信令消息的传输采用的是独立于通信用户的语音等信息传送通道以外的专用通道来实现的。这种专用的通道也就构成了 No.7 信令系统的专用网络，即 No.7 信令网。

MTP 的第三级信令网功能的主要任务就是在 No.7 信令网中完成消息的正确寻址，并准确无误地送达指定 UP 部分。

为了很好地理解 MTP 第三级功能的实现，我们首先来了解我国的 No.7 信令网的基本结构。

1. 我国 No.7 信令网的结构

No.7 信令网的基本组成部件为信令点(SP)、信令转接点(STP)和信令链路。

1) 信令点(SP)

信令点是处理 No.7 信令消息的节点，产生 No.7 信令消息的信令点是消息的发源点(OP)，消息到达的信令点为该消息的目的点(DP)。任意两个信令点，如果他们的对应用户

(UP)之间有直接的通信关系，就称这两个信令点之间存在信令关系。SP 通常是具有通信网中业务处理功能的节点，例如市话网的程控交换机，移动网的 MSC、HLR 等业务节点等等。

2) 信令转接点(STP)

信令转接点具有信令转发功能，将信令消息从一条信令链路转发到另一条信令链路。STP 分为综合型和独立型两种。综合型的 STP 既可提供 MTP，SCCP 功能，还具有 UP 的功能。而独立型的 STP 只具有 MTP 和 SCCP 的功能。在我国的 No.7 信令网中的高级信令转接点(HSTP)通常就是独立型的 STP 节点，而某些低级信令转接点(LSTP)则采用了综合型的方式构成。

3) 信令链路

在两个相邻信令点之间传送信令消息的链路称为信令链路。关于信令链路有如下几个层次的概念。

—信令链路组：为连接两个信令点的一组信令链路；

—信令路由：从源点(OP)到目的点(DP)的链路组；

—信令路由组：从 OP 到 DP 的所有可能的链路组的集合。

2. 工作方式

No.7 信令网所说的工作方式，是指信令消息所取的通路与消息所属的信令关系之间的对应关系。目前主要采用的两种工作方式为：直连工作方式和准直连工作方式。

(1) 直连工作方式：两个信令点之间的信令消息通过直接连接两个信令点的信令链路传送。如图 4-16 所示。

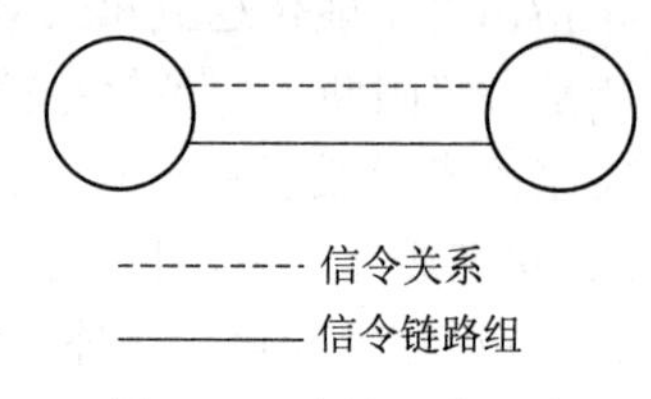

图 4-16　直连工作方式

(2) 准直连工作方式：属于某个信令关系的信令消息，经过两个或多个串接的的信令链路传送，中间要经过一个或者多个信令转接点，但传送消息的通路在一定时间内是预先确定和固定的。如图 4-17 所示。

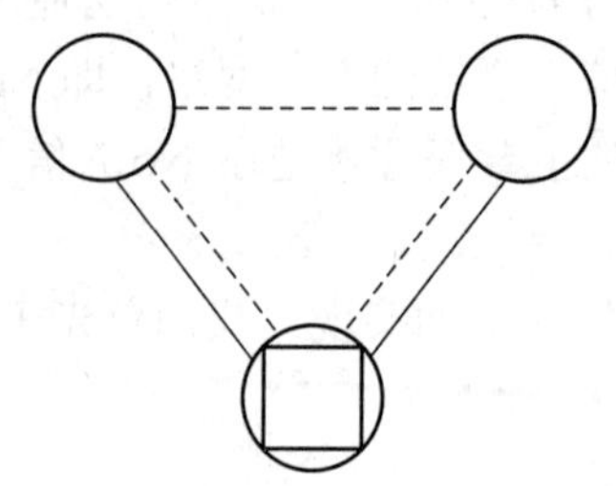

图 4-17　准直连工作方式

3. 我国 No.7 信令网的结构

我国 No.7 信令网由高级信令转接点(HSTP)、低级信令转接点(LSTP)和信令点(SP)三级结构组成。为了保证信令网的可靠性，提高信令网的可用性，采用双备份结构方式。其完整结构如图 4-18 所示。

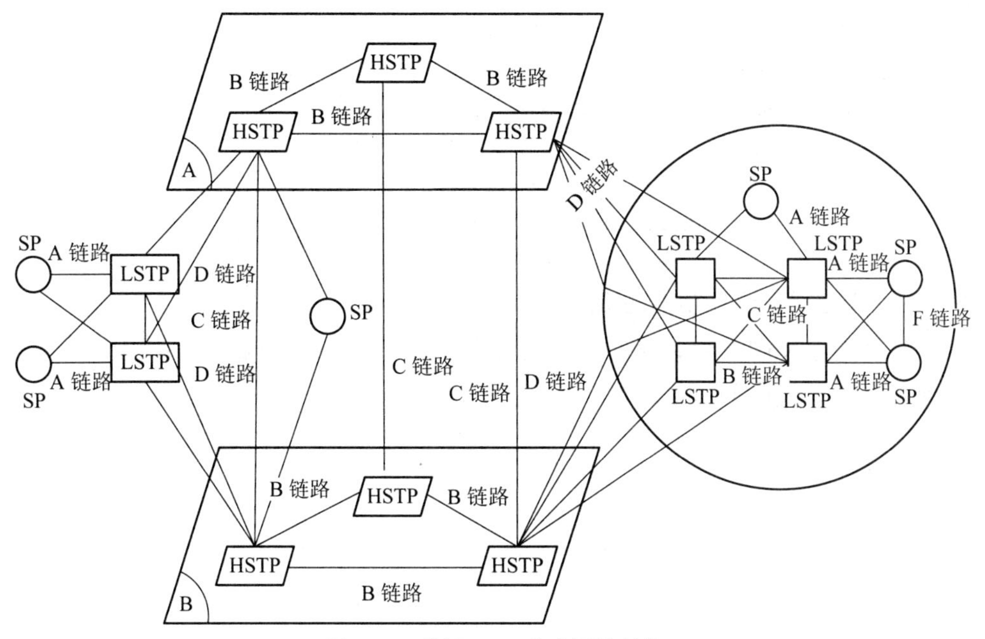

图 4-18　我国 No.7 信令网的结构

1) 第一级 HSTP

这一级采用 A、B 两个平面的结构，且在每个平面内，各个 HSTP 采用网状网相连，A 平面和 B 平面中成对的 HSTP 对应相连。

通常 HSTP 会设置在直辖市或者省会城市，用于疏通不同省之间的信令消息。

为了提高设备运行的可靠性，在我国已经明确规定成对工作的 A、B 两平面的 HSTP 节点只可采用两个固定厂家的设备来实现(即华为和上海贝尔的设备)。

2) 第二级 LSTP

第二级 LSTP 也是成对配置，并且必须要连至 A、B 平面内成对的 HSTP。LSTP 至 A、B 平面内两个 HSTP 的信令链组之间采用负荷分担方式工作。

LSTP 通常设置在大城市中，用于疏通省内不同城市的信令消息。

3) 第三级 SP

SP 是信令网中传送各种信令消息的源点(OP)和目的点(DP)，应满足 MTP 和 UP 的功能。通常 SP 也就是实际处理通信业务的一个节点。

在信令网内连接时，每个 SP 至少连至两个 STP(LSTP 或 HSTP)；若连接 HSTP 时，应分别连至 A、B 平面内成对的 HSTP。SP 至两个 STP 的信令链路组间采用负荷分担工作方式工作。

4. 信令点的编号计划

为了便于信令网的管理，对于同一个 No.7 信令网内的每个信令点，必须用唯一代码来表征，这就是信令点的编码。

国际信令网和各国的信令网是独立的，并采用分开的信令点编码方案。

国际信令网采用 14 比特位的编码方式，标识国际信令网中的一个信令节点。而我国的国内七号信令网采用了 24 比特位的全国统一编码方式。每个信令点编码由主信令区编码(8

比特)、分信令区编码(8 比特)以及信令点编码(8 比特)三部分组成。其格式如图 4-19 所示。

通常的主信令区编码用于区分不同省的信令点，分信令区的信号点则用于区分省内的不同城市或地区，信令点编码则用于在某城市或地区内区分不同的信令点。

图 4-19　我国国内核心网信令点编码格式

5. MTP 第三级信令网功能的实现

信令网功能是 No.7 信令系统的第三级功能，它定义了在信令点之间传递信令消息的功能和过程。信令网功能分成两部分：

—信令消息处理；

—信令网管理。

1) 信令消息处理

信令消息处理的功能是寻址选路，保证源信令点的用户部分(UP)发出的消息能够找到一条正常的信令链路，并准确地传送到用户(UP)指定的目的地信令点的同类用户部分(UP)。

信令消息处理又分为消息识别、消息分配和消息路由三个子功能来实现。其功能结构及其彼此之间的关系如图 4-20 所示。

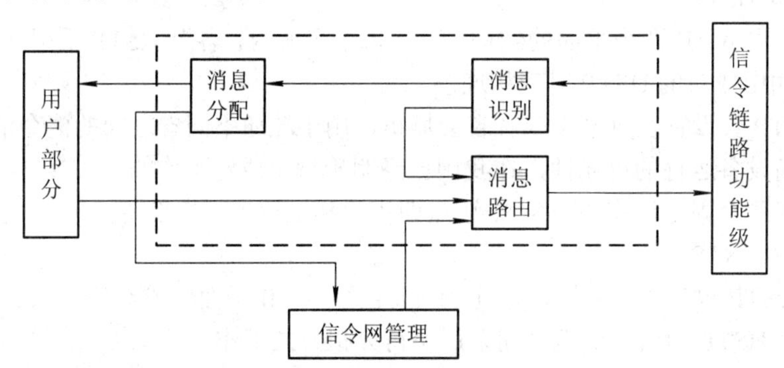

图 4-20　信令消息处理功能结构

(1) 消息路由功能：是在源发点为需要发送到其他节点的消息选择正确的发送路由的功能。这些消息可以是第四级(UP)部分或者本级(第三级)的信令网管理需要发送的，也可以是从消息识别部分送来需要在本节点转发的。

该功能根据以上消息的来源不同，形成不同的 SIO 字段的 SI；又根据消息发送目的地信令点编码 DPC(由上一级提供)确定适当的信令链路，并用选择码(SLS)表征，然后加上本节点的信令点编码(转发消息例外)，形成如图 4-13 所示的 MSU 中的 SIF 字段的路由标记部分，用于在信令网络中正确寻址。这两个字段(SIF、SIO)将会由第三级功能提供给第二级功能形成完整的 MSU 的相应字段。

对于到达同一目的信令点、且链路选择码 SLS 相同的多条消息，消息路由功能总是将其安排在同一条信令链路上发送，以便保证这多条消息能够按源信令点发送的顺序到达目的地信令点。

在直连的方式中，当到达同一目的信令点有多条信令链路可选择时，通常采用负荷分

担的方式利用SLS代码的轮循来实现；在准直连的方式中，当到达同一目的信令点有多条信令路由可选择时，则可以采用负荷分担或者具有优先级顺序的不同方式来选择。

(2) 消息识别功能：是在消息的接收端通过对接收的消息的判别，以决定该消息是以本节点为目的信令点的消息，还是应该由本节点转发的消息。其工作原理就是：根据第二级送来的SIF字段中路由标记里面的DPC判断是否与本信令点的编码一致，若一致则是以本节点为目的信令点的消息，然后递交给消息分配功能进一步处理；若不一致，则说明本节点不是目的信令点，此消息需要经过本节点转发，然后递交给消息路由功能进一步处理后转发出去。

(3) 消息分配功能：是在目的信令点中，首先判断接收的信令消息正确的UP部分，并将此消息传递给该UP。送到消息分配功能的消息，都是由消息识别功能提供的。根据消息的SIO字段中的SI字段可确定该消息特定的UP，然后将消息(即SIF中除路由标记以外的部分)传递给该UP。

2) 信令网管理

No.7信令网是连接通信设备的纽带，是通信网的神经系统。在No.7信令网中传递的是通信网的控制信息，因此信令网的任何故障都会极大地影响它所控制的通信网的业务处理，造成通信业务的质量下降甚至中断。为了提高信令网的可靠性，除了在信令网中配备足够的冗余链路以及设备外，有效的监督管理和动态的路由控制也是十分必要的。

信令网管理的主要功能就是：为了在信令链路或者信令点发生故障时采取适当的措施以维持和恢复正常的信令业务。

信令网管理功能监视每一条信令链路以及每一个信令路由的状态，当信令链路或者路由发生故障时，确定替换的信令链路或者路由，将出故障的信令链路或者路由所承担的信令业务倒换到替换的信令链路上去，从而恢复正常的信令消息传递，并通知受到影响的相关节点。

信令网管理功能由信令业务管理、信令路由管理和信令链路管理三部分组成。

4.5　No.7信令系统的用户部分

用户部分(UP)是No.7信令系统的第四级功能。它利用MTP(或者MTP加上SCCP)的传递能力来传送各种信令消息。

在有线电话网络中，UP的基本功能是控制呼叫的建立和释放，即通过两个用户部分(UP)之间信令消息的交换，实现两个交换局之间的接续控制，完成交换局中业务通道的建立与释放。而在移动电话网中，信令的功能就要复杂得多了。除了同样需要控制呼叫的建立与释放外，还要在业务相关的节点之间传送大量与呼叫通路建立无关，与移动性相关的大量的控制信息。

由此看出：通信网不同，实现的业务不同，No.7信令系统为其传递的控制信息就不同，相应的UP自然也就不同了。因此，No.7信令系统的UP实际上反映了通信网络在进行业务处理时的进程。在各种通信网中，最为常见的UP有：

—电话用户部分(TUP)；

—ISDN 用户部分(ISUP)；
—信令连接控制部分(SCCP)；
—事务处理能力应用部分(TCAP)；
—移动应用部分(MAP)；
—基站子系统应用部分(BSSAP)；
—智能网应用部分(INAP)；
—操作维护应用部分(OMAP)等等。

在本小节中，我们将介绍部分最为常见的几种 UP 协议的基本实现原理。

4.5.1 电话用户部分(TUP)和 ISDN 用户部分(ISUP)

1. 电话用户部分(TUP)和 ISDN 用户部分(ISUP)

TUP 是 No.7 信令系统最早开发的 UP 之一，曾经在我国的 PSTN 中广泛而长时间地使用。TUP 定义了用于电话接续所需的各类局间信令，它不仅可以支持基本的电话业务，还可以支持部分用户补充业务。

TUP 最基本的功能是在 PSTN 中处理与电话呼叫有关的控制信令，如呼叫的建立、监视、释放等。为此，TUP 消息分为前后向建立、呼叫监视、电路和电路群监视、网管等若干个消息组，且每个消息组中又包含若干个消息。当某个消息需要发送时均按照标准的格式编码，然后放在 MSU 信令单元的 SIF 字段中传送。

ISUP 是在电话用户部分(TUP)的基础上扩展而成，能够完全兼容 TUP。它提供了 ISDN 网中的信令功能，可支持基本的承载业务和附加的承载业务。在我国目前的电话网络中 ISUP 基本上已全面取代了 TUP。下面我们将主要介绍 ISUP 的功能原理。

ISUP 除了能够完成 TUP 的全部功能外，还具有以下新功能：

1) 对不同承载业务所选择的电路提供信令支持

对于基本的承载业务，ISUP 的主要功能是为建立、监视和拆除发端交换机和终端交换机之间 64 kb/s 的电路连接提供信令支持。由于 ISDN 的承载业务包括多种类型的信息传送(语音、不受限的数字信息、3.1 kHz 音频、语音/不受限数字信息交替等)，而不同的信息传送对传输电路的要求是不同的。ISDN 交换机必须根据终端用户对承载业务的要求来选择电路。在业务类型需要转换时还必须控制电路的转换，例如：在电路从话音通路变为 64 kb/s 数据的透明通路时，去掉电路中的数/模转换器、回声抑制器和语音插空设备。ISUP 必须用信令来支持这些功能的实现。

2) 与用户——网络接口的 D 信道信令配合工作

由于 ISDN 用户对承载业务的要求是通过用户——网络接口的 D 信道信令(Q.931 建议，也称为 DSS1 信令方式)送到网络的，因此 ISUP 必须和 D 信道信令配合工作。ISUP 必须根据接收到的 D 信道信令消息，组装和发送 ISUP 消息，从而控制网络中的电路连接。同时，D 信道信令中的部分内容透明的穿过网络，送到另一端的用户——网络接口，以便完成用户到用户的信令传送。

3) 支持端到端信令

ISUP 的一部分信令需要在网络中逐段链路传送，以便控制沿途各个交换机的接续动

作。还有一部分信令可以跳过所有的转接交换机，直接在发端交换机和终端交换机之间传送，这部分信令叫做端到端信令。

端到端信令支持在信令终点间直接传送信令信息的能力，向用户提供基本业务和补充业务。端到端信令的传送可由以下两种方法支持：

① SCCP 方法。依靠信令连接控制部分 SCCP 来完成端到端的信令传送，这种传送可以采用面向连接的服务，也可采用无连接服务。

② 传递方法。当要传递的信息与现有呼叫有关时可采用此种方法。在建立两个终端局之间与该呼叫有关的电路连接时，同时建立两个终端局之间的信令通道，端到端信令在这个信令通道上传送。

2. ISUP 的消息格式

通过前面的介绍我们已经知道：ISUP 是 MTP 之上的第四级功能的用户部分(UP)之一。ISUP 的消息是在 MSU 的 SIF 字段中以特定格式编码传送的。ISUP 消息的基本格式如图 4-21 所示。

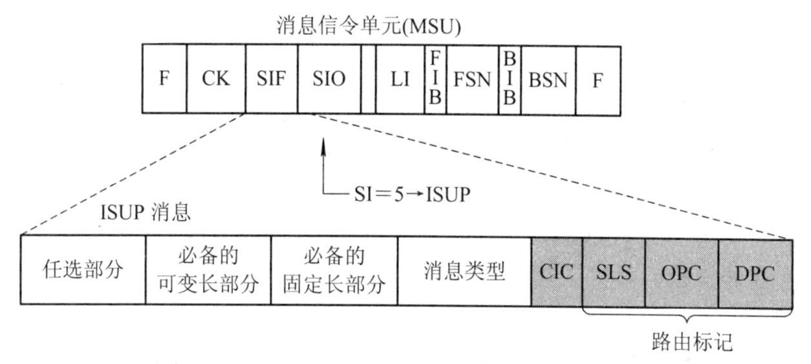

图 4-21 ISUP 的消息格式及其与 MSU 的关系

从图 4-21 中可以看出：路由标记部分是 MTP 第三级的消息路由功能产生的。ISUP 消息则由电路识别码(CIC)、消息类型编码、必备固定长部分、必备可变长部分和任选部分组成。其中前两个部分是所有 ISUP 消息统一格式的部分，后三个部分是消息的参数部分，它的内容和格式随 ISUP 消息的不同而不同。相应各个字段的主要功能介绍如下：

(1) 电路识别码(CIC)：用来表征与该 ISUP 消息有关的呼叫所使用的话音连接电路的编号。

(2) 消息类型：用于识别不同的 ISUP 消息。消息类型编码统一规定了各种 ISUP 消息的功能与格式。

(3) 必备固定长部分：对于一个指定的消息类型，必备且有固定长度的参数包括在必备固定部分。这些参数的名称、长度和出现次序统一由消息类型规定，因此在该部分中不包括参数的名称及长度指示，只给出参数的内容。

(4) 必备可变长部分：必备可变长参数包括消息必须具有的参数，但这些参数的长度是可以变化的。对于特定的消息，这部分参数的名称和次序是事先确定的，因而消息的名称不必出现，只需由一组指针来指明各参数的起始位置，然后用每个参数的第一个八位位组来说明该参数的长度(字节数)，在长度指示之后是参数的内容。

(5) 可选部分：任选部分包含一些任选的参数。这些参数出现与否、出现的顺序都是可变的。因此任选部分的每个参数都由参数名称、参数长度指示和参数内容三部分组成。整个任选部分的开始位置由必备可变部分的最后一个指针来指明。任选部分的末尾是一个结束标志，编码是全“0”。

3. ISUP 的重要消息简介

1) 初始地址消息(IAM)

IAM 是在 ISDN 中完成用户通话通道建立的首个，并且也是最重要的消息。初始地址消息原则上包括选路到目的地交换局，并把呼叫接续到被叫用户所需的全部信息，如被叫用户号码，业务承载要求、连接属性等等。如果 IAM 消息的长度超过 272 个八位位组，则应使用分段消息 SGM 来传送该超长消息的附加分段。通常，主叫用户号码总是包括在 IAM 消息中。

2) 后续地址消息(SAM)

SAM 是在 IAM 消息后前向传送的消息，用来传送 IAM 消息未能传完而剩余的如被叫用户号码等信息。

3) 地址全消息(ACM)

ACM 是后向发送的消息，表明已收到为呼叫选路到被叫用户所需的所有地址信息，并已经将呼叫连接到被叫话机。此信号将触发发端向主叫发送回铃音。

4) 呼叫进展消息(CPG)

CPG 是在呼叫建立阶段或激活阶段，任一方向发送的消息，表明某一具有意义的事件已出现，应将其转送给始发接入用户或终端用户。例如在接续阶段发生了呼叫转移业务。

5) 应答消息(ANM)

ANM 是后向发送的消息，表明被叫已应答。此信号将使发端局停发回铃音并且系统开始对呼叫计费。

6) 连接消息(CON)

CON 是后向发送的消息，表明已收到将呼叫选路到被叫用户所需的全部地址信息且被叫用户已应答。此信号作用等同于 ANM，但用于自动应答方式的终端的接续过程。

7) 释放消息(REL)

REL 是在任一方向发送的消息，表明由于某种原因要求释放电路。

该消息的必备参数是原因表示语，用来说明要求释放电路的原因。释放原因分为一般事件类、资源不可用类、业务任选未实现类、承载能力未实现类、无效的消息类、协议错误类、互通类。共包括约 50 多种不同的释放原因。而其中最常见的正常的释放原因就是主叫或者被叫用户挂机。

8) 释放完成消息(RLC)

RLC 是在任一方向发送的消息，该消息是对 REL 消息的响应。

4. ISUP 基本呼叫建立的信令流程

(1) 在市话端局间成功完成通话的 ISUP 信令流程。如图 4-22 所示。

(2) 自动应答设备的呼叫建立流程。如图 4-23 所示。

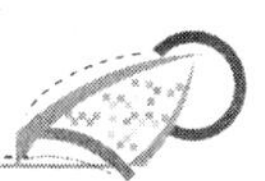

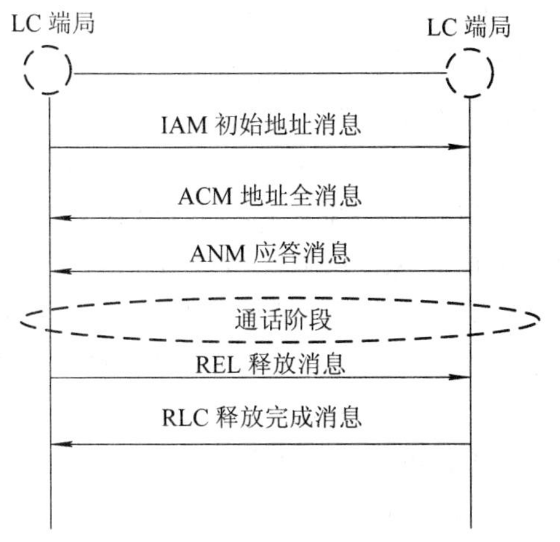

图 4-22　通过 ISUP 在端局间建立通话的信令流程

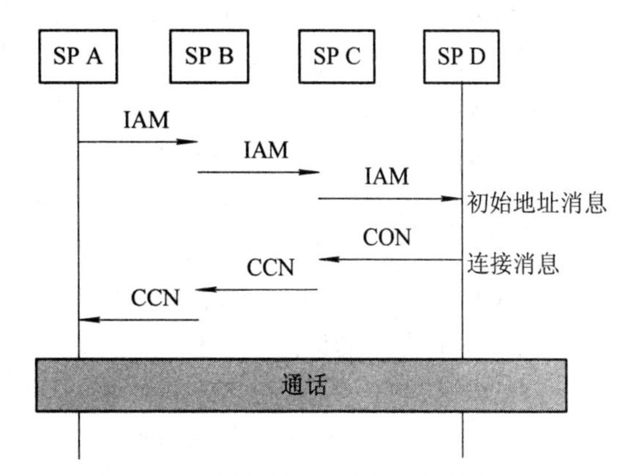

图 4-23　自动应答设备的呼叫建立流程

4.5.2　信令连接控制部分(SCCP)

1. SCCP 的必要性

从以上部分的学习我们知道，在电话通信网中，所有信令消息都与呼叫电路有关，消息传输路径一般都和相关的呼叫连接路径有固定的对应关系。而以 MTP 和 TUP 或者 ISUP 组成的四级信令网络，能够有效地传递与电路建立相关的接续控制信息，是数字电话通信网理想的信令系统。

然而，随着电信网络的发展，越来越多的网络业务需要在远端节点之间传送端到端的控制信息，这些控制信息往往与呼叫连接电路无关，甚至与呼叫无关。例如：在 GSM 系统中，不单单要传送与呼叫电路有关的消息，还要传送与呼叫电路无关的信令消息(如位置更新、鉴权等)。目前此类型的应用主要在以下几个方面：

—在智能网中的业务交换点(SSP)和业务控制点(SCP)之间传送各种控制信息；

—在数字移动通信网中的移动交换中心(MSC)及来访位置登记器(VLR)、归属位置登记器(HLR)之间传送与移动台漫游有关的各种控制信息；

—综合业务数字网(ISDN)中传送端到端信令；

—网络管理中心间的信息传输。

在传送以上这些端到端的消息时，MTP 的寻址能力已不能满足要求了，其主要有以下的局限性：

—信令点编码不是国际统一编码。我们知道，MTP 是用 DPC 来寻址的，而 DPC 用信令点编码来标识，信令点编码又有四种方式(即 SIO 字段中的 NI 网络指示字段)，国际、国际备用、国内和国内备用，并且都仅在所定义的网络内唯一和有效，因此利用 MTP 不能完成国际漫游用户的位置登记和鉴权等业务。主要表现在：

—信令点编码容量有限。根据 CCITT 的规定，国际网的信令点编码为 14 比特位，这样其所能标识的信令点就十分有限。

—业务表示语(SI)编码仅 4 位，最多只能分配给 16 个不同的用户部分(UP)，不能满足现代通信多业务的需求。

—MTP只能实现数据报方式的无连接传输。但是随着电信网的发展，有时需要在网络节点间传送大量的非实时消息，这些信息的数据量大，传送可靠性要求高，需要预先在网络节点之间建立虚电路连接(即逻辑链接)，采用面向连接方式来传送数据。

为了解决以上问题，CCITT在1984年提出了一个新的结构分层，在不修改MTP的前提下，增加了SCCP(信令连接控制部分)部分来弥补MTP的功能不足。SCCP在No.7信令系统的四级结构中是UP之一，属于第四功能级，而同时SCCP又为MTP提供附加的和增强的功能，便于通过No.7信令网，在电信网的交换局之间、交换局与专用业务节点(例如：HLR、SCP等等)之间建立无连接或者面向连接的网络业务，传送电路相关和电路无关的信令信息和其他类型的信息。

SCCP和MTP合称为NSP(网络业务部分)。且SCCP和MTP-3共同位于OSI的网络层。SCCP在信令网中和其他信令功能部分之间的关系如图4-24所示。

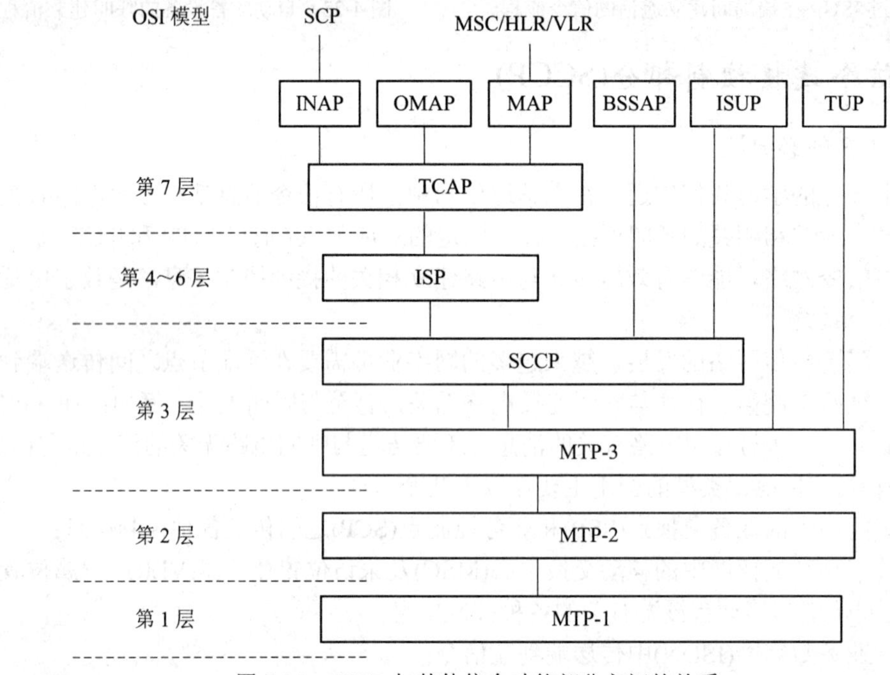

图4-24　SCCP与其他信令功能部分之间的关系

2．SCCP的特点

SCCP的应用具有以下特点：

—能传送各种与电路连接建立无关(Non-Circuit-Related)的信令消息；

—具有增强的寻址选路功能，可以在全球互连的不同No.7信令网之间实现信令的直接传输；

—除了无连接业务(数据报)功能以外，还能提供面向连接(虚电路连接)的业务功能。

3．SCCP的功能

1) SCCP的网络业务功能

SCCP层根据用户对业务的不同需求，提供了以下4类协议以完成具有不同质量要求的用户业务的传递：

0——基本无连接业务类；

1——顺序无连接业务类；

2——基本面向连接业务类；

3——流量控制的面向连接业务类。

(1) 无连接服务。无连接服务类似于分组交换中的数据报(datagram)传送方式，它不需要预先建立连接(即信令传送路径)。也就是说，SCCP能使业务用户事先不建立信令连接而通过信令网传递信令数据。因此，在SCCP中所提供的路由功能，就是将被叫地址(即接收信令消息的目的节点地址)变换成MTP中寻址所采用的信令点编码。

无连接业务又分为0类和1类。

在0类业务中，各个消息被独立地传送，相互间没有关系，故不能保证按发送的顺序把消息送到目的地信令点；

在1类中，给来自同一信息流的数据信息附上了同一个信令链路的选择字段SLS，就可保证这些数据信息经由同一信令链路传送，因此，确保了可按发送顺序到达目的地信令点。

在GSM系统中的核心网部分的MAP消息传送用到了无连接的两类协议；在智能网的节点之间的CAP或者INAP消息的传输也类似；而在GSM系统的A接口(MSC与BSC之间的接口)的通信中也用到了无连接协议，但只用到了0类协议。

无连接业务提供了4种消息类型，其编码如表4-5。

表4-5　无连接业务提供的4种消息类型

消息类型	UDT	UDTS	XUDT	XUDTS
消息类型码	0x09	0x0A	0x11	0x12

其中：UDT——单位数据；UDTS——单位数据业务；XUDT——扩展的单位数据；XUDTS——扩展的单位数据业务。

在无连接业务中，UDT消息只能整体传送，不能拆卸分段传送，每发一次数据，都需重选一次路由；而利用XUDT消息可以支持分段重装。

无连接型SCCP传送流程如图4-25所示。

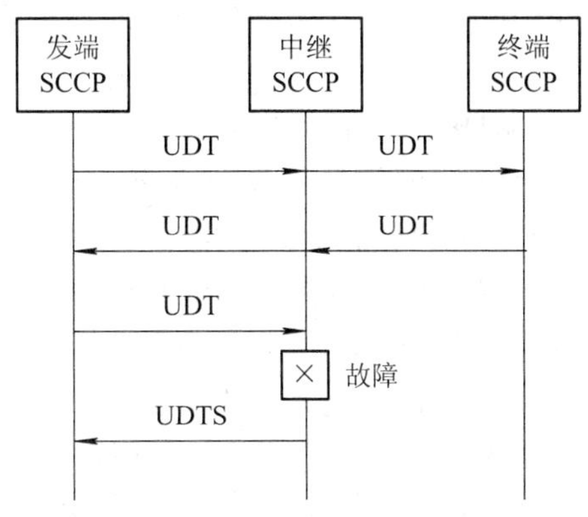

图4-25　无连接SCCP消息传送流程

根据各个消息中由SCCP层的地址分析功能所确定的目的地信令点编码，传送互不相关的UDT。如果由于发生故障，使中继信令点不能传送该UDT时，则接收端会利用UDTS

消息通知发送端。

(2) 面向连接服务。面向连接业务类似于分组交换中的虚电路(Virtual Circuit)传送方式，它需要在发送上层业务控制消息前，先通过应答的方式在发端节点和目的地节点之间建立一条上层业务控制消息传送的路径，即信令逻辑连接或虚连接。这种方式安全可靠，适用于传送大量的成批的数据。

面向连接服务也有两类协议，即 2 类和 3 类协议。它们的共同特点是可以保证消息传送收发顺序一致，可以对长消息分段传送，在接收端再重新组装。此外，在 3 类协议还具有 2 类协议不具有的一些特点：流量控制、加速数据传送和消息丢失及错序检测等功能，但目前网络中还未有实际运用。

面向连接业务又分为暂时信令连接和永久信令连接。暂时信令连接指信令连接的建立需要由 SCCP 的上层用户启动和控制，数据传送完成之后就拆除连接，类似于拨号电话连接，目前的通信业务大多采用此类；永久信令连接则类似于分组交换中的永久虚电路，它的建立和释放用户无法控制，是由本端或者远端操作维护功能，或者由节点的管理功能来控制，但两类连接的信令传送过程完全相同。

面向连接型的 SCCP 传送流程如图 4-26 所示。

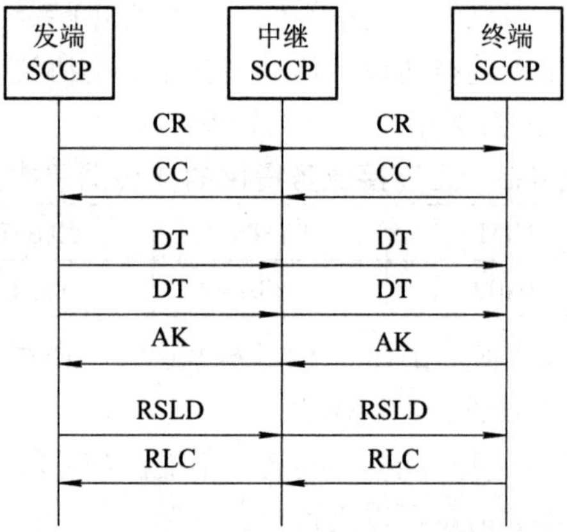

图 4-26　面向连接 SCCP 消息传送流程

面向连接完整的传送流程由连接建立、数据传送和连接释放三个阶段实现。

阶段一：连接建立。

在连接建立阶段，除了由 MTP 提供寻址功能外，SCCP 也提供寻址功能。首先，由发端 SP 的 SCCP 发送含有目的地信令点地址编码的 CR(连接请求)消息。如果收到 CR 的 SP 是目的地，则回送证实信号 CC。如果收到 CR 的 SP 是中继 SCCP，则有两种处理方式：

—若 DPC 和 OPC 在同一信令网内，就利用该信令点的 MTP 转发 CR 消息。

—若 DPC 和 OPC 位于不同的信令网(如国际出入口局)，则需要在该信令点把输入部分和输出部分分成两个连接段，并建立两者的对应连接关系。

对于任何接收到 CR 消息的节点，若判定不能建立逻辑连接时，就发 CREF(连接拒绝)消息，则此次 SCCP 的连接失败；若与发端 SP 之间顺利地传送了 CR、CC(连接证实)消息，则说明 SCCP 层此时已成功建立了逻辑连接，并且此逻辑链路会在建立连接的同时，被分配一个特定的连接标识代码(称为 LRN，本地参考号)唯一地在本段连接上来表征。然后可

进入数据传送阶段。

阶段二：数据传送。

沿着已建立的逻辑连接，在此阶段相关的 SCCP 节点将利用 DT 消息来传送业务相关的控制消息。

阶段三：连接释放。

各个 SP 相互传送释放逻辑连接的消息 RSLD 和 RLC，从而完成 SCCP 层连接的释放。

在 GSM 系统中，只有在 A 接口的通信上大量用到了 SCCP 的面向连接业务，而且只用到了 2 类协议。另外，我们前面已经讲过，A 接口还用到了无连接业务的 0 类协议。我们在上面描述的是多个连接段的有连接消息的传送情况，但在 GSM 系统中是不存在多个连接段的消息的，因为只有 MSC 和 BSC 之间用到连接业务。

图 4-27 归纳了 GSM 系统中 SCCP 的业务使用情况。

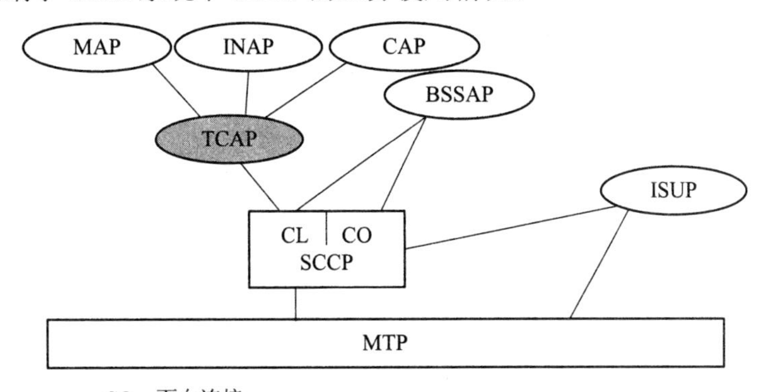

CO：面向连接
CL：无连接
BSSAP：基站子系统应用部分
CAP：CAMEL 应用部分
INAP：智能网应用部分
ISUP：ISDN 用户部分
MAP：移动应用部分
TCAP：事务能力应用部分

图 4-27　GSM 中 SCCP 的应用

2) SCCP 的寻址选路功能

为了提供增强的寻址能力，SCCP 提供了三种地址类型来表示 SCCP 消息传送的发端信令点地址和目的信令点地址。即：信令点编码(SPC)、子系统号(SSN)和全局码(GT)。

(1) SPC：就是 MTP 中的地址表示方法，但它仅用来表示该 SCCP 消息的发源地或者目的地节点的信号点编码，且它只在所定义的 No.7 信令网内有意义，此时的 MTP 则可根据路由标记里的 DPC 识别目的地并选路，根据 SI(业务指示语)识别目的地内的 SCCP 用户。

(2) SSN(Subsystem Number)：称为子系统号，是 SCCP 使用的本地寻址信息，用于识别同一个节点中的各个 SCCP 以上层的不同用户。例如，可用不同的 SSN 编码表示 ISUP、MAP、INAP 等，借此可以弥补 MTP 消息用户数少的不足，它扩充了 SI 的本地寻址范围，能够适应未来新业务的需要。

(3) 全局码(GT)：主要在始发节点不知道目的地网络地址的情况下使用。它一般为某种编号计划中的号码。由于电信业务的编号计划(例如 ISDN 用户号码)已经达到国际统一，

因此，全局码能唯一地标识全球任何一个信令点。但是 MTP 则无法根据 GT 选路，因此 SCCP 必须首先把表示目的地节点地址的 GT 翻译成 DPC 或 DPC+SSN，才能交 MTP 去根据 DPC 确定适当的信令链路发送，同时还要向下一个节点标明 GT 是基于什么编号计划。值得注意的是，此时 SCCP 的翻译结果 DPC 不一定就是目的地节点的 DPC, 它可以是从源发点到目的点所连接的信令网络中的某个转节点即可。

例如：一个北京的用户漫游到了重庆，需要完成在重庆的首次位置登记。用户的位置更新请求消息(MAP 消息)必须送回其在北京的 HLR，则此时就是由 SCCP 层利用 GT 翻译功能，首先在重庆的端局(用户开机的区域)分析获得重庆的 LSTP 的信令点编码，并将其提交给 MTP 作为 DPC，MTP 据此就可以将消息送到重庆的 LSTP；重庆的 LSTP 接收到此消息后，从中取出 SCCP 被叫地址字段的 GT，又进行类似分析，可获得重庆 HSTP 的信令点编码，并将其递交给 MTP，MTP 据此又可以完成此消息到重庆 HSTP 的寻路；以此方法，重庆 HSTP 又可寻路到北京 HSTP，再到北京 LSTP，最后就可以将 MAP 消息送达用户的 HLR 了。

SCCP 消息中的地址字段分为主叫地址字段和被叫地址字段。它们都可以是上述三类地址中的一种或他们的组合。SCCP 的被叫地址字段结构如图 4-28 所示。

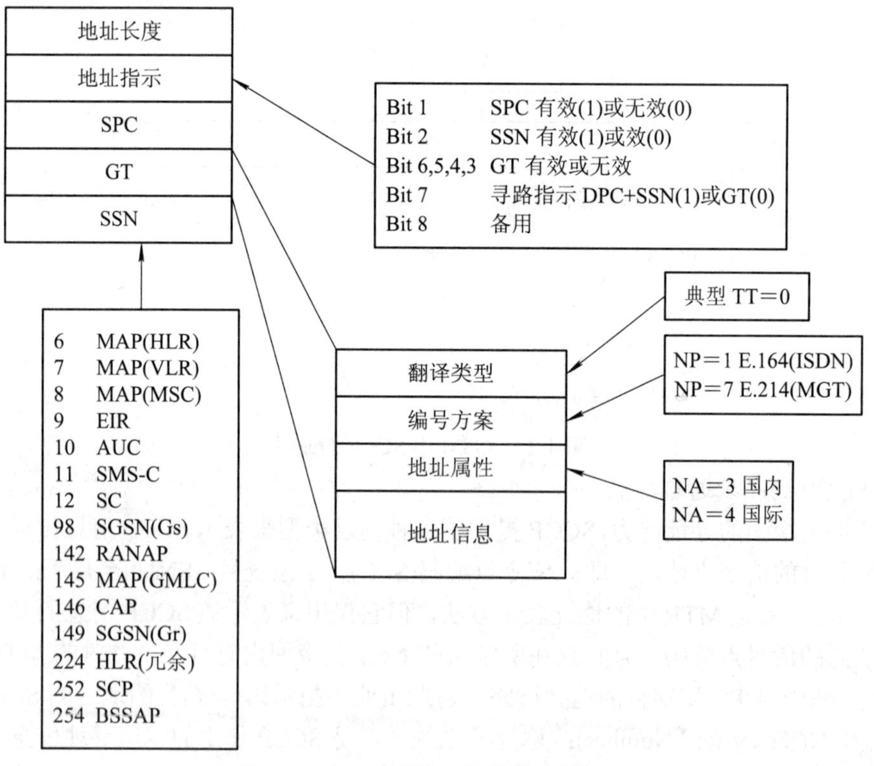

图 4-28　SCCP 地址字段结构及其含义

在实际的通信网中，SCCP 可根据以下两类地址进行寻址选路:

—DPC+SSN;

—GT。

如果出现如 GT+DPC+SSN 这样的地址，SCCP 在发送消息的时候，必须向下一个节点

指明应根据 GT 还是 DPC+SSN 选择路由。这个指示将利用 SCCP 消息层的寻路指示比特(参见图 4-28 中的地址指示字段 Bit 7)来准确通知下一个节点。

4．SCCP 消息格式

SCCP 消息是封装在 MTP 的 MSU(消息信号单元)中向对端发送的。对于 MSU 而言，SCCP 消息位于它的 SIF 字段。它由消息类型、必备的固定长(F)、必备的可变长(V)以及任选项(O)组成。

SCCP 消息结构如图 4-29 所示。

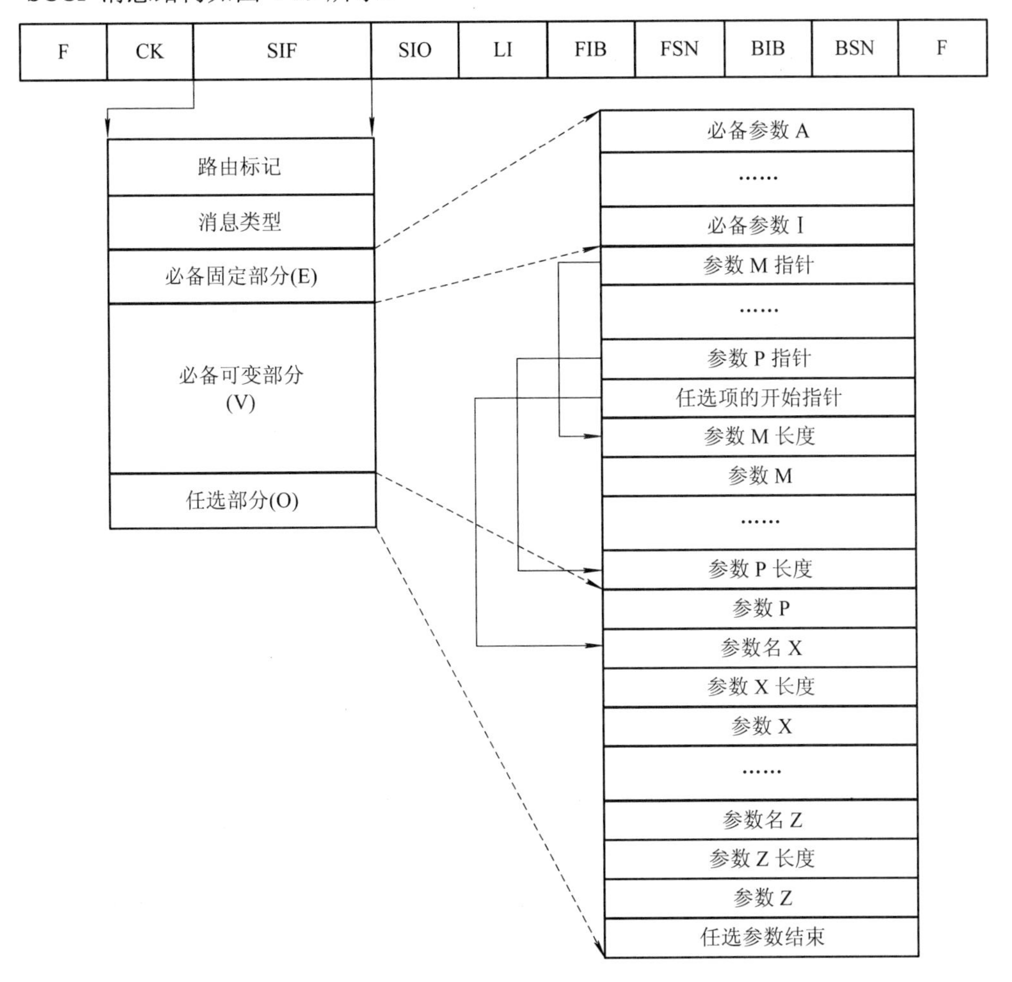

图 4-29　SCCP 消息结构

从图 4-29 不难看出，SCCP 的消息结构与 ISUP 结构相似。其中：

- 消息类型：用以识别不同的 SCCP 消息。它是所有消息的必备字节，决定该消息的功能和格式。表 4-6 中列出了常见的部分 SCCP 消息的消息类型编码；
- 必备的固定长部分：即该消息必需的所有固定长度的必备参数；
- 必备的可变长部分：即该消息必需的所有可变长度的必备参数；
- 任选部分：即该消息所有的任选参数(可以按照需要增减)。

表 4-6　常见的部分 SCCP 消息的消息类型编码

消息类型	协议类别				编码
	0	1	2	3	
连接请求(CR)			*	*	0000　0001
连接确认(CC)			*	*	0000　0010
拒绝连接(CREF)			*	*	0000　0011
释放连接(RLSD)			*	*	0000　0100
释放完成(RLC)			*	*	0000　0101
数据 1(DT1)			*		0000　0110
数据 2(DT2)				*	0000　0111
数据证实(AK)				*	0000　1000
单位数据(UDT)	*	*			0000　1001
单位数据业务(UDTS)	*	*			0000　1010

5. SCCP 的典型消息

1) 无连接业务的典型消息

(1) 单位数据(UDT)消息。UDT 消息的消息类型代码为 0000 1001，其功能是以无连接业务方式传送 SCCP 的上层用户数据。UDT 的消息格式如图 4-30 所示。

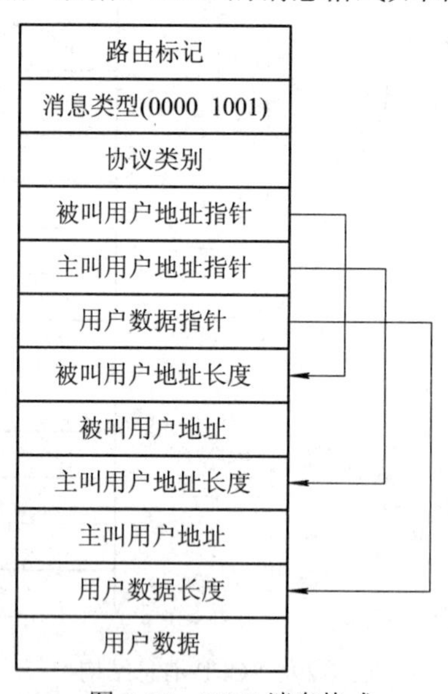

图 4-30　UDT 消息格式

由于 UDT 消息采用无连接的消息传递方式，我们在图 4-30 中可以看到 UDT 消息既携带了寻址信息(图中的被叫用户地址字段)，同时又封装了所需要传送的高层信令消息(图 4-30 中的用户信息字段)一起传送。需要注意理解的是图中的地址字段也就是我们在前面的图 4-28 中所介绍的结构。

GSM 网络中的 MAP 消息，智能网中的 CAP 消息以及 BSSAP 的部分消息都是 UDT 消息格式的典型应用。

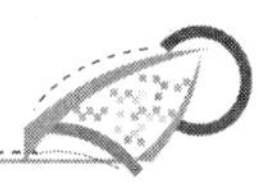

(2) 单位数据业务(UDTS)消息。UDTS 消息的消息类型代码是：0000 1010。UDTS 消息的作用是，当 UDT 消息不能正确传送至上层用户部分并且要求回送时，发现消息出错的 SCCP 节点用 UDTS 消息将消息回送发端，并说明传送出错的原因。

UDTS 消息由消息类型、一个长度固定的必备参数(返回原因)，三个长度可变的必备参数(被叫用户地址、主叫用户地址、用户数据)组成。

除了返回原因外，该消息的其他参数的格式与 UDT 消息类似。返回原因占一个八位位组，表示消息返回的原因。

(3) 增强的单位数据(XUDT)消息。当 SCCP 的上层用户，利用无连接服务所传送的数据量大于一个 MSU 所能携带的字节数(约为 255 个字节)时，SCCP 可将上层用户数据分段，利用多条 XUDT 消息来传送，并且，接收端的 SCCP 节点，再将其重装后交给 SCCP 的上层用户。

XUDT 消息的消息类型编码为：0001 0001。XUDT 消息由消息类型编码、两个长度固定的必备参数(协议类别和跳计数器)，3 个长度可变的必备参数(被叫用户地址、主叫用户地址和用户数据)、一个长度固定的任选参数(分段)及任选参数终了组成。

跳计数器是长度固定的必备参数，占一个八位位组，其取值范围为 1～15。它的值在每个全局码翻译时递减，如果结果为 0，说明出现了 SCCP 层的环，此时该节点将启动消息返回程序，并且维护功能告警。分段参数是一个长度固定的必备参数，用来传送分段/重装信息，确保接收端正确地恢复长消息。

2) 面向连接业务的典型消息

(1) 连接请求(CR)、连接确认(CC)、连接拒绝消息(CREF)：这三个消息是 SCCP 面向连接的业务用于连接阶段建立逻辑链接的消息。其消息类型编码可参见表 4-6。其中：CR 用于 SCCP 的发端向收端逐端利用被叫地址建立逻辑链接；CC 用于 SCCP 的目的节点接收到 CR 后，确认连接建立；而 CREF 则是在 SCCP 的目的节点拒绝建立连接时发回发端的拒绝消息。

(2) DT1 和 DT2 消息：这是用于面向连接传送 SCCP 上层用户信令消息的。DT1 用于面向连接的 2 类业务，DT2 用于面向连接的 3 类业务。目前的 BSSAP 消息采用 DT1 传送。

(3) RLSD、RLC 消息：是用于 SCCP 面向连接业务的连接释放消息。SCCP 节点的任何一方利用 RLSD 发起连接释放，而对方将以 RLC 来确认释放。

6. SCCP 典型业务信令流程

被叫移动用户 MS 呼叫连接的 SCCP 寻路如图 4-31 所示。从图 4-31 我们可以看到：在移动用户作被叫的业务处理中，SCCP 采用 UDT 的消息将上层 MAP 的消息打包，分别利用 GT=861388327989(被叫用户移动电话号码)和 GT=8613444450(被叫当前所在 MSC 的节点地址)进行 GT 分析，从而完成从网关局到被叫用户的 HLR，继而又从 HLR 寻路到被叫当前所在的 MSC，完成业务处理所需要传送的 MAP 消息的任务。

MSC 和 BSC 之间的 SCCP 寻路如图 4-32 所示。

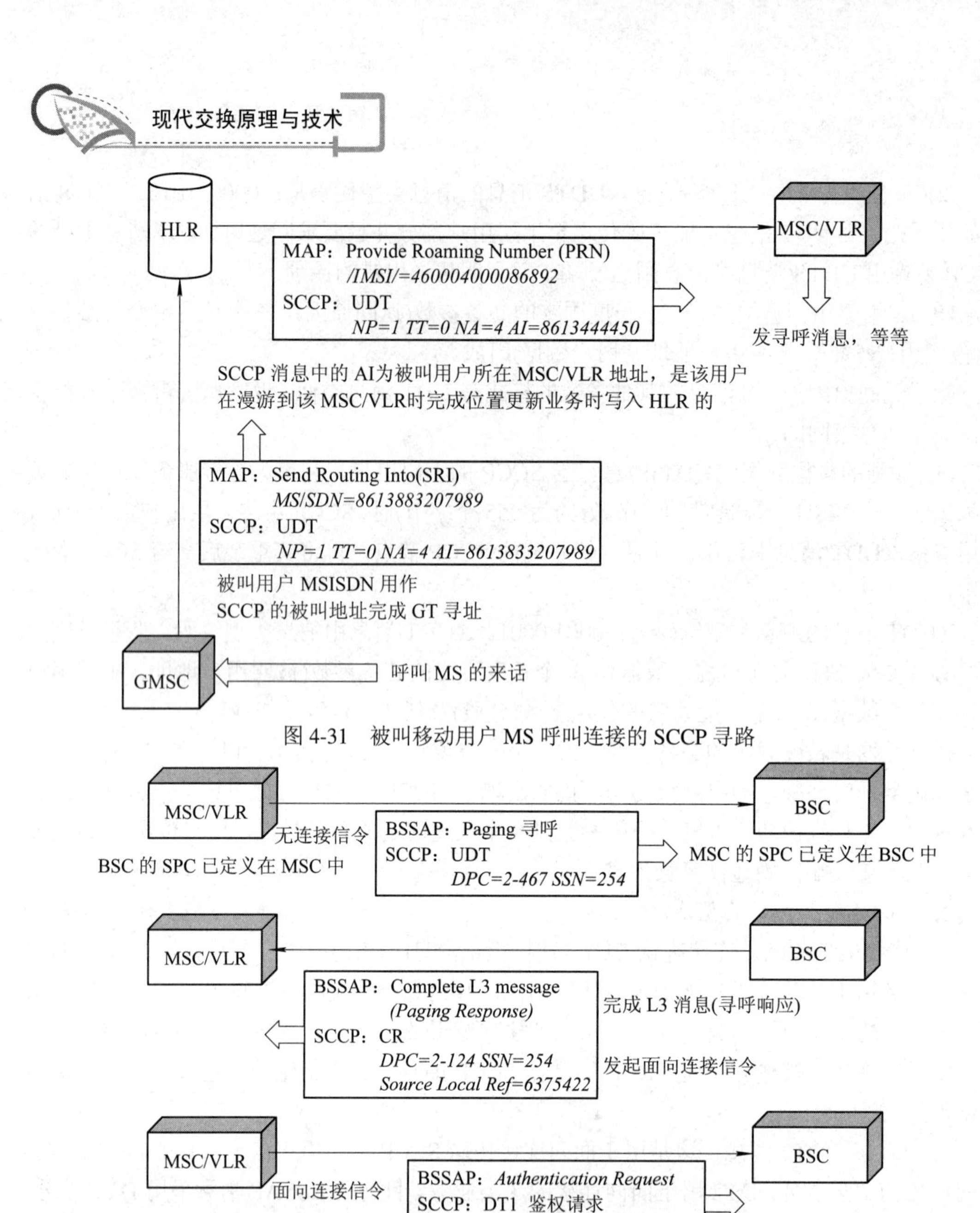

图 4-31　被叫移动用户 MS 呼叫连接的 SCCP 寻路

图 4-32　MSC 和 BSC 之间的 SCCP 寻路

从图 4-32 我们可以看到：在 MSC 与 BSC 之间的 No.7 信令 BSSAP 消息既有采用 SCCP 的无连接方式传送的(如图 4-32 中的寻呼消息)，也有采用 SCCP 的面向连接方式传送的(如图 4-32 的寻呼响应消息和鉴权请求消息)。

4.5.3　事务处理能力应用部分(TCAP)

1. 事务处理能力概述

随着通信网内业务的日益丰富，电信网逐步智能化和综合化，产生了多种不同的应用，例如：被叫付费、VPN、信令网的维护和运行管理(OMAP)、移动应用(MAP)等，这就要求交换机之间、交换机与用户数据库之间、交换机与网管中心的数据库之间相关联，提供其

间的信息请求和响应功能。作为No.7信令系统中专门提供的与应用无关的网络信息交互协议——事务处理能力(TC)协议，在各种新业务及No.7信令系统中将发挥越来越重要的作用。

“事务”(Transaction)也可称为“对话”，它泛指两个网络节点之间任意的交互过程。TC由事务处理能力应用部分(TCAP)及中间服务部分(ISP)两部分组成。其中，TCAP的功能对应于OSI的第7层，ISP对应于OSI的第4～6层。

如果TC用户要求传送的数据量小而实时要求严格，则TC仅包含TCAP，可直接利用SCCP的无连接服务(0、1类)传送数据；如果TC用户要求传送的数据量大而实时要求较低，安全性要求较高，则TC将利用SCCP的有连接服务(2、3类)传送数据。由于CCITT仅仅是研究制定了前一种TC协议而未考虑ISP协议的制定，因此，目前TC与TCAP具有相同的含义，一般对二者不必区分。

2．事务处理能力基本功能结构

为了面向所有的业务，TCAP将不同节点间的信令信息交换抽象为一个操作，TCAP的核心就是执行远程操作。TCAP消息的基本单元是成分(Component)。一个成分对应于一个操作请求或响应。并且一个消息中可以包含多个成分。一个成分中包含的信息含义由TC用户(也就是TC的上层)定义，相关的成分构成一个对话，一个对话的过程可以实现某项应用业务过程。

TCAP为了实现操作和对话的控制，分为两个子层——成分子层(CSL)和事务处理子层(TSL)。CSL主要进行操作管理，TSL主要进行事务(即对话)管理。

TC用户与CSL通过TCAP原语接口，CSL与TSL通过TR原语接口联系。其分层结构如图4-33所示。

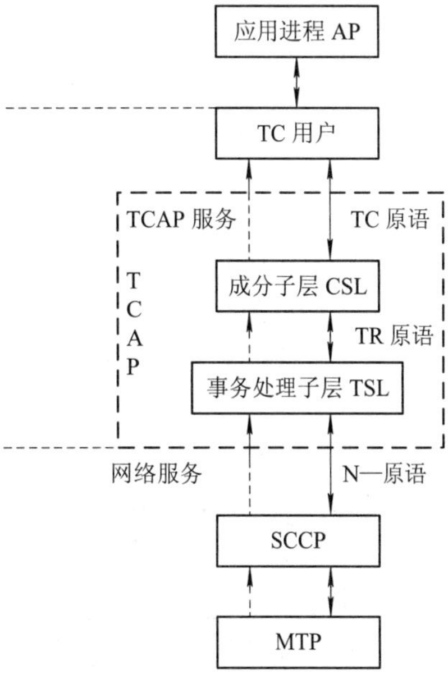

图4-33　TCAP的分层结构

1) *事务处理子层*(TSL-Transaction Sub-Layer)

事务处理子层完成对本端成分子层用户和远端事务处理子层用户之间通信过程的管理。事务处理用户(TC用户)目前唯一定义的就是成分子层(CSL)，因此对于对等CSL用户之间通信的对话与事务是一一对应的。事务处理子层对对话的启动、保持和终结进行管理，包括对对话过程异常情况的检测和处理。

2) *成分处理子层*(CSL-Component Sub-Layer)

事务处理子层负责传送对话消息的基本单元就是成分。成分子层(CSL)完成对话中成分的处理及对话的控制处理。

一个对话消息可以包含一个或多个成分(少数无成分，只起到对话控制作用)，一个成分对应于一个操作的执行请求或操作的执行结果。每个成分由不同的成分调用标识号(Invoke ID)标识，通过调用标识号，控制多个相同或不同操作成分的并发执行。

3. TCAP 消息结构

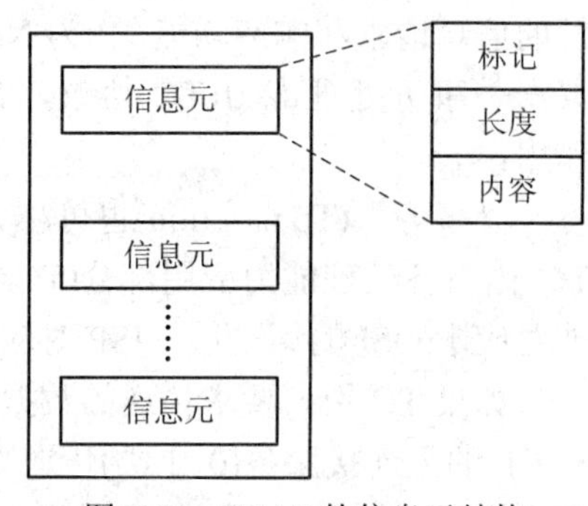

图 4-34　TCAP 的信息元结构

TCAP 消息的基本构件称为“信息元”(Information Element)，每个 TCAP 消息由若干个信息元组成，每个信息元都由标记(Tag)/长度/内容三个字段组成，各字段的先后顺序固定不变，类似于 SCCP 消息中的参数名/长度/信息内容三字段结构，图 4-34 表示出信息元的标准结构。

其中：

标记用于区别不同类型的信息元，决定内容字段的解释；

长度用于指明内容字段所占的八位位组数；

内容则为信息元的实体，即该信息元要传送的信息。内容字段可能只是一个数值，也可能由一个或若干个信息元组成。如果内容字段只是一个数值，则称此信息元为一个本原体(Primitive)，如果内容字段又包含一个或多个内嵌的信息元，则称此信息元为一个复合体(Constructor)。

这种嵌套式结构是 TCAP 消息格式的一个重要特点。这种消息结构非常灵活，用户可以自由利用本原体或复合体构造简单或复杂消息。

按照 TCAP 的分层结构，我们不难知道 TCAP 的消息结构由事务处理信息元、对话信息元、成分信息元三大类组成。图 4-35 是典型的 TCAP 消息的结构及其和 SCCP、MTP 层的信息格式关系。

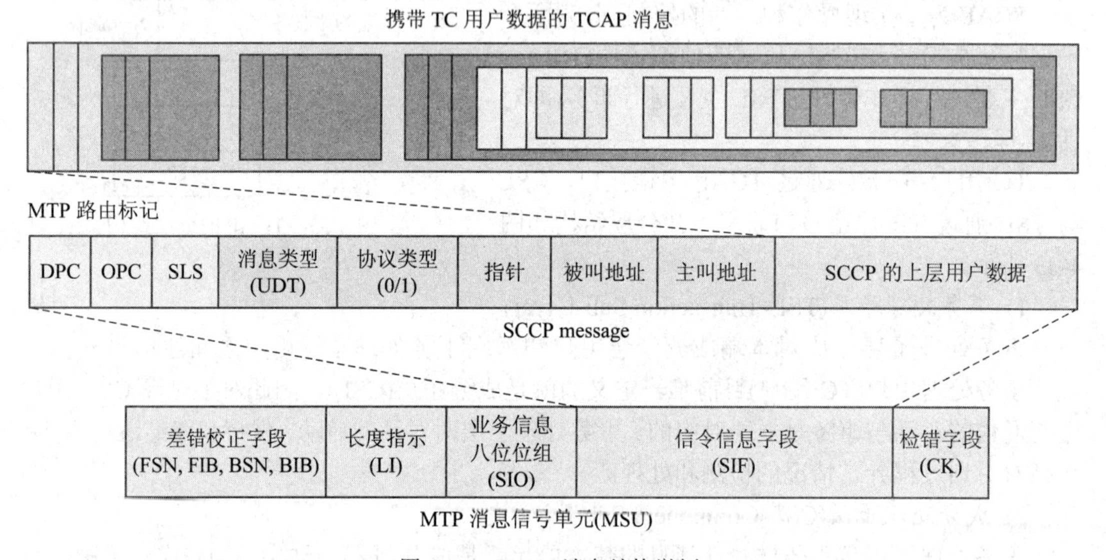

图 4-35　TCAP 消息结构举例

4.5.4　移动用户部分(MAP)

1. MAP 的特点及其功能

移动应用部分(Mobile Application Part)是公用陆地移动网(PLMN)在网内和网间进行互

连而必须具有的一个重要的功能单元。MAP 规范给出了移动通信网络在使用 No.7 信令系统时所要求的必需的信令功能，以便提供移动网所必需的与用户的移动性相关的业务如移动用户的话音和非话音业务等。

GSM 的 MAP 规范制定了在数字蜂窝移动通信网的移动业务交换中心、位置寄存器、鉴权中心以及设备标识寄存器等实体之间的移动应用部分的信令，其中包括了消息流程、操作定义、数据类型、错误类型及具体的编码。

MAP 的主要功能是在移动通信系统的各网络实体之间，为完成移动台的自动漫游功能而提供的一种控制信息的交换方式。目前 MAP 信令的传输是以 CCITT 的 No.7 信令系列技术规范为基础的，实际上 MAP 信令的交换也可基于其他符合 OSI 网络层标准的网络。这样，网络运营公司就可以根据本地实际情况，混合匹配使用各种协议，以满足其需要，当然这还需要有关协议的制订与完善。

1) MAP 的功能与分类

MAP 的功能可以大致归纳为以下几个方面：

—位置更新业务处理；

—用户业务及其相关数据的处理、管理、回复以及去注册等；

—处理鉴权数据等网络所需要的安全型数据；

—处理切换业务。

2) MAP 消息相关的业务过程

在以下过程中，MAP 消息负责在 GSM 各相关功能实体间的信息传递：

—位置登记/删除；

—位置寄存器故障后的复原；

—用户管理；

—鉴权加密；

—IMEI 的管理；

—路由功能；

—接入处理及寻呼；

—补充业务的处理；

—切换；

—短消息业务；

—操作和维护。

上述每种过程均含有数个操作(operation)，每个 operation 均具有相应的要素操作名、操作码、操作类别，以及操作调用的参数、成功结果参数、操作失败时的错误码及参数、允许的链接操作、完成操作的时限值等。从而构成不同的 MAP 消息。可以理解为：MAP 的消息对应于相关的一种业务处理的过程。

2. MAP 消息的结构

从前面的 No.7 信令分层结构图不难看出：MAP 协议位于 TCAP 协议的上层。因此具体的 MAP 业务消息均是在 TCAP 消息中以成分(Component)的形式存在的。一般来讲，MAP 业务的消息类型和 TCAP 成分中的操作码一一对应，而在消息传递过程中，一个消息对应一个调用识别，一个调用识别在其 MAP 对话过程中是唯一的，通过区分调用识别，可以将一个成分“翻译”成对应的 MAP 业务消息，MAP 与 TCAP 之间的消息转换是由专用处理软件程序来完成的，此外该程序还负责对话流程以及操作流程的控制等功能。

按照 MAP 有关的协议规范，操作可分为四类：

1 类操作。操作成功与否都需要返回，成功返回结果，失败返回错误；

2 类操作。只有在操作失败时才需要返回；

3 类操作。只有在操作成功时才需要返回；

4 类操作。操作不需要返回。

出于安全性考虑，当 MAP 发起一远端操作时，需要给出操作时限，如果在时限内没有响应返回，则根据其操作类别做不同的处理：对 1 类操作或 2 类操作，认为是操作失败；对 3 类操作或 4 类操作，认为操作成功。

3. MAP 消息在业务处理中的应用实例

我们仍然列举 SCCP 一节的移动用户做被叫在移动网中进行连接的案例。

图 4-31 中示意出了被叫号码为 MAISDN=8613883207989 的用户在呼叫连接到本网络的网关局(GMSC 节点)后的一段业务处理情况。

(1) SRI 消息：是 MSC 向 HLR 发送的请求查询被叫用户位置的 MAP 消息。GMSC 首先使用 MAP 协议的 SRI(请求路由信息)的消息，借助于 SCCP 的 GT 寻路功能，以被叫号码做 GT，寻路到被叫用户的 HLR。因为，对于移动通信网内的任一用户，其目前漫游的位置信息(即漫游地 MSC 节点地址，在本例中为 8613444450)都已通过位置更新业务处理，存储到了用户的 HLR 中，SRI 消息就是要请求 HLR 协助查询此信息，以帮助建立呼叫。

(2) PRN 消息：是 HLR 向被叫所在端局 MSC 发送的，请求 MSC 提供临时漫游号码(MSRN)并协助完成对被叫的呼叫连接的 MAP 消息。当 HLR 收到 SRI 后，根据此消息中传来的被叫 MSISDN 号码，在 HLR 中查到被叫当前的 MSC 节点地址(本例中为 8613444450)，然后 HLR 使用 MAP 协议的 PRN 消息，利用 MSC 地址做 GT，在 SCCP 层进行 GT 分析，寻路到 MSC。

当 MSC 收到此 PRN 消息后，会临时分配一个 MSRN 给此被叫用户，用于本次呼叫连接，并将其打包在 PRN 的响应消息里，利用类似的 GT 寻路方法回送 HLR；当 HLR 收到后，将其取出，打包在 SRI 的响应消息里回送 GMSC。当 GMSC 获得此 MSRN 后就可以据此建立到该 MSC 的话音通道接续，最终通过 GMSC 建立接续通道到 MSC，再由 MSC 下发寻呼消息，并最终连接到被叫用户，接通呼叫。

☆☆ 本 章 小 结 ☆☆

本章从信令的基本概念、基本功能以及信令分类出发，介绍了通信网内广泛使用的用户线信令，No.7 信令系统的基本实现原理。在 No.7 信令系统部分，我们较为系统地介绍了其经典的功能分级及其与 OSI 分层的对应关系；讲解了 MTP 的功能及其各级的实现原理；对于重要并且广泛运用于各种通信网的 UP 部分协议，如：ISUP、SCCP、TCAP、MAP 等也进行了系统的介绍。

☆☆ 习　　题 ☆☆

一、填空题

1. 按照工作区域划分，信令可分为______和______。

　按照功能划分，信令可分为______，______和______。

　按照信令技术划分，信令可分为______和______。

2. 公共信道信令技术的基本特征是：将______和______分离，在单独的数据链路上以信令消息单元的形式集中传送信令信息。

3. MTP1 的功能是________________________________。

　MTP2 的功能________________________________。

　MTP3 的功能________________________________。

4. No.7 信令网由 HSTP、LSTP 和______三级组成。

5. SCCP 所提供的业务有四类，分别是 0 类______，1 类______，2 类______，3 类______。0 类、1 类属于______，2 类、3 类属于______。

6. 右图是正常市话接续时被叫先挂机的信令配合流程图，请完成下列题目。

(1) 补充完整该图。

(2) 请完成下列单选题。

IAM 的含义：______。CLF 的含义：______。

ANC 的含义：______。RLG 的含义：______。

A. 释放监护信号　　B. 地址全消息

C. 初始地址消息　　D. 拆线信号

E. 挂机信号　　F. 应答计费信号

(3) 其中属于前向信令的有哪几个？

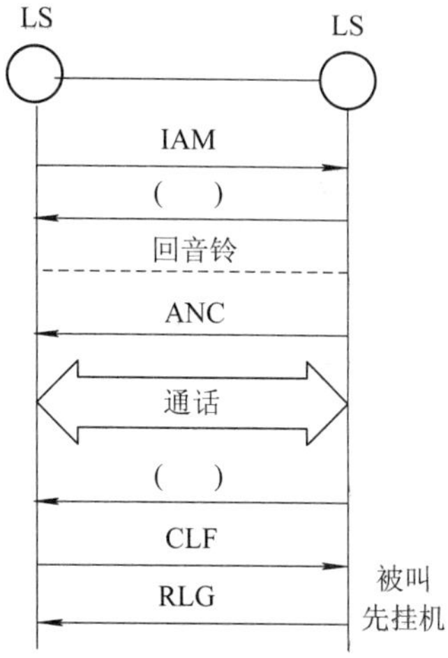

LS
LS
IAM
(　)
回音铃
ANC
通话
(　)
CLF
RLG
被叫先挂机

图 1　分局至分层遇被叫空间

二、选择题

1. (　　)不能通过交换机的数字交换网络(DSN)。

A．话音　　B．信号音

C．铃流　　D．DTMF 信令

2. No.7 信令属于(　　)。

A．随路信令　　B．共路信令　　C．未编码信令　　D．用户线信令

3. No. 7 信令不具有以下特点中的(　　)特点。

A．速度快　　B．容量大　　C．成本高　　D．统一信令系统

4. No.7 信令可应用于(　　)。

A. 国际电话网　　B. 国内电话网

C. 国际电话网　　D. 国内电话网及其他网络

5. 信令单元格式中区分来自不同用户的消息的字段(　　)。

A．FSN　　B．BSN　　C．SIO　　D．CK

三、简答题

1．No.7 信令系统的主要功能是什么？它有何特点？试列举 2～3 个典型的网络应用。

2．试画出 No.7 信令系统的功能分级，简述各功能级名称及其基本功能。

3．试画出 No.7 信令系统与 OSI 模型的对应分层结构图，简要说明其对应关系以及各层的基本功能。

4．No.7 信令系统的信令单元有哪几种类型？各自的功能是什么？用什么字段可以区分这些类型？

5．在 No.7 信令系统中差错校正有哪些字段参与？简述基本的差错校正方法。

6．试解释以下名词：信令点，信令转接点，信令链路，信令链路组，信令路由，信令路由组，高级信令转接点，低级信令转接点。

7．ISUP 的基本功能是什么？有哪些典型的消息？各自的基本作用是什么？

8．试画出在两个市话端局之间，一次完整通话的 ISUP 信令流程。

9．SCCP 的基本功能是什么？

10．试比较 SCCP 在实现无连接业务和面向连接业务时的异同点。

11．试比较 MTP 和 SCCP 实现寻址的区别。

12．试说明 TCAP 的基本功能。

13．试说明 MAP 的基本功能。它可以用于哪些通信网络？

第 5 章 移动交换技术

教学提示

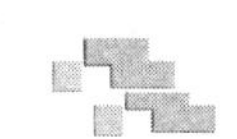

移动通信可以让人们随时随地与通信的另一方进行可靠的信息交流，它使通信变得更加便捷。移动通信自出现以来，发展异常迅速，目前第四代移动通信系统已经商用。本章将首先介绍移动通信的概念、特点、发展历程及分类，接着以 GSM 系统为例，介绍移动通信系统的组成，并说明各部分的作用和 GSM 系统中的接口类型。最后介绍移动通信的编号计划、鉴权加密和呼叫处理的一般过程。

导入案例

高通“天价罚单”——垄断打破，利好中国手机厂商

2015 年 2 月 10 日，国家发改委开出中国有史以来最大的反垄断罚单：对高通公司处以 60.88 亿元人民币的罚款，并要求其停止滥用市场支配地位的行为。尽管此次的“天价罚单”刷新了中国反垄断调查案件罚款金额的纪录，然而，对于一家年收入高达 248.7 亿美元的公司来说，区区 10 亿美元的罚款可以说是“杯水车薪”。在高通公司获得的利润中，70%来自于横征暴敛的“高通税”。

多年来，高通公司利用其难以替代的技术专利资源向中国手机厂商收取高额专利费，以整机作为计算专利许可费的基础；将标准必要专利与非标准必要专利捆绑许可；对过期专利继续收费；将专利许可与芯片捆绑销售。更有失公平的是高通公司规定的免费“反向专利许可”的霸王条款，即中国手机厂商只要购买高通公司的专利产品，就必须无条件把自己企业的专利产品，免费提供给高通公司使用和售卖。

这看上去很离谱，但中国手机厂商就是如此“屈辱”地和高通公司打交道。

还有一点就是高通公司的芯片是不能买卖的，你进了多少货就必须销完，不可能转给其他厂商。这是什么意思？你们要清楚现在跟高通公司提价，一般都是

100K以上起谈，一般不到百万片级，是拿不到什么优惠政策的，这个价格以前在70美金左右，现在降到50美金左右。大家常听到说某某厂商进了高通几百万的货被压死了，很多人都在想，这有什么，把货转手就行了，还有这么多人缺货。其实就是因为高通的产品是不能转卖的，你进多少货就必须卖完，这下大家清楚这个霸王条款有多害人了吧。

另外，专利费是以出货价来计算的。既然以出货价来计算专利费，这个很简单呀，给高通少报一点不就行了，报1000实际2000，你不就可以节省一半的专利费了？这就是馊主意，你试试你卖3000给高通报1000的出货价，你看高通来不来查你的账，一经查到马上罚款，而且是巨额罚款，在现在高通为主导的卖方市场下，你得罪高通就是自断财路，这也是为什么发改委开展调查工作以来，一直没有终端厂商敢站出来检举揭发的根本原因。

如今，中国手机厂商终于可以扬眉吐气了，在国家发改委的要求下，高通公司很快做出了整改表态:

1. 对在我国境内销售的手机，由整机售价收取专利费改成收取整机售价65%的专利许可费;

2. 将向购买高通专利产品的中国企业提供专利清单，不再对过期专利收取许可费;

3. 不再要求我国手机生产企业将专利进行免费反向许可;

4. 在专利许可时，不再搭售非无线通信标准必要专利;

5. 销售基带芯片时不再要求签订一切不合理的协议。

国家发改委对高通公司的判罚，给中国手机厂商带来的最直接影响是获取专利授权成本的降低。中国信息通信研究院发布的数据显示，2014年，中国手机市场累计出货量为4.52亿部，每部手机按批发价格1000元，专利许可费按整机售价的5%计算。由整机售价收取专利费改成收取整机售价的65%之后，能够为中国手机厂商节省79.1亿元的成本。

在这几条中，其中最重要的是第三条内容，就是前段时间闹得沸沸扬扬的中兴告小米专利侵权的合理解读。这些年随着国产手机企业在核心技术上的逐步提升，包括像酷派、华为、中兴、联想等在内的厂商都已经积聚了不菲的核心专利数量，但依照之前与高通的授权协议，这些厂商专利免费向高通反授权，而像小米这样的厂商采用高通的芯片就自动获得其他竞争对手的专利授权，还是免费的，这无疑令其他厂商的专利价值清零，不仅使得大家的创新得不到保护，也变相促进了山寨的泛滥。在业界看来，本条措施对于厂商，尤其是对华为、中兴等自身专利储备丰厚的国内厂商确实是一条利好消息。

移动通信是沟通移动用户与固定用户或移动用户之间的通信方式，它的终极目标是实现任何时间、任何地点和任何通信对象之间的通信。与有线通信相比，移动通信最主要的特点是用户的移动性，它可以看成是有线通信网的延伸。近年来，移动通信发展异常迅速，在各个方面都得到了广泛的应用。

5.1　移动交换技术概述

5.1.1　移动通信的基本概念和主要特点

移动通信是指在通信过程中，通信者至少有一方处于移动状态下的通信方式。该通信方式主要有以下特点：

1．无线电波传播复杂

移动通信是指在自然空间下，通过无线电磁波进行信息的发射和传输，通常由于自然或人为因素使得电波传播环境恶劣，导致接收到的信号是由多条不同路径的信号叠加形成的。电波的多径传播如图 5-1 所示。

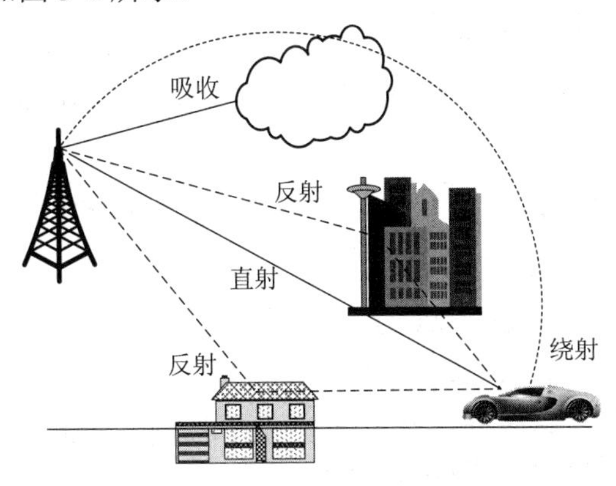

图 5-1　电波的多径传播

2．移动台在强干扰下工作

移动通信是在复杂的干扰环境中工作的，移动台在工作时除了受到外部干扰之外，还遭受互调干扰、邻道干扰和同频干扰。其中，同频干扰是移动通信所特有的。

3．对移动台要求高

移动通信要求移动终端具有很强的适应能力，包括使用性能可靠，携带方便，小型，低功耗，耐高、低温；同时在使用上，要求方便简洁、易于操作，可针对不同用户群体提供特殊使用功能和定制业务。

4．通信系统复杂

与传统固网不同，移动通信系统要涉及对无线信道进行频率和功率的控制；对用户终

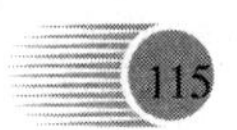

端提供网络搜索、位置登记、行踪纪录以及终端安全与网络安全鉴权；支持在不同地区和不同运营者之间的越区切换、自动漫游等功能。

5. 通信容量有限

在各个国家，移动通信可利用的频谱资源都非常紧张，而移动通信业务量的需求却与日俱增。根据香农公式我们知道：在频率资源、信噪比一定的前提下，通信容量是有限的。所以当前必须科学规划并合理分配已有的频谱资源，同时如何增加系统容量是移动通信发展的重要方向之一。

5.1.2 移动通信的发展历程及分类

1. 第一代模拟移动通信系统——1G

1978 年底，贝尔实验室研制成功模拟蜂窝网第一代移动通信系统——AMPS(先进移动电话系统)，俗称“本地通”，并于 1983 年正式投入商用。我国主要采用的是英国的 TACS(全接入通信系统)。这些系统只能传输语音业务，属于模拟移动通信系统。1984 年由摩托罗拉公司生产的全球第一款移动电话，名为 DynaTAC。

2. 第二代数字移动通信系统——2G

在 20 世纪 90 年代出现了两种典型的、以数字语音传输技术为核心的 2G 移动通信系统：一种是基于 TDMA 所发展的、源于欧洲的 GSM(Global Systems for Mobile communications)系统，另一种是基于 CDMA 所发展的，是美国最简单的 CDMA(Code Division Multiple Access)系统。

3. 第 3 代移动通信系统——3G

1985 年，由国际电信联盟(ITU)提出，最初称为 FPLMTS(陆地移动系统)，在 1996 年更名为 IMT-2000，其中 2000 有三种含义，如图 5-2 所示。第 3 代移动通信标准指支持高速数据传输的蜂窝移动通信技术，主要有 CDMA2000、WCDMA、TD-SCDMA、WiMAX 四大主流无线接口标准。其中 TD-SCDMA 是中国首次提出的国际通信标准，是中国移动通信发展史上的一座里程碑。

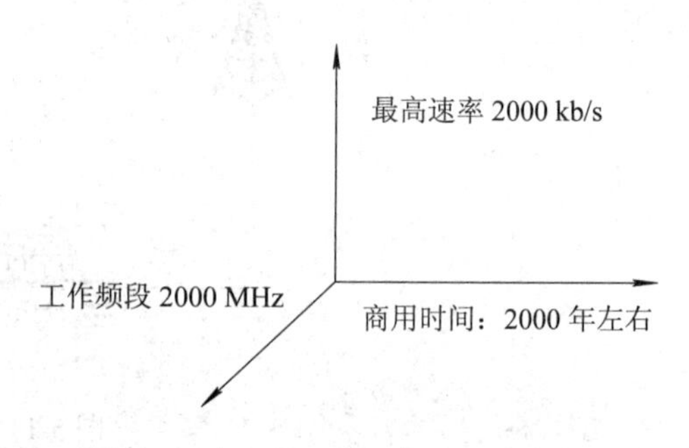

图 5-2 IMT-2000 中 2000 的三种含义

4. 第 4 代移动通信系统——4G

第 4 代移动通信系统(4G)也称为 IMT-Advanced 技术，包含 TDD 和 FDD 两种制式，并能够传输高清视频图像，它的图像传输质量与当前高清晰度电视相差无几。4G 系统能够支持的下行速率为 100 Mb/s，比目前的 ADSL 上网快 100 倍，上传的速度也能达到 20 Mb/s，并能够满足几乎所有用户对于无线服务的要求。在 2013 年 12 月 4 日，中国工信部向国内三大运营商正式发放 TD-LTE 牌照；在 2014 年 12 月 22 日宣布在条件成熟时研究发放 LTE FDD 牌照。

5.1.3　移动通信的系统组成

蜂窝式移动通信系统由移动业务交换中心(MSC)、基站(BS)、移动台(MS)以及本地电话网相连的中继线和传输线等组成，如图 5-3 所示。

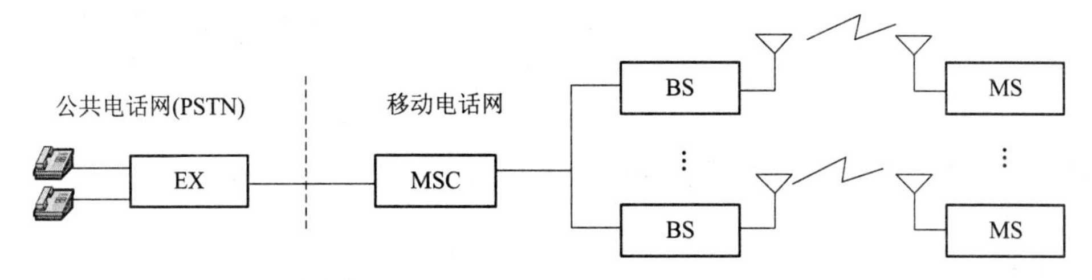

图 5-3　移动通信系统框架

移动业务交换中心的主要功能为：完成移动台和移动台之间、移动台和固定用户之间的数据信息交换转接和系统级的管理。基站和移动台均由收发信机、馈线和天线等组成。

基站是无线电台的一种形式，有一定的无线电覆盖区，称为无线小区。无线小区的覆盖范围大小由基站天线的发射功率和高度、倾角等共同决定。移动用户通过基站和移动业务交换中心即可实现与其他移动用户之间的通信；通过中继线与市话局的接续，可以实现与固网之间的通信。

5.2　GSM 系统的基本组成

5.2.1　GSM 系统的结构和各部分的功能

GSM 系统网络功能单元组成如图 5-4 所示。

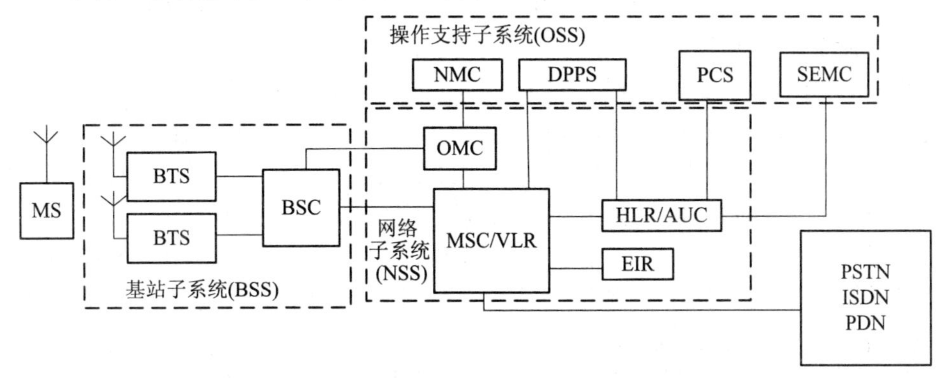

图 5-4　GSM 系统的总体结构

1. 移动台(MS)

移动台包括两部分：GSM 系统中的用户设备和 SIM 卡。

• 用户设备是用户所持有的硬件设备，用来接入到通信系统，每部设备都拥有一个全球唯一的对应于它的永久性识别号 IMEI。

• SIM 卡是指插入到用户设备中的智能卡。SIM 卡的功能是用来标示移动用户的身份，还可存储该用户的服务权限信息及一定大小的其他信息数据。

移动设备可以从设备销售商处购买，但 SIM 卡必须从相应网络运营商处获取。如果终端设备内未入插 SIM 卡，就只能使用其进行紧急呼叫。

2. 基站子系统(BSS)

BSS 是与 MS 进行通信的系统设备，受 MSC 直接控制。由基站收发信台(BTS)和基站控制器(BSC)共同构成。

• BSC 具有对一到多个 BTS 集中控制的功能，任何 BTS 接收到的操作信息都来自 BSC。其主要功能是无线信道管理、实施呼叫和通信链路的建立和拆除，并为本控制区域内移动台进行越区切换控制等。

• BTS 用来提供基站与移动台之间的空中接口，受 BSC 完全控制，主要负责无线信号传输，完成无线部分和有线部分的衔接转换、无线分集、无线信道加密解密和跳频功能等。

3. 网络交换子系统(NSS)

NSS 主要功能包括：GSM 系统的交换功能，用于用户数据与移动性管理、安全性管理所需的数据库功能等。主要包括以下几个部分：

(1) 移动业务交换中心(MSC)。它是 GSM 系统中的核心部分，控制所管辖区域内所有 BSC 的业务，提供交换功能及和系统内其他功能的连接和实现话路交换。

(2) 访问用户位置寄存器(VLR)。它是用来存储用户当前位置信息的动态数据库，如用户的号码、向用户提供的服务和所处位置区的识别等参数。当用户漫游到新的 MSC 控制区时，必须向该地区的 VLR 进行申请登记。一旦该用户离开这个 VLR 的控制范围，则在另一个 VLR 重新登记，原 VLR 将注销该移动用户的临时数据记录。

通常情况下，VLR 和 MSC 合并在同一设备实体中，因为在每一次呼叫时，这两者之间总有大量的信令进行流通。如果分放在两个不同实体设备中，会使它们之间的信令链路承受高负荷。

(3) 归属用户位置寄存器(HLR)。HLR 相当于 GSM 系统的中央数据库，每个移动用户都必须先在 HLR 注册登记，它主要存储两类信息：一是有关用户自身的参数，包括移动用户识别号码 IMSI 号、接入优先级、Ki 号、用户类别和补充业务等数据；二是有关用户当前所处位置的信息，当用户漫游到 HLR 所属服务的区域之外，那么 HLR 需要登记由该区域传来的位置信息。这样当呼叫到任何一个不知道当前所属哪一个区域的移动用户时，均可以由这个移动用户的 HLR 获取它当前所在的位置信息，从而建立连接。

(4) 鉴权中心(AUC)。AUC 是用于产生为确定移动用户的身份及对呼叫保密所需鉴权、加密流程三参数的功能实体。一般情况下，AUC 与 HLR 合置在一起，在 AUC/HLR 内部，AUC 数据作为部分数据表存在。

(5) 移动设备识别寄存器(EIR)。EIR 也是一个数据库，存储有关移动台参数，主要完成对移动设备的识别、监视和闭锁等功能，以防止非法移动台的使用。通过检查白名单、黑名单和灰名单这三种表格，在表格中分别列出了准许使用的、出现故障需监视的、失窃不准使用的移动设备(IMEI)的识别码，使得运营部门对于失窃或者由于技术故障和误操作而危及到网络正常运行的 MS 设备，都能采取及时的防范措施，以确保网络内所使用的移动设备的唯一性和安全性。

(6) 操作维护中心(OMC)。OMC 对全网进行监控与操作如：报警、备用设备激活、系统自检、话务量的统计与计费、系统的故障诊断与处理等。

5.2.2　GSM 系统的接口

GSM 系统的接口如图 5-5 所示。

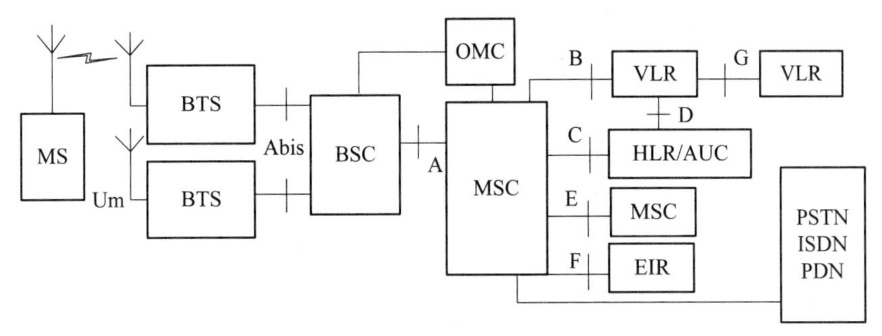

图 5-5　GSM 系统的接口

(1) Um 接口：BTS 和 MS 之间的接口。

(2) Abis 接口：BSC 和 BTS 之间的接口，Abis 接口支持向客户提供的所有服务，并支持对 BTS 无线设备的控制和无线频率的分配。

(3) A 接口：BSC 与 MSC 之间的接口，主要传递呼叫处理、移动性管理等信息。

(4) B 接口：MSC 与 VLR 之间的接口，用于 MSC 向 VLR 询问有关移动台当前位置信息，或通知 VLR 有关移动台的位置更新。

(5) C 接口：MSC 与 HLR 之间的接口，用于查询用户信息。

(6) D 接口：HLR 与 VLR 之间的接口，主要交换位置信息和客户信息。

(7) E 接口：MSC 与 MSC 之间的接口，在呼叫期间当移动台从一个 MSC 区移动到另一个 MSC 区时，为保持通话连续 E 接口主要进行局间切换，以及两个 MSC 间建立客户呼叫接续时传递有关消息。

(8) F 接口：MSC 与 EIR 之间的接口，用于 MSC 检验移动台 IMEI 时使用。

(9) G 接口：VLR 和 VLR 之间的接口，当移动台以 TMSI 启动位置更新时 VLR 使用 G 接口向前一个 VLR 获取 MS 的 IMSI。

5.3　移动通信系统的编号、鉴权和加密

5.3.1　编号计划

在 GSM 系统中，为了便于识别，定义了如下的一些编号方式。

(1) 移动台的国际 ISDN 号码 MSISDN。这是指打电话时所拨被叫的手机号。其组成如

图 5-6 所示。

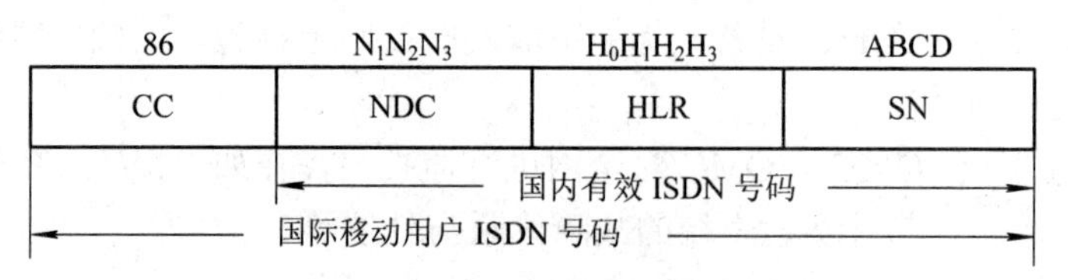

图 5-6　国际 ISDN 号码的组成

其中 CC(Country Code)=国家码，即在国际长途电话中要使用的标识号，中国为 86。

NDC(National Destination Code)=国内目的地码，即网络接入号，也就是手机平时拨号的前 3 位。中国移动 GSM 网的接入号为 134～139、150～152、157～159，中国联通 GSM 网的接入号为 130～132、155～156。

HLR=归属位置寄存器，$H_0H_1H_2H_3$ 为用户归属位置寄存器的识别号，确定用户归属，精确到地市。

SN(Subscriber Number)=用户号码。

如一个 GSM 移动手机号码为 86 13912345678，86 是国家码，139 是 NDC，用于识别网络接入号；1234 用于识别归属区，5678 是用户号码。

(2) 国际移动用户识别码(International Mobile Subscriber Identification Number，IMSI)。IMSI 是一个手机号码的唯一身份证明，15 位。

移动国家号(MCC) + 移动网号(MNC) + 移动用户识别码(MSIN)

460　　　　00　　　　　　　0912121001

MCC(Mobile Country Code) = 移动国家号，由 3 位数字组成，唯一识别移动用户所属的国家，我国为 460。

MNC(Mobile Network Code)=移动网号，由 2 位数字组成，用于识别移动用户所归属的移动网。中国移动的 GSM 网为 00，中国联通的 GSM 网为 01。

MSIN(Mobile Station Identity Number)=移动用户识别码，采用等长 10 位数字构成，用于识别国内 GSM 移动通信网中的移动用户。

(3) 移动用户漫游号码(MSRN)。MSRN 由用户漫游地的 MSC/VLR 临时分配，用来标识用户目前所在的 MSC。该号码在接续完成后即可释放资源，以便给其他用户使用。

(4) 临时移动用户识别码(TMSI)。TMSI 是为了对用户身份进行保密，在无线通道上代替 IMSI 使用的临时移动用户标识，这样可以保护用户在空中的话务及信令通道的隐私，使其 IMSI 不会暴露给别人。

5.3.2　鉴权与加密

1．用户鉴权

用户鉴权也称为用户认证，其目的是以一种可靠的方法确认用户的合法身份。它不依赖于 IMSI、MSDN 或 IMEI，这是 GSM 区别于其他系统的一个特点。

用户鉴权由 VLR/AUC 和用户配合完成，其鉴权原理如图 5-7 所示。当用户发起呼叫或进行位置更新时，VLR 向该移动用户发送一个随机数(Rand)；用户的 SIM 卡以随机数和鉴权键为输入参数运行鉴权算法 A3，得到输出结果，称为响应(SRES)，回送 VLR。SRES

就是一个数字签名，VLR 将此结果和早已预先算好并暂存在存储器中的结果进行比较，如果两者相符，就表示鉴权成功。

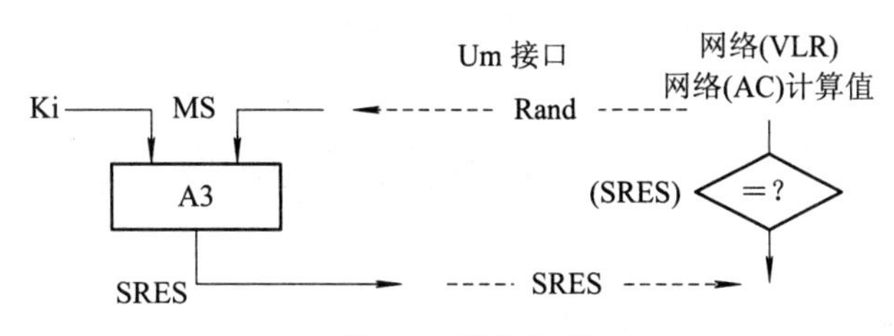

图 5-7 鉴权过程

如果 VLR 发现鉴权结果与预期结果不相符，且用户是以 TMSI 和网络相联系的，则可能是 TMSI 错误，这时 VLR 将通知用户发送其 TMSI。如果 TMSI 与 IMSI 的对应关系出错，则以 IMSI 为准再次进行鉴权。若鉴权再次失败，VLR 就要检查用户的移动台设备(IMEI)是否合法。鉴权失败记录由 VLR 进行保存。

VLR 中存储的随机数和符号响应对是由 AUC 预先产生并传送到 VLR 中的。AUC 中存有各个用户的 Ki 和相同的算法 A3。VLR 可为每个访问用户暂存最多 10 对随机数和符号响应对，每运行一次鉴权就使用一对数据；鉴权结束后该对数据就丢弃不再使用。当 VLR 只剩下少量鉴权数据时就向 AUC 发出请求，AUC 将向它发送鉴权数据。用户的 Ki 只有 SIM 卡和 AUC 中才有，其他网络部件，包括 HLR、VLR 都无此参数，以保证用户安全。

CDMA 移动网鉴权的基本原理与 GSM 相同，同样采用数字签名方式完成。但是 CDMA 系统允许由 VLR 代替进行鉴权，以减轻 AUC 的负荷。相应的鉴权过程更为复杂，功能则更为完善。

2. 数据加密

数据加密(encryption)用于信令和重要用户信息的保密传送，用户信息是否需要加密可在呼叫建立时由信令指示。数字通信系统加密有很多成熟的算法，GSM 采用可逆算法 A5 进行加密，即发送端用 A5 算法加密，接收端也用 A5 算法进行解密。为了提高加密性能，GSM 系统加密时对每个用户提供一个特定的密钥 Kc。如图 5-8 所示，在鉴权过程中，当计算 SRES 时，同时利用 A8 算法计算出密匙 Kc，并在 BTS 和 MSC 中均暂存 Kc。

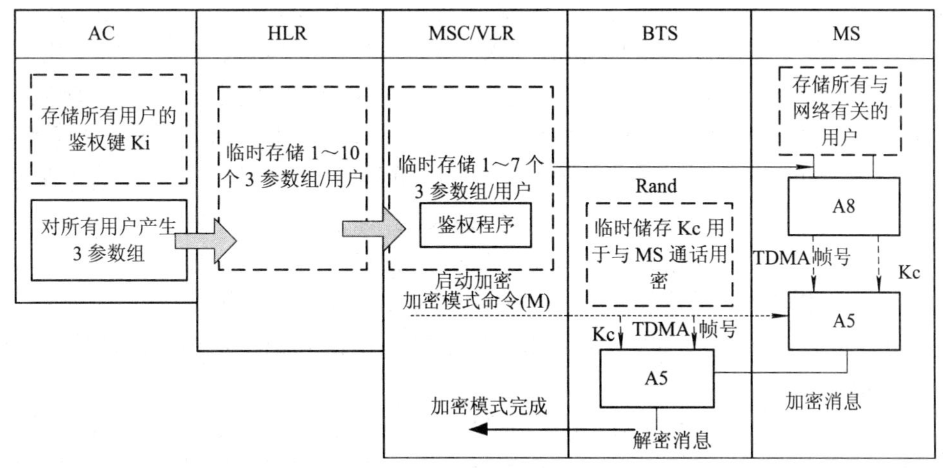

图 5-8 加密过程

当MSC/VLR把加密命令通过BTS发往MS时，MS根据加密启动模式(M)、Kc和TDMA帧号，通过加密算法A5，产生加密信息，表明MS已完成加密，并将加密信息回送给BTS。BTS采用相应的算法解密，回复消息，如果无误则通知MSC/VLR，表明加密模式完成。

5.4 移动交换的呼叫处理过程

5.4.1 移动呼叫处理的一般过程

移动网呼叫建立过程与固网具有相似性，其主要区别表现为：一是移动用户发起呼叫时必须先输入号码，确定不需要修改后才发出；二是在号码发出和呼叫接通之前，移动台与网络之间有些附加信息需要传送。这些操作是机器自动完成的，无需用户介入，但有一段时延存在。下面以GSM为例，介绍移动呼叫的一般过程。

1．移动用户呼叫固定用户过程

移动用户呼叫固定用户流程如图5-9所示。

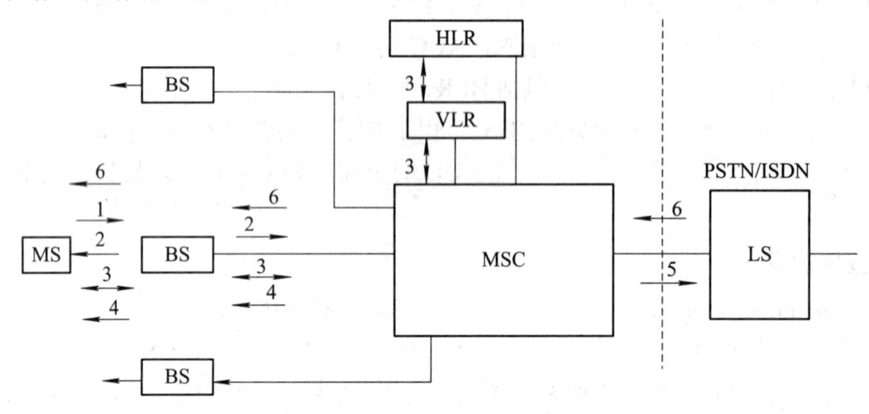

图5-9 移动用户至固定用户呼叫流程

图5-9中流程说明如下：

(1) 移动用户发起呼叫时，MS采用类似无线局域网中常用的“时隙ALOHA”协议竞争所在服务小区，一旦移动客户拨号后，MS 向基站请求随机接入信道。如果由于冲突，小区内基站没有收到移动台发出的接入请求消息，则MS将收不到基站返回的响应消息。此时，MS随机延迟若干时隙后再重发请求消息。理论上讲，第二次发生冲突的概率极低。系统通过广播信道发送“重复发送次数”和“平均重复间隔”参数，以控制信令业务量。

(2) MS通过系统分配的专用控制信道与MSC之间建立信令连接，并发送业务请求消息。请求消息中包含MS的相关消息，如该MS的IMSI、本次呼叫的被叫号码等参数。

(3) MSC根据IMSI检索主叫用户数据，检查该移动台是否为合法用户，是否有权限进行此类呼叫。VLR直接参与鉴权和加密过程，如果有必要加密则设置加密模等，进入呼叫建立的起始阶段。

(4) 对于合法用户，系统为MS分配一个空闲的业务信道。一般情况下，GSM系统由MSC分配业务信道。MS收到业务信道分配指令后，即调制到指定的信道，并按要求调制

发射电平。基站在确认业务信道建立成功后，将通知MSC。

(5) MSC分析被叫号码，选择路由，采用No.7信令的用户部分(ISUP/TUP)，建立与固定网(ISDN/PSTN)至被叫用户的通路，并向被叫用户振铃，MSC把MS成功建立消息转换成相应的无线接口信令回送MS，再由MS生成回铃音信号。

(6) 被叫用户摘机应答，MSC向MS发送应答连接消息，MS回送连接确定消息。最后进入通话阶段。

2. 固定用户呼叫移动用户

一种典型的固定用户至移动用户入局呼叫的基本流程如图5-10所示。GMSC为网关MSC，在GSM系统中定义为与主叫PSTN最近的MSC。

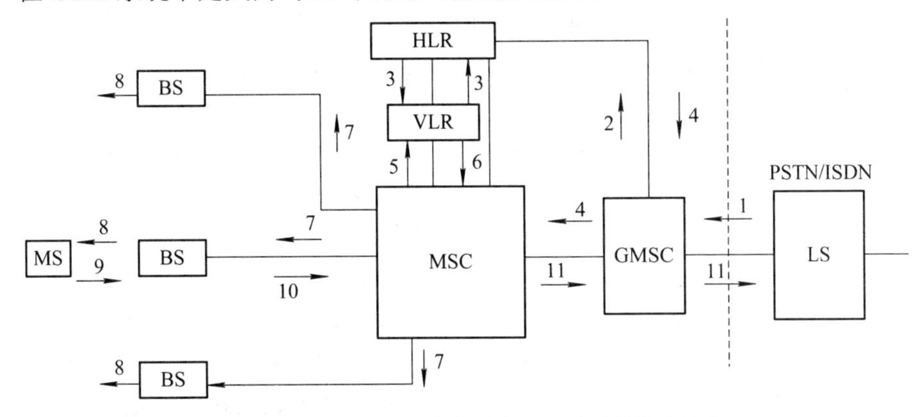

图5-10 固定用户至移动用户入局呼叫的基本流程

固定用户至移动用户入局呼叫的流程为：

(1) PSTN交换机通过号码分析判定被叫为移动用户，通过No.7信令用户部分(ISUP/TUP)，网关MSC(GMSC)接收来自固定网(ISDN/PSTN)的呼叫。

(2) GMSC向HLR询问有关被叫移动客户正在访问的MSC地址(即MSRN)。

(3) HLR检索用户数据库，若该用户已漫游至其他地区，则向用户当前所在的VLR请求漫游号码，MSRN由VLR动态分配并通知HLR。

(4) GMSC从HLR获得MSRN后，便可寻找路由建立至被访MSC的通路。

(5)～(6) 被访MSC查询数据库，从VLR获得有关用户数据。

(7)～(8) 被访MSC通过位置区内的所有基站向移动台发送寻呼消息。各基站通过寻呼信道发送寻呼消息，消息的主要参数为被叫的IMSI号码。

(9)～(10) 被叫移动用户的MS发回寻呼响应消息后，发现IMSI与自己相符，基站寻呼响应消息转发至MSC。然后MSC执行与上述移动呼叫固定用户流程中的(1)、(2)、(3)、(4)相同的过程，直到MS振铃，向主叫用户回送呼叫接通证实信号。

(11) MS摘机应答，向固定网发送应答连接消息，至此进入通话阶段。

5.4.2 位置登记与更新

1. 移动台的位置登记

(1) 每个移动用户的数据(包括移动台国际身份号、国际移动用户识别码、移动用户漫

游码等)存放于 HLR 中。

(2) MS 通过基站向移动业务交换中心(MSC-A)发送位置更新请求，MSC-A 把含有其标示和移动台识别码的位置更新信息，通过 No.7 信令网送给 HLR，HLR 再发回相应信息，其中包含全部相关用户数据。

(3) 在被访问的 MSC-A 覆盖区的 VLR 中，进行用户数据登记。

(4) 把位置更新信息通过基站送给 MS，通知原来的 VLR 删除与此移动用户有关的用户数据。

2. 位置更新

移动通信网中，用户在网络覆盖范围内可任意移动。为了把一个呼叫传送给移动的用户，必须有一个高效的位置管理系统来跟踪用户的位置变化。

为了确认移动台的位置，每个 GSM 覆盖区都被分为许多个位置区，一个位置区可以包含一个或多个小区。位置区不宜过大或过小。位置区过大，找到被叫用户就比较费时，增加了寻呼时延；位置区太小，手机移动起来就会有频繁的位置区更新，增加了系统开销。太过频繁的位置更新很容易导致掉话。因此，需要尽量合理划分位置区，缩短位置更新时间，减少位置更新的次数。应该避免将有过多人员流动的地方作为位置边界。

划分出位置区之后，就可以分片对手机进行寻呼，或者说按位置区对手机进行寻呼。手机主动向网络报告自己所在的位置区，而网络会存储每个手机所在的位置区，那么一旦需要寻找该手机，就知道在什么范围内对该手机进行寻呼。所以说当手机从一个位置区移动到另一个位置区时，必须进行登记，要不然网络就不知道它所在的位置，没法对它进行寻呼。

当移动台由一个位置区移动到另一个位置区时，必须在新的位置区进行登记，也就是说一旦移动台出于某种需要或发现其存储器中 LAI 与接收到当前小区的 LAI 号发生了变化，就必须通知网络来更改它所存储的移动台的位置信息。这个过程就是位置更新。

位置更新可分为三种：正常位置更新(即越位置区的位置更新)、周期性位置更新和 IMSI 附着(对应用户开机)。

(1) 正常位置更新。MS 来到一个新的位置区，发现小区广播的 LAI 与自身不一致，从而触发位置更新。系统需要对 MS 进行寻呼，那么就必须知道 MS 当前的位置区，所以这个过程是必需的，如图 5-11 所示。

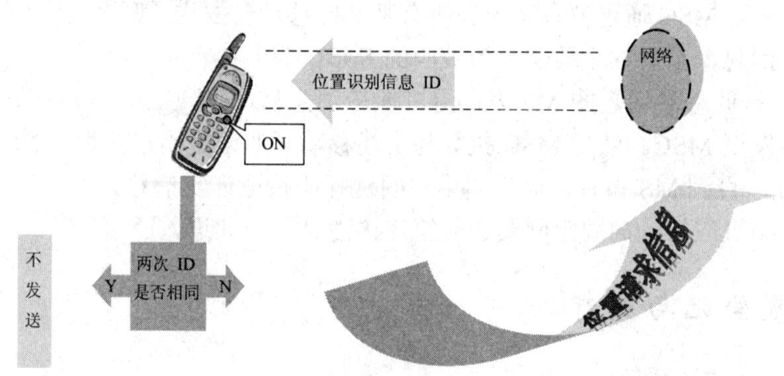

图 5-11　正常位置更新示意图

(2) 周期性位置更新。要求 MS 周期性地上报自己的位置，逾期未报的，就给它贴一个

“分离”的标签，认为该 MS 已经关机或不在服务区，不再对这样的 MS 进行寻呼。这是一种处理 MS 进入了信号盲区或者突然掉话的手段。

(3) IMSI 的 Attach 和 Detach。当 MS 关机时，会给系统发送一条“IMSI Detach”指令，告诉系统该 MS 已经脱离网络了，不要再对其进行寻呼，网络就给 MS 贴上“分离”的标签。当 MS 开机时，会给系统发送一条“IMSI Attach”指令，告诉系统 MS 可以重新被寻呼了，网络给 MS 贴上“附着”的标签。如果开机的时候发现当前所处的位置发生了改变，还会进行位置更新。

手机开机和关机的信息对网络而言很重要，因为用户开机，别人就可以找到，用户关机，别人就没法找到，所以手机的开关机信息是一定要告诉网络的。MS 用户在网络里是用 IMSI 来识别的，那么这个开关机信息就称为“IMSI Attach/Detach”。

5.4.3 切换

1. 越区切换的概念及引起切换的原因

越区切换是指将当前正在进行的移动台与基站之间的通信链路从当前基站转移到另一个基站的过程，该过程也称自动链路转移(ALT)。越区切换的目的是实现蜂窝移动通信的“无缝隙”覆盖，即当移动台从一个小区进入另一个小区时，保证通信的连续性。

通常，由以下两个原因引起一个切换：

(1) 信号的强度或质量下降到系统规定的一定参数以下，此时移动台被切换到信号强度较强的相邻小区；

(2) 由于某小区业务信道容量全被占用或几乎全被占用，这时移动台被切换到业务信道容量较空闲的相邻小区。

越区切换需满足以下两个条件：① 切换时间要在 100 ms 以内，使通话人完全感觉不到；② 切换必须是完全自动的。

2. 越区切换的方法

1) 硬切换

硬切换是在不同频率的基站或者覆盖小区之间的切换。硬切换的过程是移动台先暂时断开通话，在原基站联系的信道上，传送切换的信令，移动台自动向新的频率调谐，与新的基站建立连接，建立新的信道来完成切换。硬切换简单来说就是“先断后连”，这是硬切换的特点。

移动台从断开原基地台信道到连接上新基地台的信道上的这段时间内通信是中断的，但由于这段时间间隔很短，只是毫秒级，人是觉察不到的，也就感觉不到中断。

硬切换大多用于 TDMA 和 FDMA 系统中。当切换发生，移动台总是先释放原基站的信道，然后才能获得新基站分配的信道，是一个“释放-建立”的过程。

2) 软切换

软切换是指移动台在小区之间移动时，移动用户与原基站和新基站都保持通信链路，只有当移动台在新的小区建立稳定通信后，才断开与原基站的联系，是一种“先连后断”的过程。

软切换过程中，移动台的通信是没有任何中断的。

软切换属于CDMA通信系统独有的切换功能，可以有效提高切换的可靠性。

3) 接力切换

接力切换是介于硬切换和软切换之间的一种切换方法，也是TD-SCDMA系统中的核心技术之一。

接力切换是一种基于智能天线的切换方式。接力切换用精准的定位技术，在对移动台的距离和方位进行定位的基础上，根据移动台的方位和距离辅助信息来判断移动台是否移动到了可以进行切换的相邻基站区域。如果移动台进入切换区域，RNC通知该基站做好切换准备，从而实现快速、可靠和高效切换。实现接力切换的必要条件是，网络要准备获得移动台的位置信息，包括移动台的信号到达方向以及移动台与基站的距离。

☆☆ 本章小结 ☆☆

移动通信的出现，是人类社会发展中的一大奇迹。目前第四代移动通信(4G)已开始商用，移动通信也随着通信技术的发展不断更新。通过本章的学习，读者要能够了解移动通信的概念、特点、发展历程、系统组成、编号计划、鉴权加密及呼叫处理的一般过程，重点掌握移动通信系统的组成和编号计划、鉴权加密以及呼叫处理的流程。

☆☆ 习　　题 ☆☆

一、选择题

1. (　　)又称为空间接口。

A. Um接口　　B. A接口　　C. E接口　　D. G接口

2. 归属位置寄存器(HLR)是一种用来存储(　　)信息的数据库。

A. 本国用户位置　　B. 漫游用户位置　　C. 本地用户位置　D. 外地用户位置

3. (　　)是唯一识别一个用户的编码，如果被截获，就会被人知道行踪，甚至被人冒用账户，造成经济损失。

A. TMSI　　B. IMEI　　C. IMSI　　D. MSRN

4. 在网络子系统中，(　　)的作用是存储用户的密钥，保证系统能可靠识别用户的标志，并能对业务通道进行加密。

A. MSC　　B. OMC　　C. AUC　　D. EIR

5. 关于位置区说法错误的是(　　)。

A. 一个位置区可以属于多个BSC　　B. 一个位置区可以属于多个MSC

C. 一个位置区只能由一个MSC处理　　D. 一个位置区有一个特定的识别码

二、填空题

1. 移动通信是指____。

2. 在移动通信中，接收发送无线信号并且可以移动的终端，如手机、车载台、无绳电话等被称为______________。

3. 移动通信中，小区的形状为______________。

4. CDMA 系统中一般采用______________切换技术。

三、简答题

1. 移动通信系统由哪些功能实体组成？

2. 什么叫越区切换？它有哪几种分类？

3. 为什么要进行位置更新？

第6章 数据交换技术

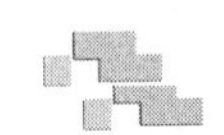

在以上的章节中，我们先后学习了固定和移动电话网络，这些电话网都是针对语音业务而建设的，并不适合数据业务。但是，随着数据业务的飞速增长，人们对数据网络的需求也日渐凸显。本章将介绍几种数据网络的交换方式。虽然有的技术已经时过境迁，但这些技术对以后出台的技术有着深远的影响。

数据通信：通信技术的未来之星

数据通信是以“数据”为业务的通信系统，数据是预先约定好的具有某种含义的数字、字母或符号以及它们的组合。数据通信是计算机和通信相结合的产物。随着计算机技术的广泛普及与计算机远程信息处理应用的发展，数据通信应运而生。它实现了计算机与计算机之间，计算机与终端之间的传递，这种技术变化较快。数据网是用来传送数据的，包括互联网数据、DDN、帧中继、VPN、视频业务等，随着业务的不断融合，也可以提供语音业务。数据网研究的技术类型有帖中继技术，ATM技术，TCP/IP，路由协议，MPLS，P2P，视频分布，流媒体，地址规划等。数据网技术体制多样，应用广泛，以TCP/IP为基础的数据网将成为未来电信网的基础承载网络。那么数据网中常用的交换方式有哪些？它们有什么不同？本章将介绍数据交换的相关内容。

6.1 数据通信概述

6.1.1 数据通信的基本概念

数据通信网(Data Communications Network，DCN)是计算机、传真、电报等在内的各种数据终端之间进行通信的网络，按照一定的规约或协议传输数据信息。

人们通常用速率、频带利用率和差错率几种指标来衡量数据通信的性能。

1. 波特率

波特率又名符号速率，其计算公式为

$$\text{波特率}=\frac{\text{信元数}}{\text{单位时间}}(\text{Bd})$$

2. 比特率

其计算公式为

$$\text{比特率}=\frac{\text{代码数}}{\text{单位时间}}(\text{b/s})$$

波特率和比特率之间可以用如下公式来转换：

$$\text{比特率}=\frac{\text{代码数}}{\text{单位时间}}=\frac{\text{信元数}\times n}{\text{单位时间}}=\text{波特率}\times n=\text{波特率}\times \text{lb}\, m$$

上式中的字母 n 表示每个信元是由 n 个代码组成的，字母 m 表示共有 m 种不同类型的信元，也就是说代码进制数为 m。m 与 n 之间可以通过 $m=n^2$，或 $n=\text{lb}\, m$ 来换算。

3. 频带利用率

在比较不同通信网的效率时，只看它们的信息速率是不够的。或者说，即使两个网的信息速率相同，它们的效率也可能不同，所以还要看传输这样的信息所占的频带宽度。

频带利用率为所传输的信息速率(或符号速率)与系统带宽之比值，其单位为bit/(s・Hz)(或为Baud/Hz)。

4. 可靠性/差错率

可靠性可用差错率来表示。常用的差错率指标有平均误码率、平均误字率、平均误码组率等。

6.1.2 数据通信的特点

与传统的电话业务相比，数据业务有以下4个基本特点：

(1) 计算机直接参与，有较多的机-机、人-机对话，而电话业务主要是人-人之间的通信；

(2) 准确性、可靠性较高；

(3) 速率高，接续、响应时间快；

(4) 时间差异大，突发性强。

同时，随着云时代的来临，高速增长的数据业务呈现出了更新的趋势，人们常常用“大数据”(Big Data)时代来形容当下的数据通信网络。大数据的特征通可以用4个“V”来概括，即：Volume、Variety、Value、Velocity。

(1) 数据体量巨大(Volume)。以“平安城市项目视频数据”为例，一个分辨率为1920*1080的200万像素的高清摄像机，码流为8 Mb/s，每月产生的视频数据为2.47 TB。对于一个拥有10万个摄像机的中等规模的城市而言，每个月产生的数据在250 PB左右。海量的视频数据对数据传输、存储、并发处理的要求极高。

(2) 数据类型多(Variety)。数据类型大体可以分为结构化数据和非结构化数据两种。其中，结构化数据以文本为主，非结构化数据包括网络日志、音频、视频、图片、地理位置信息等。这些多类型的数据对数据的处理能力提出了更高要求。

(3) 价值密度低(Value)。价值密度是有价值的数据量与数据总量的比值。如何在海量的数据中提取出有价值的信息，这是对信息处理技术的一大挑战。

(4) 处理速度快(Velocity)。现在的数据流量从PB级至EB级不等，并呈快速增长趋势。因此，不仅要求网络能够从这些海量的数据中提取数据，而且对提取速度的快慢也提出更苛刻的要求。

6.2 分组交换技术

6.2.1 分组交换的概念

分组交换也称包交换，是以信息分发为目的，把从输入端进来的数据按一定长度分割成若干个数据段，这些数据段叫做分组(或包)，并且在每个信息分组中增加信息头及信息尾，表示该段信息的开始及结束。

分组交换网遵循OSI/ISO，采用X.25协议，速率小于64 kb/s，优点是线路利用率高，只按信息量，或按使用时间来收费，与距离无关。不同速率、不同类型的终端也可互通。

6.2.2 分组交换的基本原理

分组交换(Packet Switching)，也称“信息包交换”。1980年出现了X.25建议，制定了分组交换的标准框架。

工作原理：在报文交换的基础上，将用户的一整份报文分割成若干定长的数据块，也就是我们常说的“分组”，以这些更短的、被规格化了的分组为单位，再进行存储转发。

分组交换的优点十分显著：

(1) 灵活性强，时延比报文交换小，能满足实时性要求。

(2) 以分组为单位，比报文效率更高，还更节省存储空间，降低费用。

(3) 可靠性在差错控制协议的帮助下能将误码率降低到10^{-10}以下。

但分组交换也存在一些缺点：

(1) 技术复杂，设备要求较高。要求交换机具有大容量的存储空间、高速的分析能力，且能处理各种类型的分组。

(2) 分组越多，分组头部的附加信息就越多，影响效率。

分组交换的应用比较广泛，它是数据通信网，包括大名鼎鼎的互联网，所选择的基本交换方式，也是下一代网络的主要形式。

分组交换方式又可分为虚电路和数据报两种方式，如图6-1所示。

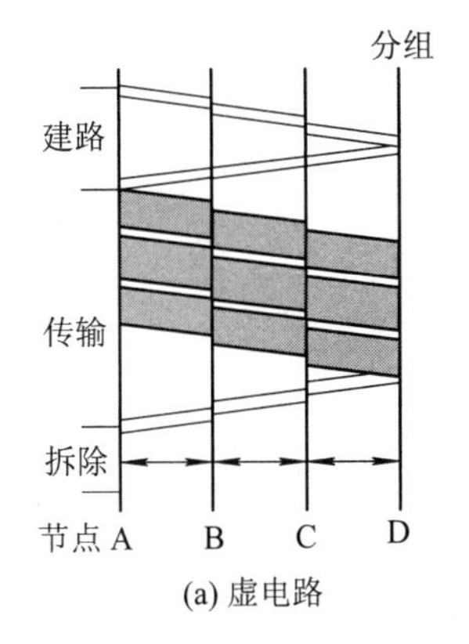

(a) 虚电路

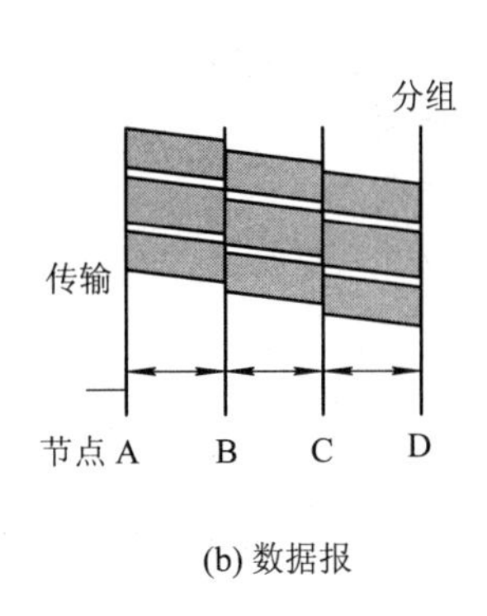

(b) 数据报

图6-1　虚电路和数据报交换方式的区别

1．虚电路(Virtual Circuit)

虚电路有以下特点：

(1) 有呼叫建立、数据传输和释放清除三个阶段。

(2) 由于路径是预先建好的，因此传输过程中，不再进行路由选择。

(3) 虽然该用户的所有分组都只经同一条路径传输，但该路径上不止这一个用户。因此传输的结果是“顺序而不连续”的。

(4) 时延比数据报小，且不易丢失。

虚电路又可分为：

(1) 交换虚电路(Switched Virtual Circuit，SVC)。如同电话电路一般，需要“呼叫建立、发送、拆线”三个阶段。

(2) 永久虚电路(Permanent Virtual Circuit，PVC)。如同专线，两终端在申请合同期间，无须呼叫建立与拆线。

2．数据报(Datagram)

数据报有以下特点：

(1) 无须呼叫和释放阶段，只有传输数据阶段，消除了除数据通信外的其他开销。

(2) 各分组可沿任意不同的路径传输，每途径一个节点都需要选择下一跳路由。

(3) 灵活方便，对网络故障的适应能力较强，特别适合于传送少量零星的信息。

(4) 数据分组传输时延离散度大，且不能防止分组的丢失、重复或失序问题。

有关“数据报”和“虚电路”孰优孰劣的问题，主要取决于是否需要网络提供“端到端的可靠通信”。OSI以前按传统电信网的方式来对待分组交换网络，把重点放在了加强网络本身的可靠性上，不要求用户来负责可靠性，因此提倡选择虚电路。而ARPANET则承认计算机网络在可靠性上的缺陷，要求由用户负责一部分可靠性，因而更多的选择数据报传输方式，以此来简化协议模型的第三层。

6.2.3 分组交换网络的结构

分组交换网基本结构包括 7 大部分：

① 节点交换机；

② 数据终端；

③ 分组拆装设备(PAD)；

④ 远程集中器；

⑤ 网络管理中心；

⑥ 传输线路；

⑦ 调制解调器。

其中，分组装拆设备(PAD)是终端与网络的接口，负责整合信息，使之满足网络传输。例如，非分组数据与分组数据之间的转换，划分分组，并在分组包上加上字头、校验码。完成分组后，在 PAD 至交换机的中速线路上，PAD 还需完成交织复用等功能。而远程集中器(PCV)则可看成是 PAD 的扩充。分组交换网络的基本结构如图 6-2 所示。

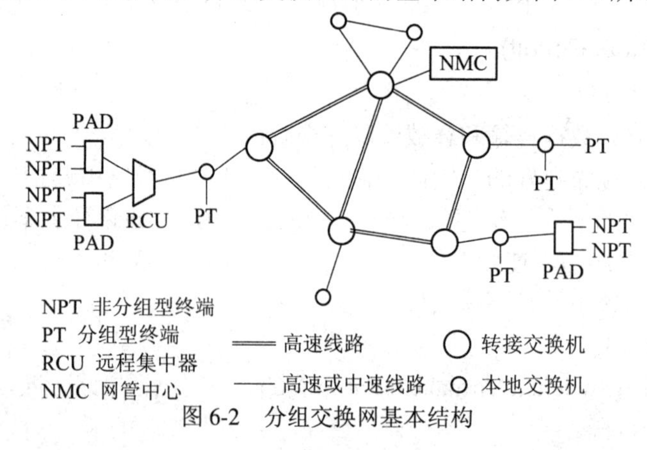

图 6-2 分组交换网基本结构

6.2.4 分组交换的应用

1993 年，我国建成投产了中国公用分组交换数据网(China Public Packet Switched Data Network，China PAC)，这是中国信息产业部经营管理的公用分组交换网，以 X.25 协议为基础，可满足不同速率、不同型号终端之间，终端与计算机之间，计算机之间以及局域网之间的通信。资费比 DDN 专线便宜，适用于速率低于 64K 的低速应用场合。例如，金卡工程中的 POS 机(用于商场刷卡消费)，由于其业务量小，但实时性要求高，就可采用 X.25 分组网方案。

6.3 帧 中 继

帧中继(Frame Relay，FR)又名第二代 X.25，或快速 X.25、X.25 流水线方式。帧中继是一种用于连接计算机系统的面向分组的通信方法。它主要用在公共或专用网上的局域网互联以及广域网连接。

6.3.1　概述

帧中继的诞生离不开两大背景原因：一是依赖于光纤等能够大大降低传输差错的新型传输介质；二是得益于智能化终端等可以进行差错检验节点。在这两大因素下，帧中继在第 2 层省略了差错纠正功能、流量控制功能，因此减轻了网络的负担，进而把原本由第 3 层负责的路由功能，放到第 2 层，把原 X.25 的 3 层模型简化为只有 2 层，减少了节点处理时间。图 6-3 给出了传统 X.25 网络和帧中继在层次结构上的区别。

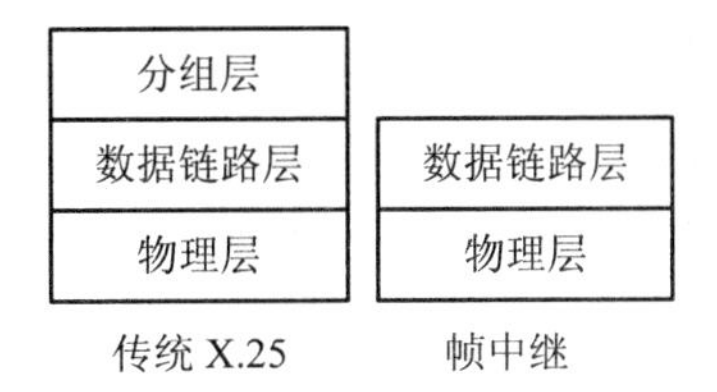

图 6-3　传统 X.25 与帧中继的层次结构

6.3.2　帧中继的工作原理

帧中继的帧，是长度可变的，且最大长度超过 X.25，最高可达 1600 字节/帧。因此，帧中继可以减少分段重组的次数，更加适合于封装突发业务。例如局域网数据、压缩视频业务、WWW 业务等，都是帧中继很好的选择。帧中继的帧结构如图 6-4 所示。

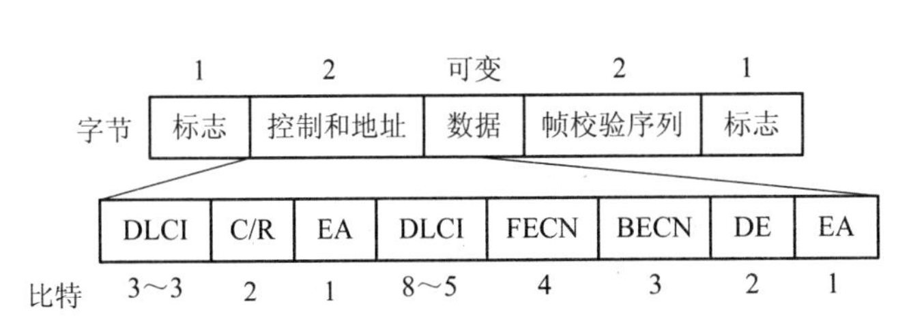

标志字段：标志帧中继帧的开始和结束；
数据字段：包含上层的协议数据；
帧校验序列：保证传输数据的完整性；
DLCI：数据链路连接标识符，标识目的虚电路；
C/R：命令/响应位(帧中继中不使用)；
EA：地址扩展位；DE：丢弃标志位；
FECN：前向拥塞通知；BECN：后向拥塞通知

图 6-4　帧中继的帧结构

帧中继和 X.25 在帧的组建和传输过程中也有所不同：X.25 在第 2 层中采用了平衡链路访问规程(Link Access Procedure Balanced，LAPB)，而帧中继的第 2 层采用帧方式链路访问规程(Link Access Procedure on Frame，LAPF)。它们都是 HDLC 的子集。

由于没有第 3 层，帧中继的帧直接通过交换机，也就是说，交换机在帧的尾部还未收到之前，就可以把帧的头部发送给下一个交换机，因而被称为流水线方式。一旦出错，网络不负责纠错，立即丢弃，由高层协议发出重传请求，然后由智能化用户端(如计算机)负责重传。这样一来，花费的时间要比 X.25 多，因而帧中继仅在误码率极低的网络(如光缆)中才可行。图 6-5 对比了分组交换网与帧中继的确认方式，从中可以看到：分组交换网每传输一次数据均需反馈证实，而帧中继则省略了这个步骤，从而加快了传输速度。

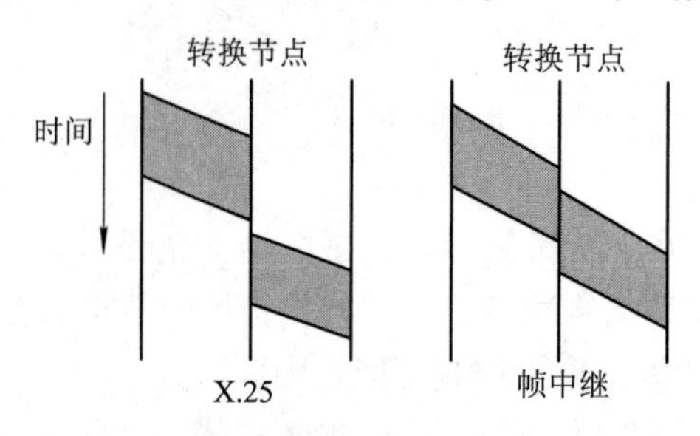

图 6-5　分组交换网与帧中继的确认方式对比

为了提高传输率，帧中继未用“滑动窗口”进行流量控制。因此，对于帧中继来说，拥塞控制就显得尤为重要。帧中继在轻度拥塞时，实行拥塞避免。帧中继利用显式信令来避免拥塞，采用前向拥塞通知(FECN)和后向拥塞通知(BECN)结合使用的方式。当帧穿过一交换节点时，若网络拥塞，就将 FECN 比特置“1”，在接收端收到 FECN 置“1”的帧，要通知发送端减速，直到拥塞减退。当交换机发现拥塞时，也可以在向后传播的帧中将 BECN 比特置“1”，通知发送端减速。这样就可以避免拥塞的发生。

如果遇到了严重的拥塞，帧中继会实行拥塞恢复，启动丢弃帧的机制。先丢弃不重要的帧(丢弃指示位 DE=0)，接着每隔 N 帧丢弃一帧，当 N=1 时，所有帧都将被丢弃。

6.3.3　帧中继的特点

帧中继具有以下五个优势：

(1) 高效性。帧中继采用了统计复用的方式，简化了节点间的协议，更加能够适用于突发性的大数量数据。

(2) 经济性。在帧中继有空余带宽时，可“偷占”其他用户空闲的多余带宽，而只需要缴纳预定带宽的费用。

(3) 可靠性。帧中继的传输线路质量好，终端智能化程度高。

(4) 灵活性。帧中继的协议更加简单，因此原有 X.25 接口只需软件升级，不需改硬件。

(5) 长远性。帧中继的技术已经成熟，能够很好地满足 64 kb/s～2 Mb/s 的速率范围。

帧中继特点和优点之一是它的“约定信息速率(简称 CIR)”机制。传统数据通信(如 DDN)，用户预定 64K 的电路，就只能以 64 kb/s。而帧中继，用户预定的是 CIR，实际可高于 CIR，而收费依旧按 CIR 来定，并且其费用是相同 DDN 专线带宽收费的 40%。

例如：某用户预定了 CIR、Bc(承诺突发量)和 Be(超过的突发量)。网络会监测用户的入网业务流量。具体为：

(1) 在时间段 T 内，输入的比特数之小于 Bc，那么该帧就不用标记保证传输。

(2) 在时间段 T 内，输入的比特数之和大于 Bc，但小于 Bc+Be 时，网络就对帧中的 DE(丢弃标志位)字段打上标记(DE 置“1”)，被标记的帧再送给网络，如果此帧得不到资源的话，就可能丢弃。

(3) 在时间段 T 内，输入的比特数之和大于 Bc+Be 时，网络会限制发端用户的速率，或丢弃数据。

6.3.4　帧中继的应用

1991 年美国第一个帧中继网——Wilpac 网投入运行，覆盖了全美 91 个城市。20 世纪 90 年代初，芬兰、丹麦、瑞典、挪威等国，联合建立了北欧帧中继网 WordFRAME。1993 年以后以平均每年 300%的速度增长，北美、欧洲及亚太地区各有十多个帧中继运营网络。

在我国，杭州电信于 1995 年借助帧中继技术，使浙江建设银行首次实现了通存通兑。1997 年 China FRN(中国国家帧中继骨干网，又名中国公用帧中继网)初步建成，覆盖了大部分省会城市，由原邮电部颁布了试运行期间的指导性的收费标准。中国电信为了推广帧中继业务，在 1997 年 12 月，专门赞助主办了北京、上海、东京、名古屋四城市间的网络围棋赛，以 384 kb/s 的帧中继，来传送四地棋手的活动画面。1998 年，各省帧中继网也相继建成，许多银行都采用了帧中继方案。但随着技术的高速发展，帧中继不再是业界的宠儿，如杭州电信就在 2003 年用 10 兆的光纤网代替了帧中继技术。

图 6-6　帧中继测试仪

图 6-6 给出了一个典型的手持式帧中继测试仪。它可以让使用者按一个键就完成多项功能，包括：检验物理线路、建立到帧中继网络的连接、验证提供的 DLCI 是否正确，以及提供到远端设备的 IP 层的连接验证。

6.4　ATM 交换

异步转移模式(Asynchronous Transfer Mode，ATM)是实现 B-ISDN 业务的核心技术之一。所谓“异步”，指的是收发端不同步，由插、删空信元来协调。与“异步转移模式”相对应的是“同步转移模式(Synchronous Transfer Mode，STM)”。两者的区别如图 6-7 所示：在同步转移模式中，同一用户在复用组成帧结构之后，总是位于每一帧的同一时隙中。该时隙周期性的出现，传输时可以以帧内的时隙来识别通路。而异步转移模式中，同一用户的信息在公共信道中的位置是不确定的，不具备时间规律。

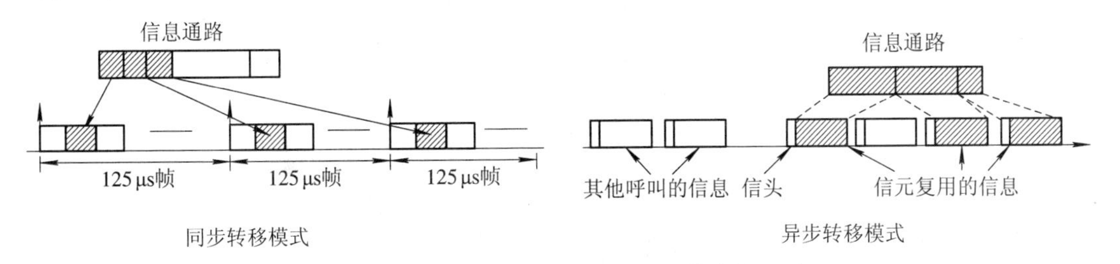

图 6-7　同步转移模式和异步转移模式的区别

6.4.1　ATM 技术的产生及特点

ATM 的产生背景和帧中继一样，源于光纤等误码率低，信道容量大的传输介质和智能化终端的普及。在这样的前提条件下 ATM 也把差错控制、流量控制等功能放到高层处理，从而把第 2 层协议简化得只需硬件就可实现，缩短了交换节点的时延。并且 ATM 使用的虚通路，它的比特率只受 UNI 接口的物理比特率的限制，而用户环路线都采用高频特性良好的电缆和光缆。所以 ATM 属于快速分组交换(Fast Packet Switching，FPS)——与之对应的是快速电路交换(Fast Circuit Switching，FCS)。

6.4.2 ATM 的信元结构

ATM 采用的是信元(cell))中继方式。所谓信元，指的是一种特殊的传输单位，它的长度是固定的。根据 I.361 建议中的规定，ATM 信元长度固定为 53 字节(5 字节信头+48 字节净负荷=53 字节，即 53 × 8 bit = 424 bit)，其分层模型，也就是 B-ISDN 的层次结构如图 6-8 所示。

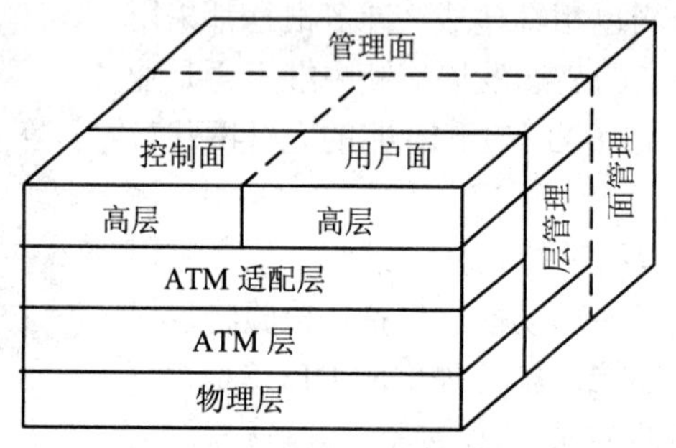

图 6-8　ATM 的分层模型

在 ATM 的分层模型中，数据链路层被分为了 ATM 层和 ATM 适配层。其中，ATM 层负责 5 字节的信头。传输时，信头先从第 1 字节开始顺序向下发送，在同一字节中从第 8 比特开始发送，如图 6-9 所示。每 48 字节的负载就需要 5 字节的信头，其开销高达 10%，这同时也是 ATM 的一个缺陷。

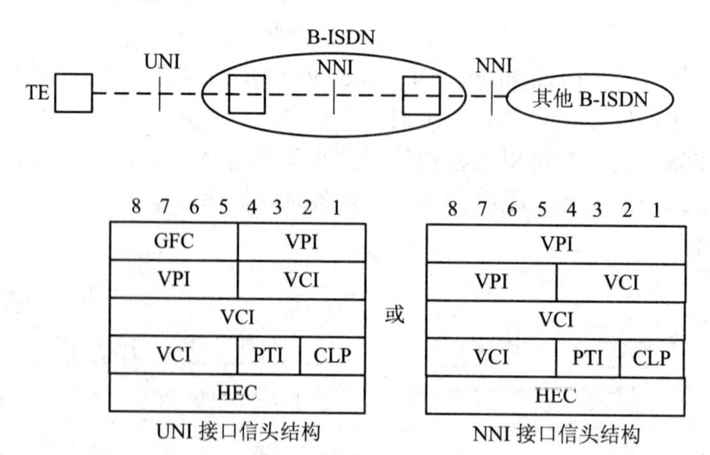

图 6-9　ATM 的信元格式

根据所处位置的不同，ATM 的信头可分为 UNI 信头和 NNI 信头，如图 6-9 所示。UNI(User-Network Interface)是用户与网络接口，此处的 ATM 的信头中包含 GFC(流量控制功能)；NNI(Network-Network Interface)是网络与网络间的接口，其信头中无 GFC。

ATM 的信头中各部分功能如下。

(1) 一般流量控制(Generic Flow Control，GFC)。一般流量控制有 4 bit，它只用于 UNI 信头，即只在本地有意义，当信元从用户端进入网络时，将被遇见的第一个交换机移除，不在网络内传输。若 GFC=0000 则表示不接受控制的接入。

(2) 虚路径标识(Virtual Path identifier Identifier，VPI)。虚路径标识在 NNI 中为 12 bit，UNI 中为 8 bit。

(3) 虚信道标识(Virtual Channel Identifier，VCI)。虚信道标识有 16 bit。VPI 和 VCI 的工作方式如图 6-10 所示。

(4) 净荷类型(Payload Type Identifier，PTI)。净荷类型有 3 bit。它表示是用户数据还是操作管理数据(Operation Administration and Maintenance，OAM)，是端到端的还是分段的等信息。

(5) 信头丢弃优先级(Cell Loss Priority，CLP)。信头丢弃优先级有 1 bit。CLP = 0 时为安全传输，表示该信息是重要的，不会被丢弃；CLP=1 时为最佳效果传输，表示此信息不太重要但仍被传输了。一旦出现拥塞，网络将会释放资源，到时候该信息就有可能被丢失。

(6) 信头差错控制(Header Error Control，HEC)。信头差错控制有 8 bit，检测有错误的信头，可纠正信头中 1 bit 的信头错误，但不检测净负荷数据段中的错误。同时，HEC 还能起到信元定界的作用，利用 HEC 和它之前的 4 字节的相关性可识别信头位置。

6.4.3　VP 交换和 VC 交换

ATM 没了第 3 层，其第 2 层需要做到原来由第 3 层负责的路由选择功能。ATM 采取的方式是通过 VPI 和 VCI 中存储的信道标志来描述单向路由的寻址过程，如图 6-10 所示。VPI 和 VCI 都是逻辑信道，即信头中具有相同的 VCI 的信元流构成了同一条 VC，相同 VPI 的就属于同一条 VP。需要改变路径时，只需由 ATM 层负责修改信头中的 VPI 和 VCI 数值即可。物理实现较简单，可由硬件直接完成。

(1) VC 交换。交换节点根据目的地，可先终止 VC 连接，再同时修改 VCI 的值。但 VC 交换需与 VP 交换同时进行，也就是说 VCI 的值发生改变时，VPI 值也必然会随之改变。VC 连接终止时，相应的 VP 连接也就终止了。此 VP 上的各 VC 连接各奔东西，加入到各个新的 VP 中。

(2) VP 交换。VP 是由多条 VC 复用成的 VC 集束，1 个 VP 可容纳多达 65 356 个 VC。VP 交换时，VCI 的值可以不变，仅对 VP 进行单独交换。

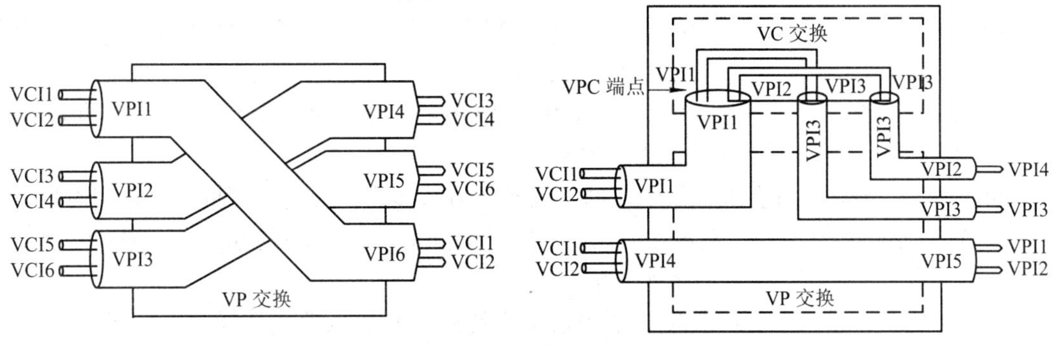

图 6-10　VC 交换和 VP 交换

6.4.4 ATM 适配层(AAL)

ATM 适配层(ATM Adaptation Layer，AAL)可以使上层不必顾忌下层是否采用了 ATM。AAL 主要负责 ATM 层与高层之间的信元转发过程，它把高层信元分割成 ATM 信元来传输，收到后再重组。它可以再次细分为以下两个子层。

(1) 会聚子层(Convergence Sublayer，CS)子层。在 AAL 的上半部，负责信息(如 IP 数据)的分割准备，使对端 CS 能凭此还原该信息。

(2) 分段/重组/拆装子层(Segmentation And Reassembly，SAR)。CS 子层处理后，SAR 负责数据包切割成 ATM 信元净荷段，在接收侧将 ATM 信元净荷重新组装成高层信息单元。

AAL 支持不同的流量或服务类，把业务分为 ABCD 四类，如表 6-1 所示。

表 6-1 AAL 的几种业务和对应的协议

业务类型	速率类型	协议类型	传输特性	速率特性	连接特性	业务列举
A 类	CBR	AAL1	端到端	恒定速率	面向连接	例如 64K 速率语音、固定速率的非压缩视频和专用数据网络的专线。 AAL1 提供定时信息、结构信息、一定的纠错能力和报错功能
B 类	VBR	AAL2	非端到端	不恒定速率	面向连接	AAL2 要求其发送需要有限延时，并同时传送业务时钟信息。 例如压缩包语音或视频。对于接收方要重组原始的非压缩语音或视频来说
C 类	ABR	AAL3/4 或 AAL5	非端到端	不恒定速率	面向连接	这种服务提供可变比特率但不需要为传送过程提供有限延时
D 类	UBR	AAL3/4 或 AAL5	非端到端	不恒定速率	无连接	例如数据报流量，数据网络应用程序

6.4.5 ATM 的优缺点

ATM 具有不少显著突出的特点。

(1) 高效。不同信源的各种信号，在信道中等长分割后，只选择有效单元。

(2) 利用率高。混合(并行)传输，便于统计复用，优化带宽分配，提高利用率。所以两信息流经 ATM 交换机后，总带宽小于两者之和。

(3) 速率灵活。用信息的首部或标头(VPI，VCI)来区分不同的信道。ATM 能够灵活适应各种速率、各种传输质量的要求和各种业务。

(4) 实时性强。信息在最低层是以面向连接的方式传送，像电路交换一样，实时性强。既可工作于确定方式(即信元基本上周期出现)，以支持实时型业务；也可工作于统计方式(即信元不规则地出现)，以支持突发型业务。

(5) 路由能力差。由于是在第 2 层用信头代替第 3 层完成路由选择，所以连接建立信令过于复杂，路由灵活性差，在传输较短数据时，效率低。例如在上网时，不断地点击各

种链接，若用 ATM 交换机来建立链接，则建立时间比 HTTP 的数据传输还要长。

(6) 性能不突出。支持话音业务不如公共交换电话网(PSTN)，支持数据业务不如千兆以太网。

(7) QoS 保证。ATM 是有服务质量 QoS 保证的，信令中包含带宽、时延等信息；而 IP 是无服务质量，路由器“尽力”转发每个分组。

6.4.6 ATM 与 IP 技术的融合

近年来，随着 IP 网的发展和成本的降低，IP 技术成了大势所趋，为了适应 IP 带来的挑战，ATM 也发展了一些过渡的模式：

1. 重叠/覆盖模式

在路由器之间引入 ATM 交换设备。把 ATM 层看成是第 2 层，AAL 只是其上的附加。把 ATM 看成是和以太网、令牌环、X.25 分组交换网等物理网络一样的一种异构网络。交换在第 3 层以下，由硬件实现，这种可以缩短时间。把 ATM 适配器视为一般 LAN 网络适配器，作为 IP 协议栈的一个网络接口，而无须修改现有的高层。

这种方式效率比较低，地址和路由功能有重复。常见的以下几种技术。

(1) 局域网仿真(LAN Emulation，LANE)。又称仿真局域网 ELAN，用 ATM 互联 LAN 和终端。在 ATM 网上，建立新的模拟/仿真 LAN。对高层的 IP 协议来讲，这个 ATM 网和普通 LAN 一样。LANE 对 LAN 隐藏 ATM，所以不用修改终端设备。一次只能仿真一种 LAN(令牌环或以太网)。LANE 无冲突，无令牌，不能利用 ATM 提高 QoS 特性，LANE 间路由器成为瓶颈。

(2) 经典的传统 ATM 上传送 IP(IP Over ATM，IPOA)。源端先和路由器建立 ATM 连接，再和目的端建立 ATM 连接。此时，路由器常成为瓶颈。解决的方法是用“下一站解析协议 NHRP”建立直达路由。IP 包先封装成 LLC 帧，再封装成 ATM 信元。可以利用 ATM 网络的业务质量 QoS，因此能够支持多媒体业务。ATM 端点同时使用 ATM 地址和 IP 地址，用 ATM 路由协议为 IP 分组选择路由，用 ATM 地址解析协议(ARP)，把 IP 地址映射为 ATM 地址。第二层(ATM)和第三层(IP 层)中地址、路由选择重复，且只支持 IP 网络，不支持广播和多播。因为 IP 广播和多播地址无法映射到 ATM 地址上。IPoA 无默认路由，所以在地址解析、路由选择和连接建立未完成前，无法传输，增加了连接建立的延时。

(3) 多协议 MPOA(MultiProtocol Over ATM)。基本上是 LANE 和下一站协议 NHRP 的组合，克服 IPOA 和 LANE 的一些缺点。

2. 集成/综合模式

这种模式把 ATM 层看做 IP 的对等层。将第 3 层的路由选择与第 2 层的交换功能综合起来。

用 IP 地址来标识 ATM 端点，在 ATM 网内，用第 3 层的路由协议，而不需要地址解析。集成模式增加了 ATM 交换的复杂性。信元传送代替了 IP 分组，所以效率较高。

(1) IP 交换。把无连接的 IP 与面向连接的 ATM 结合在了一起。硬件上，IP 交换机由 IP 交换控制器与 ATM 交换器两部分组成。

IP 交换对数据进行了分类：持续期长、业务量大的业务，如 FTP、TELNET、HTTP，用 ATM 虚通路，以便快速直通；持续期短的业务，如 DNS、SMTP，则用传统的缺省路径转发。

(2) 多协议标记交换(MultiProtocol Label Switching，MPLS)。MPLS 把分组头分类替换为简单的标记，从而用硬件完成路由表的检索。MPLS 同时也是下一代网络的常用协议之一。

6.4.7 ATM 的应用

ATM 曾经盛极一时，凭借其高 QoS 保证和弹性扩容的优势，在企业、银行等各个行业中大面积应用。2000 年前后，江苏省、山东省，以及各县级的电力系统主干通信网，纷纷采用 ATM 技术作为组网方案。2002 年，上海贝尔凭借 ATM 解决方案，赢得了上海莘庄至闵行轻轨交通线传输子系统项目。2004 年，中国民航以 ATM 技术为核心，以高速数字电路和数据卫星网络为传输干线，对原有数据网进行改造，建成了一个以民航现有体制为基础的层次化网状结构。该网络实现了覆盖民航所有机场、具有电信级可靠性和可用性的基础网络平台，能同时提供包括 ATM 业务、IP 业务、电路仿真、局域网互连、程控电话交换机互连等多种业务接入。ATM 在民航通信中的作用一直发挥到现在。2005 年，无线 ATM(WATM)接入技术被应用在军事通信网中。同时，在 3G 移动通信网络传输上，ATM 多有应用。

不过，近年来，抵不过 IP 技术的大势所趋，ATM 也由盛转衰，逐渐被 IP 替换了。

6.5 IP 技术

21 世纪是信息的时代，随着计算机的发展和普及，计算机网络技术作为一门重要的科技手段已经深入到人们和社会生活发展的众多领域。计算机网络能将地理位置不同、具有独立功能的多台计算机及其外部设备通过通信线路连接起来，在网络操作系统、网络管理软件及网络通信协议(Protocol)的管理和协调下，实现资源共享和信息传递。而计算机网络采用的协议中，最基本的就是 TCP/IP。

6.5.1 分层协议

网络协议是通信双方的约定或对话规则，是用来描述进程间信息交换过程的术语，是网络和分布系统中互相通信的同等层实体间，交换信息时必须遵守的规则的集合。在通信网络中，有为数众多的协议，要让这么多协议更好地协同起来工作，这就需要对协议分层。分层有一系列的好处：

(1) 独立。各层相互独立，对于某一个层来说，不需知道它上下层，而仅仅知道层间接口即可工作。

(2) 灵活。任一层发生变化时，只要接口关系保持不变，则可以只限制在直接有关的层内，而上下相连的层均不受影响。当某层提供的服务不再需要时，还可将这层取消。

(3) 等级分明。每一层都为其上一层提供服务，而与其他层的具体实施无关。

(4) 方便。分层结构通过把整个系统分解成若干个易于处理的部分，而使一个庞大复杂系统的实现、调试和维护等变得容易。

(5) 开放。系统的开放性，是指这个系统可以与世界上任何地方遵从相同标准。分层可促进标准化工作。每一层功能所提供的服务都有精确说明。

目前在各种分层方案中，计算机体系结构最主要的有 OSI、TCP/IP 和 IEEE 802 三种。OSI 是国际标准化组织(International Organization for Standardization，ISO)颁布的开放系统互联基本参考模型(Open Systems Interconnection Reference Modle，OSI/RM)。它提供了一个共同的基础和标准框架，并为保持相关标准的一致性和兼容性提供共同的参考。不过 OSI 模型虽然类似于“大而全”，但在实际使用中，却远不及 TCP/IP 流行。

6.5.2 TCP/IP 协议

如今，大多数计算机网络都使用 TCP/IP 体系结构。它是一个协议族，TCP 和 IP 是其中两个最重要的且必不可少的协议，故用它们作为代表命名。TCP/IP 结构被形容为是“两头大中间小的沙漏计时器”。因为其顶层和底层都要许多各式各样的协议，IP 位于所有通信的中心，是所有应用程序共有的唯一协议。

TCP/IP 的体系结构由四层组成。

第一层：网络接口层，定义了 DTE 和 DCE 间的线路功能，完成数据帧的封装、差错校验和物理地址的寻址。

第二层：互连层，定义了基于网络层地址(如 IP 地址)和网络拓扑，并进行路径选择。IP 协议就是属于这一层。计算机网络的网际互连设备中，路由器也是工作在这一层的。

第三层：传输层，负责确保端到端的透明传输。其典型协议有 TCP 和 UDP 两个。

第四层：应用层，是网络服务与使用者应用程序间的接口。应用层的协议为数众多，HTTP、DNS、SMTP、WWW 等为用户熟知的计算机网络协调都属于这一层。

OSI 与 TCP/IP 体系结构对比见图 6-11。

<table>
<tr><th colspan="2">OSI 参考模型</th><th colspan="2">TCP/IP 参考模型</th></tr>
<tr><td>7</td><td>应用层</td><td rowspan="3">4</td><td rowspan="3">应用层</td></tr>
<tr><td>6</td><td>表示层</td></tr>
<tr><td>5</td><td>会话层</td></tr>
<tr><td>4</td><td>传输层</td><td>3</td><td>传输层</td></tr>
<tr><td>3</td><td>网络层</td><td>2</td><td>互连层</td></tr>
<tr><td>2</td><td>数据链路层</td><td rowspan="2">1</td><td rowspan="2">网络接口层</td></tr>
<tr><td>1</td><td>物理层</td></tr>
</table>

图 6-11 OSI 与 TCP/IP 体系结构对比

从图 6-11 可以看出，TCP/IP 体系结构比 OSI 模型更简便、更流行，是一个被广泛采用的互连协议标准，它与 OSI 的区别如下。

(1) OSI 层次多，而 TCP/IP 体系结构更简便。

(2) OSI 把“服务”与“协议”的定义结合起来，格外复杂，软件效率低。

(3) TCP/IP 可以允许像物理网络的最大帧长(Maximum Transmission Unit，MTU)等信息向上层广播。这样可以减少一些不必要的开销，提高数据传输的效率。

(4) OSI 对服务、协议和接口的定义是清晰的，而忽略了异种网的存在，缺少互连与互操作。

(5) OSI 只有可靠服务，而 TCP/IP 还有不可靠服务，灵活性更大。

(6) OSI 网络管理功能弱。

其中，TCP(Transport Control Protocol，传输控制协议)是一种位于第四层的可靠协议。提供面向连接且可靠的传输。确保传输是无错、按序的。TCP 在建立连接时，采用“三次握手”方式，防止已失效的连接请求突然又传到接收端。

当然，在第四层，TCP 并不是唯一的选择，用户数据报协议(User Datagram Protocol，UDP)也是一种常见的四层协议。但它是一种无连接、不可靠、无拥塞控制、不应答的传输方式。TCP 的首部需 20 个字节，而 UDP 只有 8 个字节的首部开销，因而更加简单、高效。UDP 适合较短的信息，如那些能自己代替 TCP 进行排序、流量控制的应用程序，以及一些把速率看得比准确率更重要的应用程序，如传输语音或影像。

而 IP 协议则是一种网络层的主要协议，其主要功能是无连接数据报传输、路由选择和差错控制。数据报是 IP 协议中传输的数据单元。数据报传输前并不与目标端建立连接即可将数据报传输，路由选择会给出一个从源到目标的 IP 地址序列，要求数据报在传输时严格按指定的路径传输。

IP 地址是 IP 协议提供的一种地址格式，它为 Internet 上的每一个网络和每一台主机分配一个网络地址，以此来屏蔽物理地址(网卡地址)的差异。IP 地址就像房屋上的门牌号，就像电话网络里的电话号码。它是运行 TCP/IP 协议的唯一标识，网络中的每一个接口都需要有一个 IP 地址。若一台主机安装了两块网卡，每个网卡连接一个不同的网络，则这两个网卡须各自拥有一个 IP 地址，称为“双宿主设备”。主机名和 IP 地址注册就是将主机名和 IP 地址记录在一个列表或者目录中，注册的方法有人工、自动、静态、动态等多种方式。IP 地址先后出现过多个版本，但多只存在于实验与测试论证阶段，并没有进入实用领域。得到广泛使用的只有 IPv4(Internet Protocol version 4，IP 地址的第 4 个版本协议)和 IPv6。

6.5.3 多协议标记交换(MPLS)

提出 MPLS 的初始动机是实现更高速的路由转发。因为传统的路由器网络存在两个致命的缺陷：一是业务的服务质量难以得到保证；二是网络的扩展性差。IETF 在综合各厂家 IP 交换技术，尤其是 Cisco 的标记交换的基础上提出了标准的 IP 交换技术——多协议标签交换(Multi Protocol Label Switching，MPLS)，从而解决了 IP 交换技术的标准化和各厂家 IP 交换设备的互操作问题。

MPLS 工作组的主要目标是开发一个综合选路和交换的标准。因此，MPLS 合并了网络层选路和标签交换，而形成一个单一的解决方案，它有如下的优点：

(1) 改善选路的性能和成本。

(2) 提高传统叠加模型选路的扩展性。

(3) 引进和实施新业务时更具灵活性。

MPLS 采用 IP 寻址、动态 IP 选路和另一个标签分发协议(LDP)，LDP 把等价转发类(FEC)映射成标签而后形成标签交换路径(LSP)。MPLS 的传输原理如图 6-12 所示。

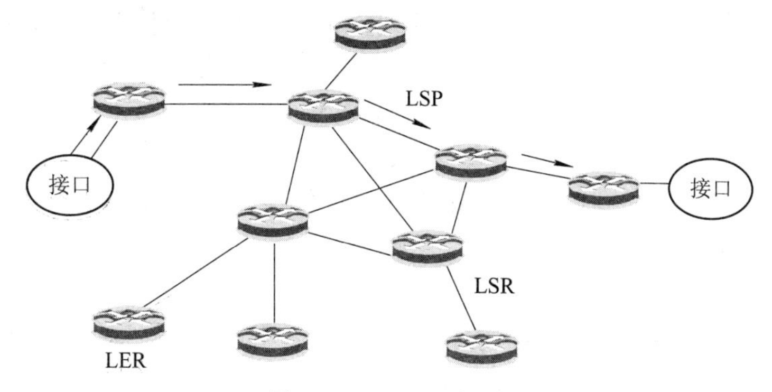

图 6-12　MPLS 原理图

1. MPLS 中的常用术语

1) 转发等价类(FEC)

这是指一组具有相同特性的 IP 数据包，在转发过程中被以相同的方式处理。MPLS 采用 FEC 作为标签来处理 IP 分组，转发等价类在相同路径上被转发，以相同方式处理并被一个 LSR 映射到一个单一标签的一组 IP 分组。一个 FEC 可以被定义为将分组映射到一个特定径流的一个操作符。

常见的 FEC 划分方法有以下几种：

- 源/目的 IP 地址；
- 源/目的端口号；
- IP 地址前缀；
- 区分服务标记 DSCP；
- IPv6 流标记。

2) 标签(Label)

在传统的路由器中，分析每个分组头，以确定下一站转发地点。但是在 MPLS 中，只需要在 MPLS 网络的入口端处理一个流束的所有分组，对属于同一个流束的分组将被用一个固定长度的字段加以编号。这一字段在 MPLS 里被称为标签(Label)。

标签(Label)是一个包含在每个分组中的短固定的数值，用于通过网络转发分组。一对 LSR 在标签的数值和意义上一致。标签格式依赖于分组封装所在的介质。一个具有本地意义的固定长度的标识，用于标识一个 FEC。标签位于链路层包头和网络层分组之间，它的结构如图 6-13 所示。

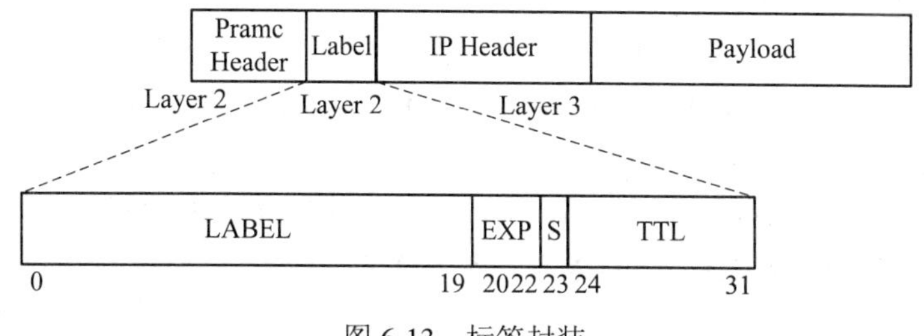

图 6-13　标签封装

标签长度为 4 个字节。标签共有 4 个域：

- Label 域。Label 域共有 20 bit，它是标签值字段，相当于一个用于转发的指针；
- Exp 域。Exp 域有 3 bit，它是保留字段，是预留给试验使用的，现在通常用做存储服务等级(Class of Service，CoS)；
- S 域。S 域只有 1 bit，它是栈底标识。MPLS 支持标签的分层结构，即多重标签，S 表示标签栈是否到底。当 S=1 时，表示该标签为栈中的最后一个标签，即最底层标签。
- TTL 域。TTL 域共有 8 bit，它和 IP 分组中的生存时间(Time To Live，TTL)意义相同，用来防止数据在网上形成环路。

3) 标签栈

标签栈是一个排序的标签集。在一个分组中添加标签栈，可以隐含地承载多于一个 FEC 的信息。标签栈可以使 MPLS 支持分级选路，并且汇聚多个 LSP 到一个单一的中继 LSP 上。

4) 标签交换路径(LSP)

标签交换路径(LSP)是一个入节点与一个出节点之间的一条路径。其功能是使具有一个特定的 FEC 的分组，在传输过程中经过的所有标签交换路由器集合构成传输通路。标签交换路径(LSP)由 MPLS 节点建立，目的是采用一个标签交换转发机制转发一个特定的 FEC 分组。

标签交换路径 LSP 又分为逐跳路由 LSP 和显式路由 LSP。

- 逐跳路由 LSP。允许每个 LSR 独立地为每个 FEC 选择下一跳；
- 显式路由 LSP。由入口 LSR 事先确定，入口 LSR 将确定的路径作为请求消息的参数，通过请求消息来引导 LSP 的建立。显式路由 LSP 的形成过程如图 6-14 所示。

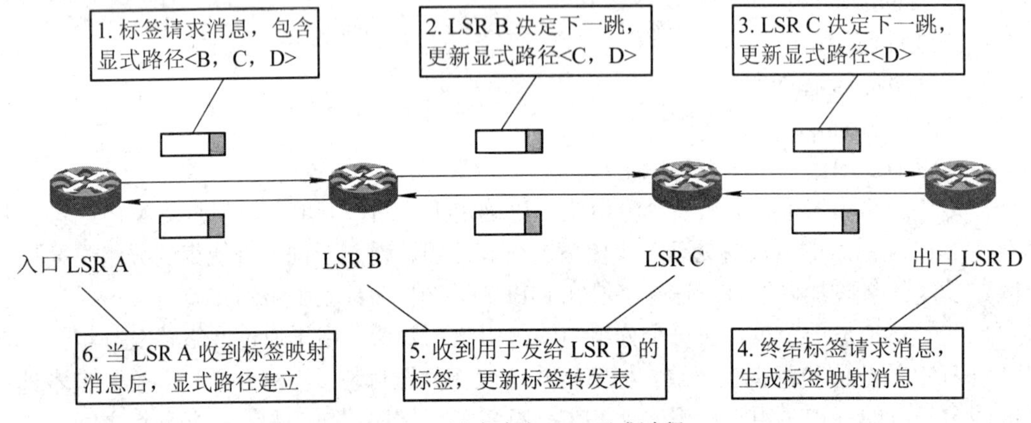

图 6-14　显式路由 LSP 形成过程

5) 标签分配协议 LDP

FEC/标签绑定信息的过程被称之为“标签分发”。标签分发的目的是形成一个 LSP。标签分发是通过标签分发协议(LDP)来完成的，或通过现有的控制协议(如 RSVP 和 BGP)来传输 FEC/标签绑定信息。

标签分发协议 LDP 是 MPLS 的控制协议，用于在 LSR 之间交换 FEC/标签绑定信息。LDP 在 MPLS 领域中用于建立、拆除、维护 LSP 的“信令”。MPLS 建议了两种标签分发方式：

- 上游请求方式。上游标签交换路由器 LSR 为某个 FEC 向下一跳 LSR 请求分配标签；
- 下游分配方式。不需要上游请求标签直接将标签绑定信息发送到上游。

标签的分配过程如图 6-15 所示。从图 6-15 中可以看出：标签的分配过程实际上就是建立 LSP 的过程。MPLS 支持三种标签分配协议：普通标签分配协议 LDP、限制路由的标签分配协议 CR-LDP 和扩展的资源预留协议。

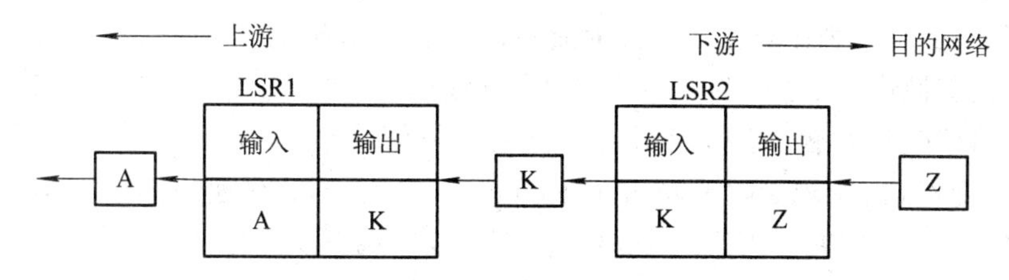

图 6-15　标签的分发方式

其中，普通 LDP 的消息又包括 4 种类型：

- 发现消息。发现对方 LSR 的存在；
- 会话消息。在双方间建立、维护和结束会话的连接；
- 通告消息。创建、改变和删除特定的 FEC 与标签的绑定；
- 通知消息。提供建议性的消息和差错信息。

普通 LDP 的工作过程如图 6-16 所示。

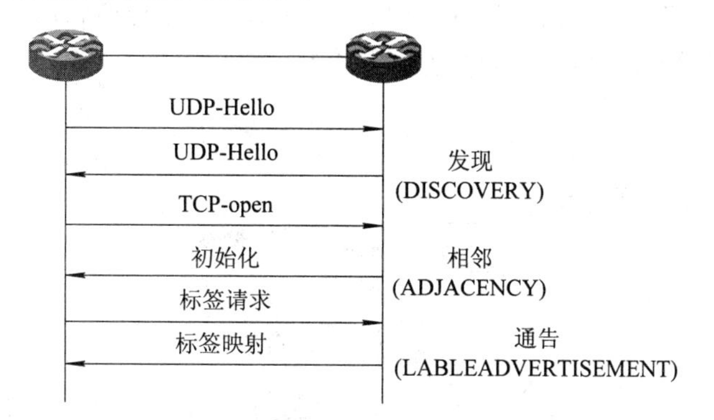

图 6-16　普通 LDP 的工作过程

6) 标签信息库(LIB)

标签信息库(LIB)是保存在一个 LSR(LER)中的连接表，在 LSR 中包含有 FEC/标签绑定信息和关联端口以及媒体的封装信息。

LIB 通常包括下面内容：入、出口端口；入、出口标签；FEC 标识符；下一跳 LSR；出口链路层封装等。

7) 流束(Stream)

流束(Stream)属于同一个 FEC 的一组分组流，它们流经相同节点，并以相同方式转发到目的地，它们在 MPLS 里被称为“流束”。

一个流束包含一个或多个流(flow)。在 MPLS 体系结构中一个流束由一个流束成员描述符(SMD)标识。

8) 流束合并

流束合并是一些小流束合并进一个单一的大流束，例如ATM的VP合并和VC合并。

2. MPLS的网络结构

MPLS 网络由核心部分的标签交换路由器(LSR)和边缘部分的标签边缘路由器(LER)组成。

(1) 标签边缘路由器(Labeled Edge Router，LER)。分析IP数据报首部，决定相应的传送级别和标签交换路径(LSP)。将具有相同特性的IP数据包划分为一定的转发等价类(FEC)，并建立标签和相应FEC的对应关系，据此建立转发信息库(FIB)。

(2) 标签交换路由器(Label Switching Router，LSR)。标签交换路由器(LSR)是MPLS网络的基本构成单元。LSR主要运行MPLS控制协议和第三层路由协议，提供标签交换和标签分发功能。它负责与其他LSR交换路由信息来建立路由表，实现FEC和IP分组头的映射，建立FEC和标签之间的绑定以及分发标签绑定信息，建立和维护标签转发表。LSR可以看做是ATM交换机与传统路由器的结合，由控制单元和交换单元组成。

由LSR构成的网络叫做MPLS域。MPLS域可分为边缘LSR和核心LSR。

位于区域边缘的LSR称为“边缘LSR”，主要完成连接MPLS域和非MPLS域以及不同MPLS域的功能，并实现对业务的分类、分发标签(作为出口LER)、剥去标签等。

位于区域内部的LSR则称为核心LSR，核心LSR可以是支持MPLS的安全网关，也可以是由ATM交换机等升级而成的ATM-LSR，它提供标签交换和标签分发功能。

LSR与LER在MPLS网络中的位置如图6-17所示。

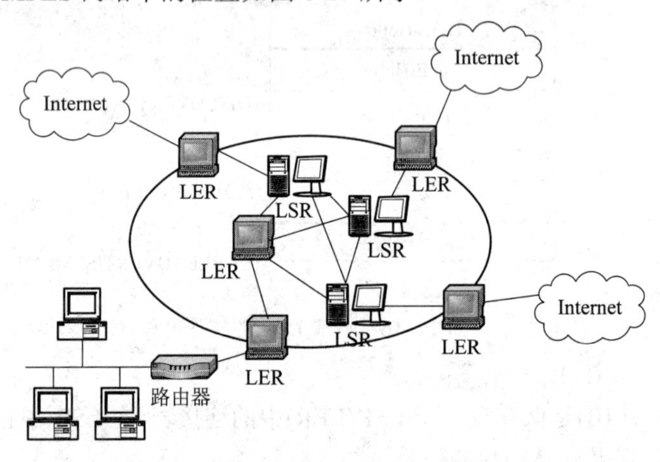

图6-17　LSR与LER在网络中的位置图

MPLS在网络的入口通过LSR为每个IP数据包加上一个固定长度的标签，再由核心路由器根据固定长度的标签搜索目的地址，转发数据包。在出口标签边缘路由器处，再恢复成原来的IP数据包。

MPLS 协议采用标签分发协议(LDP)、基于约束的 LDP(CR-LDP)、资源预留协议(RSVP)，资源预留协议扩展(RSVP-TE)。

MPLS的协议栈分为两个层面：控制层面和数据层面。

一个典型的MPLS网络结构如图6-18所示。

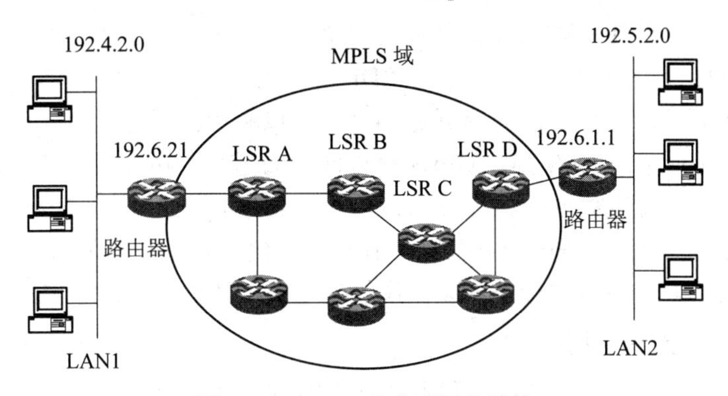

图 6-18 MPLS 的典型网络结构

3. MPLS 的工作过程

MPLS 的工作流程可以分为三个方面：网络的边缘行为、网络的中心行为和建立标记交换路径。

1) 网络的边缘行为

当 IP 数据包到达一个 LER 时，MPLS 第一次应用标记。首先，LER 要分析 IP 包头的信息，并且按照它的目的地址和业务等级加以区分。

在 LER 中，MPLS 使用 FEC 的概念来将输入的数据流映射到一条 LSP 上。简单地说，FEC 就是一组沿着同一条路径、有相同处理过程的数据包。这就意味着所有 FEC 相同的包都可以映射到同一个标记中。

对于每一个 FEC，LER 都建立一条独立的 LSP 穿过网络，到达目的地。数据包分配到一个 FEC 后，LER 就可以根据 LIB 来为其生成一个标记。标记信息库将每一个 FEC 都映射到 LSP 下一跳的标记上。如果下一跳的链路是 ATM，则 MPLS 将使用 ATM VCC 里的 VCI 作为标记。

转发数据包时，LER 检查标记信息库中的 FEC，然后将数据包用 LSP 的标记封装，从标记信息库所规定的下一个接口发送出去。

2) 网络的中心行为

当一个带有标记的包到达 LSR 的时候，LSR 提取入局标记，同时以它作为索引在标记信息库中查找。当 LSR 找到相关信息后，取出出局的标记，并由出局标记代替入局标签，从标记信息库中描述的下一跳接口送出数据包。

最后，数据包到达了 MPLS 域的另一端，在这一点，LER 剥去封装的标记，仍然按照 IP 包的路由方式将数据包继续传送到目的地。

3) 建立标记交换路径

建立 LSP 的方式主要有两种：“Hop by Hop”路由方式和显式路由方式。

“Hop by Hop”路由是一个 Hop-by-Hop 的 LSP，是所有从源站点到一个特定目的站点的 IP 树的一部分。对于这些 LSP，MPLS 模仿 IP 转发数据包的面向目的地的方式建立一组树。

从传统的 IP 路由来看，每一台沿途的路由器都要检查数据包的目的地址，并且选择一条合适的路径将数据包发送出去。而 MPLS 则不然，数据包虽然也沿着 IP 路由所选择的同一条路径进行传送，但是它的数据包头在整条路径上自始至终都没有被检查。

在每一个节点，MPLS 生成的树是通过一级一级为下一跳分配标记，而且是通过与他们的对等层交换标记生成的。交换是通过 LDP 的请求以及对应的消息完成的。

MPLS 最主要的一个优点就是显式路由，它可以利用流量设计“引导”数据包，比如避免拥塞或者满足业务的 QoS 等。MPLS 允许网络的运行人员在源节点就确定一条显式路由的 LSP(ER-LSP)以规定数据包将选择的路径。与 Hop-by-Hop 的 LSP 不同的是：ER-LSP 不会形成 IP 树。取而代之，ER-LSP 从源端到目的端建立一条直接的端到端的路径，MPLS 将显式路由嵌入到限制路由的标记分配协议的信息中，从而建立这条路径。

4. MPLS 的特点和应用

MPLS 技术可以从两个方面改善和提高 IP 网络的 QoS。MPLS 可以根据数据流不同的服务等级来分配不同的标签，并根据标签选择使用不同的标签交换通道，以达到数据流对传输质量的要求。

由于这些突出的优势，MPLS 技术在 NGN 承载网的骨干层中的应用日趋突出。早在 2010 年，俄罗斯领先移动运营商 MegaFon 就组建了莫斯科、圣彼得堡等多个重点城市的 IP/MPLS 骨干网节点，并选用中国华为公司出品的核心路由器来承建。同年，华为公司还与葡萄牙电信运营商 Sonaecom 成功部署了固定移动融合(FMC)的 IP/MPLS 骨干网。2011 年 10 月华为在中国上海宽带论坛期间发布并演示了业界首款标准化 H-MPLS (Hybrid-Multiprotocol Label Switching) 样机。2012 年，阿尔卡特朗讯也采用 IP/MPLS 技术为德国能源供应商 ENSO 的全资子公司 desaNet，设计和部署全新通信网络。2012 年 11 月，新加坡电信宣布成为亚太区首个面向全球部署 MPLS-TP 技术的电信运营商，并选用思科公司的 MPLS-TP 设备。2014 年初，我国河北省电力公司石家庄供电分公司井陉、藁城两个县农村电网(简称“农网”)在电力行业首次部署了 MPLS-TP 环网保护方案。该项目在保证 TDM 业务质量的同时，采用 MPLS-TP 技术提高数据业务传送效率，根据不同业务模型可综合提高 30%～50%。相当于用一张网络实现了 SDH 和 PTN 两张网络的功能，节省投资和运维成本，非常符合电力农网的需要，突出显示了 MPLS 的商业价值。

6.6 IP 电话

近年来，随着 IP 技术的飞速发展，IP 协议也广泛应用在传统语音业务中，被统称为 VoIP。这同时也是 everything on IP 的一种体现。

6.6.1 VoIP 概念和发展

狭义的 IP 电话指“IP 语音通话”，被称为 VoIP(Voice over IP)，被服务供应商看成是在 IP 网络上传输语音的廉价捷径。传统语音要 64 kb/s，但 IP 电话通过压缩编码及统计复用等，只占 8 kb/s 的带宽，然后用分组交换技术进行传输。

广义的 IP 电话指的是“IP 语音通信”，是在 IP 网络上使用 VoIP 技术，不仅实现语音通话，还保证可靠性，并增加数据功能和多种新应用。

IP 电话在连接方式上有：电脑对电脑、电脑对电话、电话对电话三种形式。

IP电话的发展，可分为三个阶段：

(1) 技术突破期(1995—1996年)。1995年2月以色列VocalTec公司研制出可以通过Internet打长途电话的软件产品“Internet Phone”。

(2) 发展期(1996—1999年)。著名IP电话分析家Jeff Pulver总结：

- 1995年是业余家之年；
- 1996年是IP电话客户端软件年；
- 1997年是IP电话网关(Gateway)年；
- 1998年是IP电话网守(Gatekeeper)年；
- 1999年是IP电话应用年。

(3) 成熟期(2001年至今)。IP电话进入发展的成熟阶段，即多媒体阶段。这时网络标准(H.323协议、SIP协议以及MGCP协议等)达到统一；专用宽带IP网和Internet已经融合，网络规模可观，并与现有的电信话音网络综合，形成综合的话音/数据/视频网络；可利用各种接入手段，不但可在固定电话网上开展业务，也可在移动电话网、CATV网上开展业务，并且实现互连互通，真正做到三网合一。

IP电话的产生，得益于许多原因：电话业务历来都是各国管制最为严格的业务，但对IP电话，各国持宽容扶植的态度。所以IP电话打长途时，不必向本地电话公司交纳接入费(约占长途电话费40%)。而且，国际话费低的国家，可用IP电话向国际话费高的国家渗透；电话资费高的国家，又可以通过降低IP电话的费用，同国际回叫业务争夺用户。此外，还有一些因素，也是推动VoIP发展的动力，例如数字信号处理器、高级专用集成电路、IP传输技术、宽带接入技术、中央处理单元技术、回声消除技术等。

6.6.2 IP电话的特点

IP电话的业务范围包括以下几个方面。

(1) 赋予普通电话IP功能。将电话接至Internet，IP电话和会议软件相结合使用。电话机和插座之间，安装一个有IP功能的InfoTalk，通过Internet把呼叫传送至其他InfoTalk用户。

(2) 赋予呼叫中心网络能力。用同一条电话线打电话和接入网站。无需断开与Internet的连接，就能获得对代理商的实时话音接入，使企业呼叫中心为用户提供服务。

(3) 一体化的消息传递。通过一部电话或PC接入E-mail、传真和寻呼消息。

(4) IP电视电话。传输视频(Video over IP)也需要相当多的带宽，所以适合与IP相结合。

同时，IP电话具有5项基本的原则：

(1) 延迟400 ms的基本原则。

(2) 99.9999%可靠电信原则。

(3) 多媒体应用发展原则。

(4) 网络的开放原则。开放性推动了技术，也对IP网络的管理、集成测试、验证等带来非常严峻的挑战。

(5) 后台管理的保存障原则。计算机网中计费是按统一费率进行的，不用过多考虑后方管理，但语音业务需要用户管理、认证授权，异地漫游、精确到秒或字节的可靠计费系统、网络管理和大规模的业务管理、管理安全性等。

IP 电话的优势和问题都十分突出：它的优势在于提高了网络资源利用率，价格便宜，和数据业务有更大的兼容性，还涵盖了其他一些多媒体实时通信业务。而 IP 电话的问题也为数不少：包括网络融合问题(即 IP 与固话网的互通问题，包括 IP 电话的号码资源问题)、运营成本优势的问题等。其中最主要的问题还是服务质量和安全问题，因为 IP 网络是无连接的，无 QoS 保证的。网络拥塞时，延迟过大，话音不清楚。

6.6.3 IP 电话的标准

IP 网络在传输语音时，有以下两个完全平行的协议。

1．会话初始协议(Session Initiation Protocol，SIP)

SIP 是一些 Internet 爱好者提出的，其出发点是以现有的 Internet 为基础来构架 IP 电话业务网。它将 IP 电话作为 Internet 上的一个应用，只是比其他应用(FTP、Email 等)多了信令和 QoS。因此 SIP 与 Internet 紧密结合，适合开发新的、与互联网结合的语音应用。并且，SIP 协议简单灵活，采用分布式的呼叫模型和基于文本的协议，利用动态数据库的方式来寻址，没有长途和短途之分。

2．H.323 协议

H.323 协议源自国际电联(ITU)，成立之初并不是专为 IP 电话提出的，而是为多媒体会议系统而提出的。它把 IP 电话当作传统电话，只是电路交换变成了分组交换。因此，易与 PSTN 兼容，更适合电信级大网的过渡方案。H.323 协议采用基于 ASN.1 和压缩编码规则的二进制方法表示其消息。它需要特殊的代码生成器，可以集中执行会议控制功能，并且便于计费，对宽带的管理也比较简单、有效。

IP 协议除了在公共电话网中发挥着日显重要的作用以外，也在用户局域网的组建和用户小交换机 PBX 方面大显身手。

6.6.4 IPPBX

传统的 PBX，是利用电路交换的原理来实现集团电话的功能。随着 Internet 的流行和 IP 的成功，在以太网上实现相同功能的 IPPBX 也应运而生。图 6-19 列举了传统的 PBX 与新型混合式 IPPBX 的产品。

图 6-19 传统的 PBX(左)与新型混合式 IPPBX(右)

IPPBX 与传统 PBX 相比有不少的优势：

(1) IPPBX 实现了计算机电话集成(Computer Telephony Integration，CTI)，除了能为传

统的电话用户提供服务外，还能方便地为 Internet 用户提供服务。

(2) IPPBX 能直接使用便宜的普通模拟电话，不像传统 PBX 那样需要配备昂贵的专用数字电话。

(3) 通用性和实用性更强。IPPBX 将专用的通信平台搬到了大众普遍较熟悉的计算机平台上，使用、配置和维护更加简单，甚至无需专业人员。

(4) 传统 PBX 由于专属于各个厂家，产品间的互操作性、兼容性差。而 IP 协议具有的开放性，使 IPPBX 的互通和升级成本低廉。

(5) 扩展和升级简单。当需要扩充多个分支电话时，传统 PBX 设备大多不支持，必须换掉内部模块。而 IPPBX，由于其采用了计算机平台，成本降低一半。

(6) 实现增值服务更加方便和容易。如建立呼叫中心、实施 VoIP 等，极大节省了长途通信费用。

(7) 功能更加强大，且集成度高。单一系统就可以完成使用传统 PBX 需外配许多设备才能完成的功能，如自动话务台、语音信箱等，大幅度降低了成本。

(8) 应用开发方便简单。IPPBX 电话软件通常都支持电话应用程序编程接口标准，能与呼叫控制及呼叫中心功能实现无缝连接。

6.6.5　IP 电话的应用

虽然在移动电话的冲击下，固话通话量持续下降，但 IP 电话业务却一直保持快速的增长。2012 年，美国皮尤研究中心(Pew Research Center)旗下的“互联网与美国人生活”项目调查报告显示：有接近 1/4 的美国成年网民使用过互联网进行电话呼叫，平均每天都有 5%的美国网民使用网络电话。2013 年，德勤咨询公司(Deloitte)的报告又显示：IP 语音服务的收入达到一万亿美元。甚至，韩国的中央政府办公大楼、世宗市等总计 580 个政府部门中的 500 多个部门，全部在 2013 年，将有线电话更换成了网络电话以节省开支。

在我国，信息产业部于 1999 年 4 月 27 日正式批准中国电信、中国联通、吉通公司三家公司进行 IP 电话业务运营试验。此次 IP 电话业务接入号码为：中国电信 17900，中国联通 17910，吉通公司 17920。后来，中国移动也推出 17951、12593 等 IP 资费优惠。还有许多 IP 电话卡、IP 电话吧(如图 6-20 所示)，都如雨后春笋般流行起来。利用 VoIP 技术，在非常短的时间里，我国实现了国内、国际长途电话市场中多家竞争的局面。ITU-T H.323 标准的撰写者在访问中国时，对中国 VoIP 发展情况非常钦佩，并说：“中国关于 VoIP 标准的几项决定非常正确，其远见和卓识超过许多国家。”不过，当时的国内长途 VoIP 网，多建在专用通信网上。IP 地址、安全性等问题并不突出。但专网方式毕竟只是过渡，进入了下一代网络之后，固话 IP 电话最终还是融入了公共 IP 网中。

图 6-20　IP 电话吧曾经一度林立

同时，IP 电话的接通率、通话质量及接入码使用不便等问题也凸显出来：为享受 IP 长途优惠，每次打长途前，都需重新输入 IP 接入号，再拨打被叫号码；或从号码本中调出已存好的“IP 接入号+被叫号码”。而若从已拨号中直接选择“重拨”功能，则由于属于二次拨号，系统往往不能识别，无法享受到优惠。另外，一些手机，为省去反复拨号和号码过长的麻烦，设置了 IP 拨号功能键：只要事先把某个 IP 接入码设为该手机的 IP 拨号功能键，则由手机自动加载在所拨的被叫号码前面。但可惜的是，手机终端的这种便民功能却形同虚设，因为运营商的计费平台识别不了，依旧按照直接拨打长途的方式扣费。

相比之下，利用手机上网功能拨打 IP 电话的业务，却在我国发展缓慢。因为工信部电管局(中国工业和信息化部电信管理局)在早期的很长一段时间内，仅允许三家运营商经营 Phone-Phone 形式的 VoIP 电话业务，而严禁手机 WiFi 功能。这样一来，导致在手机上网后才能运行的免费 IP 电话软件，也就无法使用了。一方面，禁止这些免费 IP 电话业务，暂时避免了对运营商现有收费平台和监管效力的冲击；另一方面，我国拥有自主知识产权的 WAPI 技术，在与 WiFi 的激烈竞争中，长期受到国际厂商的反对。直到 2009 年 6 月，在 ISO/IECJTC1/SC6(国际标准化组织和国际电工委员会第一联合技术委员会第六分委员会第一工作组)会议上，WAPI 首次获准以独立标准形式推进为国际标准。与此同时，负责受理电信设备入网检测的泰尔实验室对 WiFi 手机的态度，也从“不检测、不认证、不许可”，改为“只要手机内置了 WAPI 模块，不管是否内置 WiFi，都可以接受入网检测”。同月，国内首款内置了 WiFi 的手机方才正式销售。

从此，各种即时通信软件(Instant Messenger，IM)大行其道。2013 年，有关微信收费的讨论刚刚偃旗息鼓，2014 年，腾讯微信又推出了能拨打免费网络电话的微信电话本。随着 4G 网络的铺设和成熟，网络电话成为即时通讯工具中的领头羊已经是大势所趋。

☆☆ 本 章 小 结 ☆☆

本章介绍了数据网络的几种形式。首先介绍了早期的分组网络、帧中继和 ATM，然后介绍了新兴的 IP 交换和多协议标记交换。最后对当下流行的 IP 电话进行了介绍。同学们在学习的过程中，也应关注技术的更新交替，保持一定的前瞻性。

☆☆ 习　　题 ☆☆

一、选择题

1. 在分组交换网中提供虚电路功能的是 X.25 的(　　)功能。

A. 物理级　　B. 帧级(链路级)

C. 帧级(链路级)和分组级　　D. 分组级

2. 下面关于 ATM 技术说法正确的是(　　)。

A. ATM 的中文名称是同步数字体系

B. ATM 技术适合低带宽和高时延的应用

C. ATM 信元中，前两个字节是信头

D. ATM 协议本身不提供差错恢复

二、填空题

1. ATM 网络不参与任何数据链路层功能，将______与______工作都交给终端去做。

2 ATM 的信元具有固定的长度，即总是______个字节。其中______个字节是信头，______字节是信息段。

3. MPLS VPN 业务数据采用两层标签栈的封装结构，其中______标签代表了从 PE 到对端 PE 的一条 LSP，______标签指示了 PE 所连接的站点或者 CE。

4. ______是使用先进的路由选择算法将业务流量合理地映射到物理网络拓扑中，从而充分利用网络资源，提高网络的整体效率，满足不同业务对网络服务质量的要求。

5. MPLS 网络中，______是一个具有本地意义的固定长度的标识，用于标识一个转发等价类。

6. MPLS 把整个网络的节点设备分为两类，其中______构成 MPLS 网的接入部分；______构成 MPLS 网的核心部分。

三、简答题

1. 为什么说 ATM 技术融合了电路交换和分组交换的特点？请简要说明原因。

2. 什么是 MPLS？它有哪些应用？

第7章 NGN与软交换技术

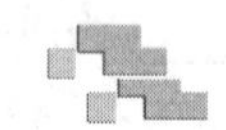

通过前面章节的学习，我们已经了解了电话网络结构的相关知识，并且学习了组成电话网络的主要部分的功能以及通信业务实现的原理。在此基础之上，本章我们将进一步了解当今通信网络发展的新技术——“软交换技术”的概念与主要功能，以及其在我国现有通信网络中的应用现状。

软交换——新一代的网络技术

软交换的概念最早起源于美国。软交换是在当时的企业网络环境下，用户采用基于以太网的电话，通过一套基于 PC 服务器的呼叫控制软件(Call Manager、Call Server)，实现 PBX(Private Branch eXchange，用户级交换机)的功能。由于该系统实现方式不需单独铺设网络，而仅通过与局域网共享就可实现管理与维护的统一，其综合成本远低于传统的 PBX。由于是相对封闭的企业网环境，对设备的可靠性、计费和管理要求不高，主要用于满足通信需求，因此设备门槛低，许多设备商都可提供此类解决方案，因此 IP PBX 应用获得了巨大成功。

受近年来 IP 技术日益广泛使用的驱动，同时又受到 IP PBX 成功的启发，为了提高通信网络综合运营的效益，既能最大化发挥通信网资源的潜力，又能使网络的发展更加趋于合理、开放，以便更好地服务于用户，为用户方便、灵活和高速地引入新业务，从而也可增强自身在行业的竞争实力，在通信行业中提出了这样一种思想：将传统的交换设备部件化，即分为呼叫控制与媒体处理，二者之间采用标准协议(MGCP、H248)且主要使用纯软件进行处理。于是，Soft Switch(软交换)技术应运而生。

那么软交换技术完整的概念是什么？它的相关国际标准有哪些？它在我国的应用状况怎样？它与传统的通信网有何异同？本章我们将要通过系统的学习来解开这些疑问。

7.1　NGN与软交换网络概述

7.1.1　NGN与软交换网络的概念

1. 通信网络发展的现状

现代的通信方式起源于1876年贝尔的电话发明。之后一百余年的时间里，电话与通信几乎等同，电信网络几乎等同于电话网络。而传统的电话网络是基于电路交换技术的网络，提供的业务只有语音业务。传统的电话网络自20世纪70年代进入数字程控交换时代以来，在全球迅速普及，到20世纪90年代发展到技术的顶峰，成为当之无愧的第一大电信网络。并且，随着移动通信技术的发展，程控交换技术与无线接入技术的完美结合，使这种主要提供语音业务的电路交换网络的应用得到了进一步的普及与发展。

目前，传统的通信网络都是基于TDM的PSTN话音网，以电路交换为主，当初主要是为了传输语音、保证语音质量、承担语音业务而设计建造的，只能提供64 kb/s的业务，并且业务和控制都由交换机完成。随着数据业务飞速增长，这种专为传输语音的设计给数据用户带来了巨大的痛苦：通信价格高、上网速度慢、等待时间长、传输质量低、增加新业务难。尴尬的现实让人们认识到，当初设计的语音网络越来越不能适应多元化通信的需求，甚至成为业务进一步发展的阻碍。传统PSTN语音网，正成为业务发展的瓶颈。

另一方面，数据业务飞速增长，已经超出电话网络的承受能力。早在1998年，美国大部分运营商的公众骨干网中的数据业务量就超过语音业务量，并以20%到40%的速度增长。在其他国家，虽然数据业务目前还不能与语音业务抗衡，但网上数据业务却屡创新高，超过语音业务。美国yakee公司调查显示，自21世纪的10年代，全球数据业务会最终超越语音业务。但目前运营商面临的一个尴尬的事实是：它们的收入来源的主体仍然是语音。网络泡沫催生可管理、可运营网络的出现。

与此同时，在20世纪70年代，产生了分组交换技术。分组交换技术主要用于满足数据业务的传输，因为其具有电路利用率高、可靠性强、适用于突发性业务的优势。在各种分组交换技术中，X.25、帧中继技术在相当长时间内使用于分组数据电信业务中，而其后又被ATM技术所取代。在20世纪90年代中期，人们对ATM技术曾经寄予厚望，并希望它能够承担多媒体电信业务的责任。然而，正是因为被赋予过多的责任以及业务质量的保证要求，使得ATM技术过于复杂，加之商用化的缓慢及其建设与使用成本的问题使其逐步淡出通信网络，尤其在我国，几乎再无人问津。

导致ATM技术失去竞争力的另一个重要因素，是IP路由技术在理论上与实现技术上的突破。随着半导体技术与计算机技术的发展，路由器转发IP数据报的速率得到了极大的提高，以往制约IP路由器处理能力的问题得到了妥善的解决。在网络未出现拥塞的情况下，采用IP路由的方式同样可以提供具有一定服务质量保证的电信业务。

从网络所提供的业务方面来看，在20世纪90年代末期，IP技术得到了飞速发展，显现出了爆炸式的增长势头。由于IP网络具有天然的开放性，因此IP的新业务层出不穷。

与此同时，电信业务自 20 世纪 80 年代末开始所显现的一个发展趋势也使新业务的需求加快，业务的生存周期缩短。而传统的电话网络由于业务、控制与承载融为一体的体系结构，使新业务尤其是大量按需提供的增值业务实施困难，使运营商在日益激烈的市场竞争环境中处于被动地位。

综合上述对于通信技术发展的现状分析不难看出，电信运营商面临这样的尴尬局面：业务分离和运营维护分离导致运营商每提供一种新的业务，就需要建设一个新的网络，从而造成大量的重复建设与巨大的资金浪费，而且在运营过程中还需要投入大量的人力、物力来维护多个不同的网络；另一方面，用户对于具有多媒体特性的综合业务需求日益增加，业务需求不断变化，对于这些新的需求，运营商不得不采用新的技术。而传统的电信网络主要是基于 TDM 的 PSTN 话音网，以电路交换为主，当初主要是为了传输语音、保证语音质量、承担语音业务而设计建造的，只能提供 64 kb/s 的业务，而且业务和控制都由交换机完成。这种网络具有以下致命的缺点：在一个设备中完成所有的功能，导致升级维护困难、功能单一、设备利用率低、经营成本高、开放性差以及业务开展困难等。

正是由于传统的通信网络的上述缺点，加之互联网在 20 世纪 90 年代末期的飞速发展，尤其是基于 H.323 的 IP 电话系统的大规模商用，有力地证明了 IP 网络承载电信业务的可行性，同时也让人们看到了利用同一个网络承载不同类型的综合电信业务的希望。于是，面对 Internet 网络的成功给人们的巨大鼓舞，永远不满足于现状的运营商、设备提供商、企业家和学者们逐渐开始展开想象的翅膀，企图从百年枷锁中解脱出来，以革命的手段创造一个全新的世界。下一代网络的概念就是在这样的一种背景下提出来的。

2. NGN 提出的主要因素

随着电信业务的迅猛发展，以互联网为代表的新技术革命正在深刻地改变着电信的概念和体系，电信网正面临着一场百年不遇的巨变。这就是从传统电信网的结构向全新的下一代网络(NGN)演进。推动这一变化的主要有以下因素：

1) 发展与成熟的基础技术

从影响网络发展的基础技术来看，微电子技术的迅猛发展，使 CPU 的性价比每 18 个月翻一番；光传输容量的增长速度每 14 个月翻一番，密集波分(DWDM)技术使光纤的通信容量大大增加，也提高了核心路由器的传输能力；移动通信技术与业务的巨大成功使得运营商将发展的重心由固定网络转向潜力更大的移动网络；IP 的迅速扩张及其 IPv6 技术的日益成熟，预示着 IP 正进入一个鼎盛的发展时期。革命性技术的突破，已经为新一代网络的诞生打下了坚实的基础。

2) 日益增加的业务类型与需求量

目前通信网的业务组成也发生了根本的变化。以电话业务为主的业务提供方式正日益受到来自 IP 数据报业务为基础的数据业务飞速发展的冲击。数据业务已经成为电信网络的主导业务，成为各大运营商判定其高端客户群的重要标志。为了高效地支撑这种突发型的数据业务，需要有全新的适合于此类型业务的下一代网络结构。

3) NGN 与软交换的定义

NGN 从字面上理解，我们可以称它为下一代网络。它是电信史上的一座里程碑，标志着新一代电信网络时代的到来。从发展的角度来看，NGN 从传统的、以电路交换为主的

PSTN 网络中，逐渐迈出了向以分组交换为主下一代网络演进的步伐。它既可以承载原有PSTN网络的所有业务，同时又把大量的数据传输卸载(offload)到ATM/IP网络中，以减轻PSTN网络的重荷，而且还以ATM/IP技术的新特性增加和增强了许多新老业务。从这个意义上讲，NGN是基于TDM的PSTN语音网络和基于ATM/IP的分组网络融合的产物，它使得在新一代网络上语音、视频、数据等综合业务成为了可能。

国际电信联盟(ITU-T)曾给NGN做了如下的定义："NGN是基于分组的网络，能够提供电信业务；能够利用多种宽带和具有QoS能力的传送技术；实现业务功能与底层传送技术的分离。NGN使用户可以自由接入到不同的业务提供商；NGN支持通用移动性。"

因此，从广义来看，NGN是一种业务驱动型网络。业务和呼叫控制完全分离、呼叫控制和承载完全分离，使业务独立于网络。NGN具有一个开放式业务架构，是集语音、数据、传真和视频业务于一体的全新网络。

而从狭义来讲，下一代网络又特指以软交换设备为控制核心，能够实现语音、数据和多媒体业务的开放的分层体系架构。在这种分层体系架构下，能够实现业务控制与呼叫控制相分离，呼叫控制与承载和接入控制相分离。而其中的各个功能部件之间则须采用国际化标准的协议进行互通，能够兼容各种业务网(PSTN、IP网、移动网等)技术，提供丰富的用户接入手段，支持标准的业务开发接口，并且采用统一的分组网络进行传输。

所以，业界的专家认为：软交换就是NGN最近期的目标和核心实现技术，它注重于考虑NGN的具体物理实现，可以认为它是实现NGN的至关重要的阶段和关键技术。

在本教材中，后续内容若无特殊说明，可以理解为狭义的NGN，即软交换网络。

从以上对NGN的定义出发，在构建NGN的网络架构时，一方面需充分考虑现有网络包括PSTN网络、ATM/IP网络的结构特点，另一方面又要结合当前传统网络长期运行的实际经验，通过去粗取精，争取能够使NGN经得起历史考验。NGN架构的物理模型如图7-1所示。

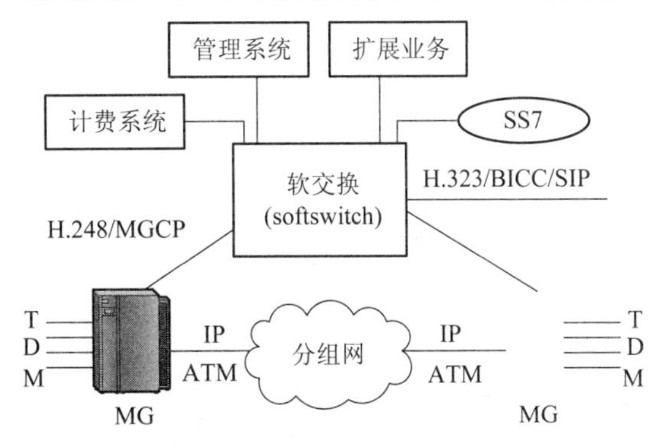

图7-1　NGN的物理模型

该模型从结构上看似乎与原电路交换模型同架构，其实内涵上不可相提并论。从本章后续的内容中我们将逐步找到答案。

从图7-1中软交换所处的位置，我们可以给软交换作如下的定义：软交换的基本含义就是把呼叫控制功能从媒体网关(传输层)中分离出来，通过服务器上的软件实现基本呼叫控制功能，包括呼叫选路、管理控制、连接控制(建立会话、拆除会话)和信令互通(如从SS7到IP)。其结果就是把呼叫传输与呼叫控制分离开，为控制、交换和软件可编程功能建立分离的平面，使业务提供者可以自由地将传输业务与控制协议结合起来，实现业务转移。其中更重要的是，软交换采用了开放式应用程序接口(API)，允许在交换机制中灵活引入新业务。软交换主要提供连接控制、翻译和选路、网关管理、呼叫控制、带宽管理、信令、安全性和呼叫详细记录的生成等功能。

软交换就是位于网络分层中的控制层，它与媒体层的网关交互作用，接收正在处理的呼叫相关信息，指示网关完成呼叫。它的主要任务是：在各点之间建立关系，这些关系可能是一个简单的呼叫，也可以是一个较复杂的处理。软交换主要处理实时业务，首先是语音业务，也可以包括视频业务和其他多媒体业务。软交换通常也提供一些基本的补充业务，相当于传统交换机的呼叫控制部分和基本业务提供部分。

在 NGN 物理模型基础上，国际、国内网络设备提供商和 NGN 研究组织就 NGN 的功能构架基本能达成共识。这种 NGN 功能构架如图 7-2 所示。

图 7-2　NGN 网络架构图

7.1.2　NGN 与软交换网络的特点

通过以上的 NGN 网络结构图，可以看出 NGN 网络有以下的特点：

1. 控制与承载分离

控制与承载分离的最大好处就是，承载可以充分利用现有分组网络(ATM/IP)。就成本和效益而言，这既可以大大降低运营商初期的设备投资成本，又可对现有网络挖潜增效，提高现有分组网络的资源利用率；就容量而言，重用现有分组网络，其容量经过多年的投资，部分地区容量已经存在一定冗余；就可靠性而言，网络的单节点或局部的故障，对 NGN 网络不会产生影响或影响有限。

由于在媒体层上采用了现有分组网络，现有分组网络上的业务能够得到充分继承。此外，承载采用分组网络，NGN 可以很好地与现有分组网络实现互连互通，结束原 PSTN 网络、DDN 网络、HFC 网络、计算机网络等孤岛隔离，独自运营的状况。再者，不同域的互连互通，也必将从中衍生出一些在单一媒体上无法开展的新业务。

控制与承载以标准接口的方式彼此分离，可以简化控制，让更多的中小企业参与竞争，打破垄断，降低运营商的采购成本。

2. 业务与呼叫分离

业务是网络用户的需求，需求的无限性决定了业务将是无限和不收敛的。如果将业务与呼叫集成在一起，则呼叫的规模和复杂度也必将是无限的，无限的规模和复杂度是不可控和不安全的。事实上，呼叫控制相对于业务而言是相对稳定和收敛的，在 NGN 中将呼

叫控制从业务中分离出来，可以保持网络核心的稳定和可控，而不会妨碍人们无限想象力。人们可以通过应用(业务)服务器(Application Server)的方式，不断增加用户的需求。

3. 接口标准化、部件独立化

各个功能部件之间均采用标准化协议，如媒体网关控制器(或称软交换服务器)与媒体网关之间采用 MGCP、H.248、H.323 或 SIP 协议。媒体网关控制器之间采用 BICC、H.323 或 SIP-T 协议等。接口标准化是部件独立化的前提和要求，部件独立化是接口标准化的目的和结果。部件独立化，可以简化系统，促进专业化社会分工和充分的竞争，从而优化资源配置，进而降低社会成本。

此外，接口标准化可以降低部件之间的相互依赖关系，各部件可以独立演进，而网络形态可以保持相对稳定，业务的延续性有一定保障。

4. 核心交换单一化、接入层面多样化

在核心交换连接层(即 Media Layer)，NGN 采用单一的分组网络，网络形态单一，网络功能简单化，这与 IP 核心网络的发展方向一致。因为核心承载网络的主要功能是快速路由和转发。如果功能复杂，则难以达到这个目标。

接入层则是面向最广大用户，来自各个国家、各个地区、各个民族和种族，不同年龄、不同性别、不同职业，背景的不同决定了需要的差异。所以，单一的接入层面根本无法满足千差万别的需求。以个性化、人性化的接入层面亲近用户是网络发展的方向。

核心层面的单一化与接入层面的多样化，从字面上看似乎是矛盾的，但实际上是可以调和的。这种矛盾可以通过媒体网关这个桥梁来解决。

5. 开放的 NGN 体系架构

NGN 不但在各个功能部件之间采用开放的标准接口，而且还对外提供开放的应用编程接口(Open API)，开放的网络接口设置可以满足人们对于业务的自我定制。

7.1.3　NGN 与软交换网络的意义

1. NGN 与软交换对用户的意义

软交换可以实现跨越地域的控制，可以对接入层面丰富多样的设备进行控制和管理，以为用户同时提供语音、数据和视频业务，以及其他各种融合业务。这是传统程控交换机无法实现的。

随着通信网络发展从技术驱动向业务(需求)驱动转变，业务逐渐成为用户关注的焦点。软交换向互联网内容提供商(ICP)提供开发的业务接口(Open API)，由于分工的 ICP 往往比软交换设备提供商更熟悉特定业务，所以 ICP 提供的业务更加贴近用户、贴近生活。另外，大量的 ICP 参与竞争，将为用户快速推出更多样、更先进、更经济、更实用的业务。

此外，软交换作为 NGN 的独立部件，结构相对简单，成本较低，最终用户也将因此而享受更加经济实惠的业务。

2. NGN 与软交换对运营商的意义

作为 NGN 的核心部件，软交换设备可以独立开发、生产和采购。其开发成本、生产成本和采购成本都相对较低，因而运营商的设备投资成本也会相应降低。

对传统运营商而言，软交换继承原 PSTN 网络业务，最大限度地保护运营商投资。对经营数据网络的运营商，前几年网络泡沫导致投资过度，带宽冗余，软交换可以作为其基本而关键的应用，在现有冗余带宽上迅速部署 NGN 业务，以在与其他运营商的竞争中取得优势。

软交换的出现，使三网在网络层面上实现网间的互联互通，在业务层面上实现各种业务互相渗透和交叉，承载多种业务成为可能。运营商可以终结三网分别投资局面，在融合的网络上为用户同时提供语音业务、数据业务和多媒体业务，实现国际电联提出的“通过互联互通的电信网、计算机网和电视网等网路资源的无缝融合，构成一个具有统一接入和应用界面的高效率网路，使人类能在任何时间和地点，以一种可以接受的费用和质量，安全的享受多种方式的信息应用”的目标。

软交换的 Open API 可以为运营商提供一个强大的业务生成能力。

软交换之间采用了标准的、可视的协议，这为运营商对设备的维护、故障到位等提供了更加有力的保证。

此外，不同于互联网络，软交换为运营商提供一个可管理、可运营的网络，和一条完备的价值链条，运营商的投资回报可以获得保证。

3. NGN 与软交换对设备提供商的意义

软交换开放的标准，为有抱负的中小科技企业涉足利润丰厚的通信产业提供了历史性的机遇。同样，开放 API 必将为大量 ICP 公司带来源源不断的财富。

然而面对软交换的出现，传统设备提供商初期的心情是矛盾的。但是，真正推动技术进步的，从来也不会是这些既得利益者，而是来自于最终用户的应用(Service&Application)需求。最终用户是技术进步的原动力。

站在另一个角度来看，强大的传统设备提供商对蓬勃发展的软交换技术，也并不会无动于衷和袖手旁观，否则它们将很快出局，并从人们的视野中消失。他们必将凭借强大的技术实力和丰富的开发经验，试图在新一轮竞争中划分到更大地盘，继续保持在业界的领先优势与地位。

而对新兴的通信企业而言，它们一下子突如其来地与传统电信设备提供商站在了同一条起跑线上，历史把它们推向了新技术的风口浪尖。也许，它们会是最大的赢家。

7.2 NGN 与软交换网络的实现

7.2.1 NGN 与软交换网络的结构与功能

从上一节的内容介绍里面，我们已经知道 NGN 的完整框架，而其中的软交换部分正是现有网络向 NGN 演进的非常重要的首个环节。我们可以认为：NGN 的网络结构就是以软交换为中心网络架构。所以在本节我们将进一步地来学习软交换的相关知识。

1. 软交换的功能模型结构

软交换的功能模型如图 7-3 所示。

从图 7-3 可以看出，软交换网络从纵向上，自下而上分为：接入层、承载层、控制层和业务/应用层。

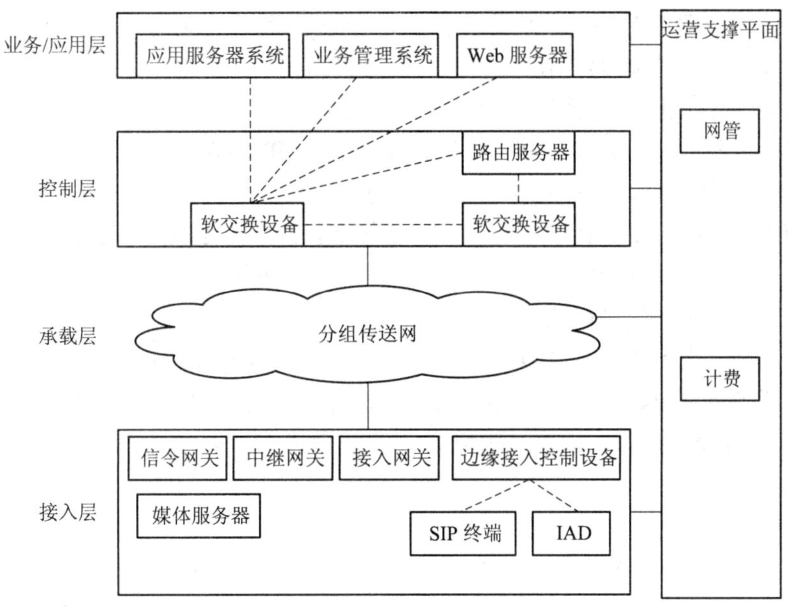

图 7-3　软交换网络的功能模型

2. 软交换网络功能模型的各层功能

软交换网络功能模型的各层具有如下功能：

1) 接入层

接入层利用各种接入设备为用户连接至软交换提供各种接入手段；接入层设备包括中继网关、信令网关、边缘接入控制设备、接入网关、IAD 和 SIP 终端等，此部分功能提供与接入方式密切相关，例如我国的固定电话网络与移动电话网络的软交换网络结构部分就有较大区别。

(1) 信令网关(SG)：No.7 信令网关的功能，是完成 No.7 信令消息与 IP 网中信令消息的互通，信令网关通过其适配功能完成 No.7 信令网络层与 IP 网中信令传输协议栈(SIGTRAN)的互通，从而透明传送 No.7 信令高层消息(TUP/ISUP 或者 SCCP/TCAP)，并提供给软交换控制设备(或称为媒体网关控制器)。

(2) 媒体网关(Media Gateway)：简称为 MG 或者 MGW，实际上是个广义的概念，类别上可分为中继网关(TGW)和接入网关(AG)。

中继网关(TGW)负责桥接 PSTN 和 IP 网络，完成多媒体信息(语音或者图像)TDM 格式和 RTP 数据包的相互转换，TGW 没有呼叫控制功能，由软交换设备(媒体网关控制器)通过 MGCP 或 H.248 协议控制，完成承载连接的建立和释放。

与中继网关类似，接入网关(AG)主要也是为了在分组网上传送多媒体信息而设计的。所不同的是，接入网关的电路侧提供了比中继网关更为丰富的接口。这些接口包括直接连接模拟电话用户的 POTS 接口、连接传统接入模块的 V5.2 接口、连接 PBX 小交换机的 PRI 接口等，从而实现了铜线方式的综合接入功能。接入网关还可以与住宅 IP 电话相连，负责采集 IP 电话用户的事件信息(如摘机、挂机等)，且将这些事件经 IP 网络传送给软交换设备(媒体网关控制器)，并根据软交换设备的命令，完成媒体信息的转换与桥接，将用户的语音信息变换为相关的编码，封装为 IP 数据包，以完成端到端的 IP 语音数据传送。

(3) 媒体服务器：是软交换网络中提供专用媒体资源功能的设备，为各种业务提供媒体资源和资源处理，包括DTMF信号的采集与编码、信号音的产生与传送、录音通知的发送、不同编解码算法间的转换等各种资源提供的功能。

(4) 边缘接入控制：为设置在外网区的IAD和SIP终端提供业务接入的控制设备，具有安全防护、媒体管理、地址转换、私网穿越等功能，配合软交换核心设备和IAD/SIP。

(5) SIP终端：包括SIP硬终端和SIP软终端，SIP硬终端是基于SIP协议的多媒体设备，具有一体化、内置按键、麦克风、显示屏、摄像头等特征。SIP软终端是基于多媒体协议的SIP软件，运行于PC机上。

(6) 综合接入设备(IAD)：IAD是Integrated Access Device的简称。它是一个小型的接入层设备，为软交换网络用户侧设备，它向用户同时提供模拟端口和数字端口，实现用户的综合接入，可提供语音、数据、视频业务的综合接入，上行可采用五类线、双绞线、无线等接入方式。

2) 承载层

承载层基于IP分组交换技术，负责软交换网络内各类信息(媒体流和信令流)由源到目的地的传输。

3) 控制层

控制层是下一代网络的核心控制设备，该层设备又被称为软交换机或者媒体网关控制器(MGC)。软交换设备是软交换网络的核心控制设备，它独立于底层承载协议，主要提供呼叫控制、承载控制，媒体网关接入控制、资源分配、协议处理、路由解析、认证、计费等主要功能，并可以向用户提供各种基本业务和补充业务。

(1) 呼叫控制功能。软交换设备可为基本呼叫的建立、保持和释放提供控制功能，包括呼叫处理、连接控制、智能呼叫触发检测和资源控制等。软交换设备应能支持基本的呼叫控制与多方的呼叫控制功能。它还应能够识别媒体网关报告的用户摘挂机，拨号等事件；同时还应能够控制媒体网关向用户发送各种信号音等。当软交换设备内不包含信令网关时，它应该能够采用No.7信令方式或者IP方式与单独设置的信令网关互通，完成整个呼叫的建立与释放功能。

(2) 业务提供功能。软交换应能够提供PSTN/ISDN交换机提供的业务，包括语音、补充业务以及多媒体业务等基本业务和补充业务；还可与现有智能网配合，以提供智能网业务；还可与第三方合作，提供多种增值业务和智能业务。

(3) 业务交换功能。软交换应能够提供智能网业务交换节点SSP的功能，SSP包括业务交换与呼叫控制功能。业务交换功能包括：业务控制触发的识别以及与SCF(业务控制功能)之间的通信；管理呼叫控制和SCF之间的信令；按要求修改呼叫/连接处理功能；在SCF控制下处理智能网业务请求；业务交互作用的相关管理等。

(4) 互联互通功能。软交换通过信令网关实现分组网与现有No.7信令网的互通；软交换可通过信令网关与现有智能网互通；为用户提供多种智能业务；软交换还可通过其互通模块，采用多种不同的标准协议实现互通。例如：利用H.323实现与现有H.323系列的IP电话网互通；采用SIP协议实现与未来SIP网络体系的互通；此外，软交换设备之间也可以通过不同的标准协议实现互联互通。他们之间的协议可以采用SIP或者BICC；软交换还可提供IP网内H.248终端、SIP终端和MGCP终端之间的互通。

(5) 资源管理功能。软交换应该能够提供资源管理功能，对系统中的各种资源进行集中管理，包括资源的分配、释放和控制等。

(6) 计费功能。软交换应具有采集详细话单及复式计次功能，并能够按照运营商的需求将话单传送到相应的计费中心。

(7) 认证与授权功能。软交换应该能够与认证中心连接，并可将所管辖区域内的用户、媒体网管信息送往认证中心认证与授权，从而防止非法用户或者设备的接入。

(8) 地址解析功能。软交换设备可以完成E.164地址与IP地址、别名地址到IP地址的转换功能，同时也可完成重定向功能。

(9) 语音处理控制功能。软交换可以控制媒体网关采用语音压缩技术，并提供多种可供选择的语音压缩算法。软交换还可以控制媒体网关使用回声抑制技术，以减少或者避免回声。

4) 业务/应用层

下一代网络中，业务与控制相分离，业务部分独立地形成应用层。应用层的功能就是利用各种设备，为整个下一代网络体系提供业务能力上的支持。即：业务/应用层提供软交换网络各类业务所需要的业务逻辑、数据资源及媒体资源，包括应用服务器系统、业务管理系统及Web服务器等。实现该层功能的主要设备有：

(1) 应用服务器：它是向用户提供各种增值业务的设备，负责增值业务逻辑的执行、业务数据和用户数据的访问、业务的计费与管理等，它还应能够通过SIP控制软交换设备完成业务请求，通过标准协议控制媒体服务器设备提供各种媒体资源。

(2) 用户数据库：存储网络配置和用户数据。

(3) SCP：原有智能网的业务控制节点。控制层的软交换设备可利用原智能网平台为用户提供智能业务，此时软交换设备需具备SSP功能。

(4) 应用网关：向应用服务器提供开放的、标准的接口，以方便第三方业务的引入，并应提供统一的业务执行平台。软交换可以通过应用网关访问应用服务器。

5) 运营支撑平面

运营支撑平面与其他四个层面都有接口，负责对整个软交换网络的用户、数据、配置等信息的管理。

7.2.2 NGN与软交换网络在现网的实现

由于有线固定电话网络与蜂窝移动通信网络在接入网络部分有巨大差异，所以我们将分别介绍我国在实现NGN与软交换的网络演进中的具体方法。

1. 软交换网络在固定电话网的实现

1) 软交换业务层网络实现

软交换业务层网络由应用服务器系统、业务管理系统、Web服务器等组成；其中应用服务器系统由SIP应用服务器、Parlay应用服务器、业务能力网关和媒体服务器组成；传统智能网平台也可作为一种特殊的软交换业务层功能实体，此时软交换作为SSP触发软交换网络用户的传统智能网业务。

在软交换网络中，业务和控制相分离，业务层功能实体的设置不应受软交换设备设置的影响。同一个软交换设备可接入多个业务层系统。

按照业务覆盖范围的不同，应用服务器系统可按照两级结构组网，分为集团级应用服务器系统和省级应用服务器系统。集团级应用服务器系统应提供集团级业务，由集团统一部署，集中设置；省级应用服务器系统应以省、直辖市、自治区为单位设置，负责省、直辖市、自治区内特色业务的提供。

业务管理系统可以分为集团级业务管理子系统和省级业务管理子系统。其中集团级业务管理子系统应负责集团级业务的公共管理，省级业务管理子系统应提供省、直辖市、自治区内特色业务的管理功能。

业务层系统应靠近软交换承载网骨干节点设置。

2) 软交换控制层网络实现

软交换控制层网络组织由软交换设备和路由服务器组成。

引入路由服务器之前，软交换网络控制层网络组织宜遵循下列原则：

(1) 中国电信软交换网络采用两级分级结构，第一级为省际软交换网络，第二级为省内软交换网络；省际软交换设备暂不考虑直接接入软交换网络用户，仅承担各省用户跨省呼叫的信令和媒体接续；省内软交换网络应完成用户接入、话务汇接和省内长途分流的功能，如图 7-4 所示。

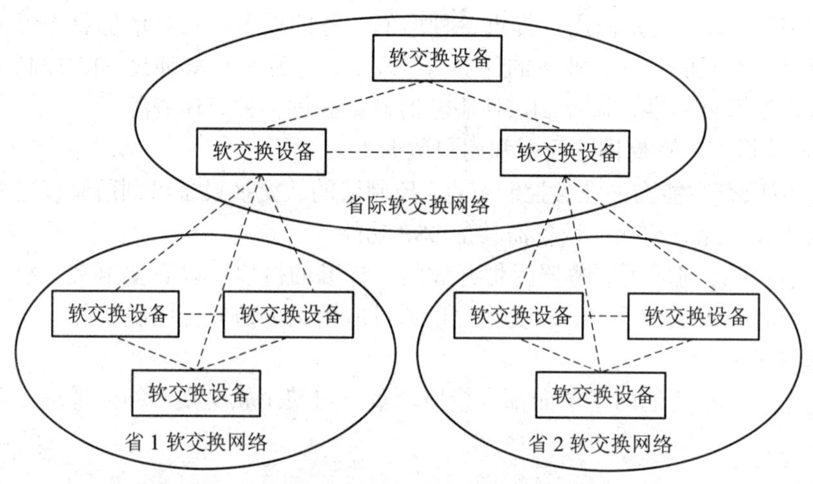

图 7-4　引入路由服务器以前中国电信软交换结构

(2) 省际软交换网络结构应保持相对稳定，软交换设备间用采用扁平化路由结构，软交换设备之间的接口协议遵循中国电信企业标准规定的 SIP NNI 协议要求。

(3) 省内软交换网络宜按区域设置，软交换设备控制的区域称为软交换业务区。省内软交换业务区的划分应结合本地/长途业务发展、本地网用户分布及移动网络规划等因素综合考虑，软交换业务区可由地理位置临近的多个本地网构成。同一省内软交换设备之间应采用扁平化路由结构，软交换设备之间的接口协议应遵循中国电信企业标准规定的 SIP NNI 协议要求。

(4) 省内软交换用户的省际呼叫信令由省际长途网或省际软交换网络接续，但省际软交换设备与省内软交换设备之间暂不考虑直接 IP 互通。省内软交换用户的省际呼叫应首先接续到 PSTN 网络，再由 PSTN 网络将呼叫按一定比例接续至 DC1 交换局和省际软交换设备。省际软交换网络和省内软交换网络之间的直接 IP 互通应在中国电信集团的统一部署下

逐步实现。

随着软交换设备数量的增加和路由服务器设备的成熟，应在软交换网络中逐步引入路由服务器。

引入路由服务器之后，为了便于运营和管理，在软交换网络中引入软交换管理域的概念。路由服务器与其所管理的软交换设备共同组成的区域称为一个软交换管理域，如图 7-5 所示。

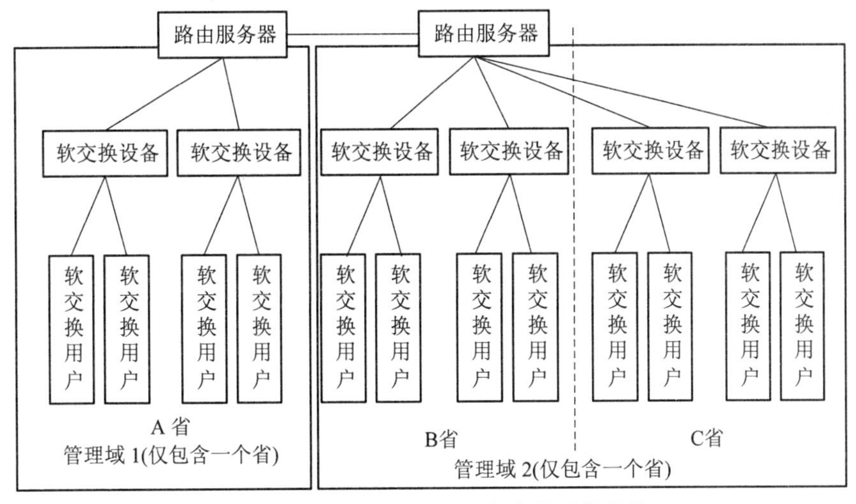

图 7-5 引入路由服务器后软交换网络结构

引入路由服务器后，软交换控制层网络组织宜遵循下列原则：

(1) 全网所有软交换设备应位于同一平面，软交换设备之间呈逻辑网状连接，软交换设备之间的信令协议遵循中国电信企业标准规定的 SIP NNI 协议要求。

(2) 路由服务器可按照分层的模式或扁平模式进行组网，分层组网时，层次的数量应由实际网络建设规模和路由服务器的设备容量确定。

(3) 软交换管理域宜以大区为单位划分，即相邻多个省组建跨省的软交换管理域，业务量较大的省、直辖市、自治区也可以单独组建管理域。

(4) 软交换管理域的划分应保持相对稳定，一个软交换设备不得同时从属于多个管理域。

(5) 不同管理域的软交换设备之间的路由信息应通过路由服务器进行查询。当管理域覆盖多个省、直辖市、自治区时，在该管理域内不同省、直辖市、自治区的软交换设备之间的路由信息应通过归属的路由服务器进行查询。在该管理域内，同一省、直辖市、自治区内的软交换设备之间可以设置静态路由。

(6) 路由服务器与其所服务的软交换设备之间的路由查询协议暂定采用 SIP 协议，路由服务器之间的路由同步协议应遵循中国电信颁布的路由服务器相关规范。

3) 软交换承载层网络实现

软交换承载网分为内网区承载网络、外网区承载网络和隔离区承载网络。软交换承载网络示意图参见图 7-6。

内网区的承载网络应为软交换网络提供安全组网保障，在网络层面实现软交换设备之间的相互通信、软交换网络与非软交换网络设备间的消息隔离。同时，内网区的承载网络还应为软交换信令、媒体等数据流提供服务质量保证。

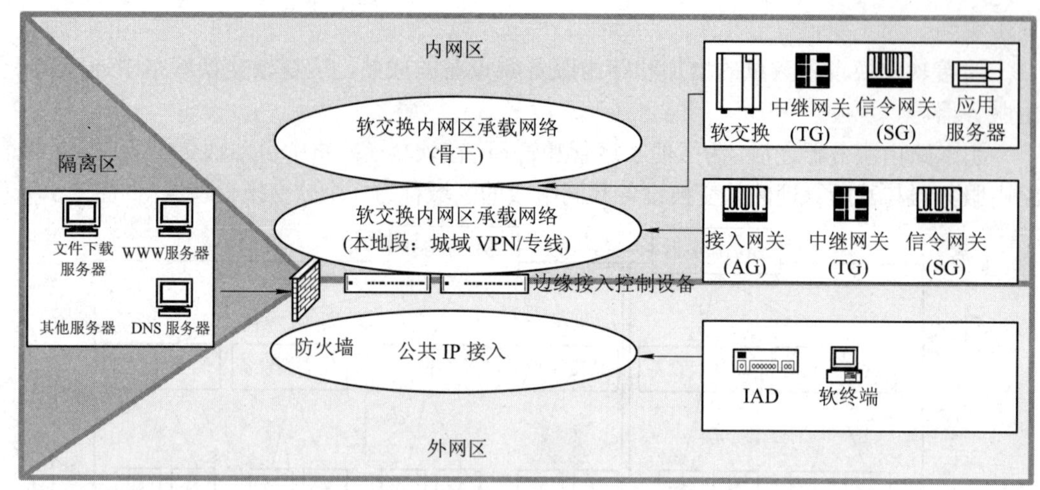

图 7-6　软交换承载网网络示意图

内网区承载网络具有以下特点：

• 内网区承载网络宜分为骨干承载网和城域承载网两个层面。

• 软交换骨干承载网应依托于 CN2 网络，通过在 CN2 上构建虚拟专用网(MPLS VPN)形成，骨干承载网对应的 VPN 在 CN2 网络中应为同一 VPN；CN2 骨干网业务路由器(CN2-SR)作为软交换骨干承载网的接入点。

• 软交换城域承载网宜依托于 IP 城域网，通过构建城域软交换虚拟专用网(MPLS VPN)形成，城域承载网对应的 VPN 在其所在城市 IP 城域网内应为同一 VPN；IP 城域网业务路由器(MAN-SR)作为软交换城域承载网的接入点。

• 对于设置了 CN2 节点的城市，可通过在 CN2 和城域网业务路由器之间设置连接的方式或通过软交换承载网专用路由器/交换机实现软交换骨干承载网和城域承载网的互通；没有设置 CN2 节点的城市，可根据业务的需要，将 IP 城域网业务路由器就近直接连接到邻近的有 CN2 节点设置的城市的 CN2 业务路由器，或通过软交换承载网专用路由器/交换机连接到邻近城市 CN2 业务路由器，从而实现软交换骨干承载网和城域承载网的互通。

隔离区设备包括需要与用户直接交互的 Web 服务器、文件服务器等计算机设备，该区域应通过防火墙与内网区承载网和外网区承载网络进行隔离。

外网区承载网络承载 IAD、智能终端等设备的信令和媒体流。软交换外网区承载网络主要指城域网和用户内部网络。

外网区设备必须通过边缘接入控制设备实现与内网区设备的通信。

4) 软交换接入层网络实现

软交换接入层网络组织由中继网关、信令网关、接入网关、媒体服务器、边缘接入控制设备、IAD 及 SIP 终端等设备组成。其中接入网关、中继网关、信令网关和边缘接入控制设备属于可信任设备，应直接接入软交换内网区承载网；IAD 和 SIP 终端属于不可信任设备，必须通过边缘接入控制设备代理后方可访问软交换内网区资源；边缘接入控制设备应跨接在软交换内网区承载网和外网区承载网之间。

路由服务器引入之前，软交换接入层网络媒体层面应按照以下原则进行组织：

(1) 省际软交换网络接入层媒体设备(包括中继网关、媒体服务器)位于同一平面，参与

业务呼叫的设备可以通过软交换承载网直接建立媒体连接。

(2) 省内软交换内网区接入层媒体设备(包括中继网关、接入网关、媒体服务器和边缘接入控制设备)位于同一平面，参与业务呼叫的媒体设备可以通过软交换承载网直接建立媒体连接。

(3) 省内软交换接入层网络与省际软交换接入层网络之间、不同省、直辖市、自治区省内软交换接入层网络之间暂不考虑媒体层面的直接IP互通，省内软交换用户的省际呼叫的媒体流应通过省内软交换网络设置在软交换用户所在本地网的中继网关疏通到PSTN网络，再由PSTN网将媒体流疏通至DC1交换机或省际软交换网络设置在该省的中继网关。媒体层面的直接IP互通应在中国电信集团统一部署下逐步实现。

(4) 路由服务器引入之前，省内软交换网络信令网关和省际软交换网络信令网关之间应通过No.7信令网或窄带直联信令链建立信令连接关系。路由服务器引入之后，软交换网络内网区所有接入层设备都位于同一平面，设备之间通过软交换承载网直接进行媒体和信令的交互。

通过外网区承载网络接入的IAD和SIP终端与内网区设备之间的媒体流和信令流必须通过BAC代理后实现互通；通过外网区承载网络接入的IAD和SIP终端用户之间的媒体流可以直接在外网区承载网络中互通，也可以通过BAC代理后实现互通，具体方式可根据电信运维部门制定的相关原则和用户接入位置确定。

5) 软交换相关的互联互通

(1) 与PSTN/ISDN网的互通。软交换网络应能够与PSTN/ISDN国际网、长途网和本地网互通。软交换网络与PSTN/ISDN网的互通点可设置在中继网关与DC1交换局、DC2交换局、汇接局或国际局之间。当有业务需求时，中继网关与其所在本地网内的端局、网间接口局、SSP之间也可以设置互通点，如图7-7所示。

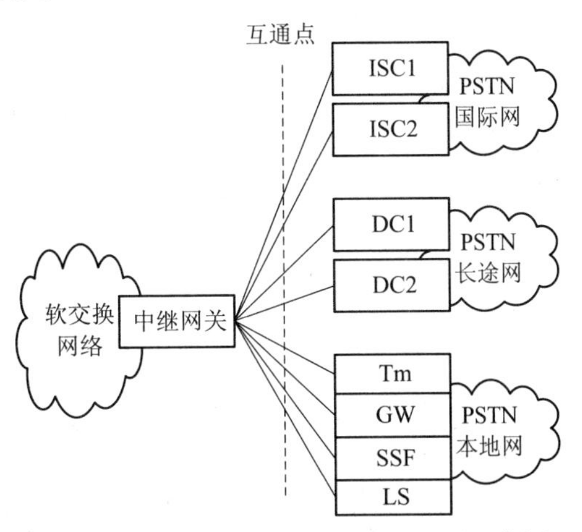

图7-7　软交换网络与PSTN网的互通示意图

由省际软交换设备控制的中继网关，中继电路开设宜与中国电信DC1长途电话交换局的中继电路开设原则一致，也可以根据各省网络的实际情况进行适当调整。由省内软交换设备控制的中继网关，中继电路开设原则宜根据归属软交换设备的具体功能并结合本地网对应功能实体的中继电路开设原则确定。

(2) 与中国电信No.7信令网的互通。软交换网络与No.7信令网之间的互通点设置在SG与No.7信令网络的HSTP、LSTP和SP之间，SP包括中国电信PSTN网中的各类交换局和参与No.7信令交互的业务系统。软交换网络与No.7信令网互通示意图如图7-8所示。

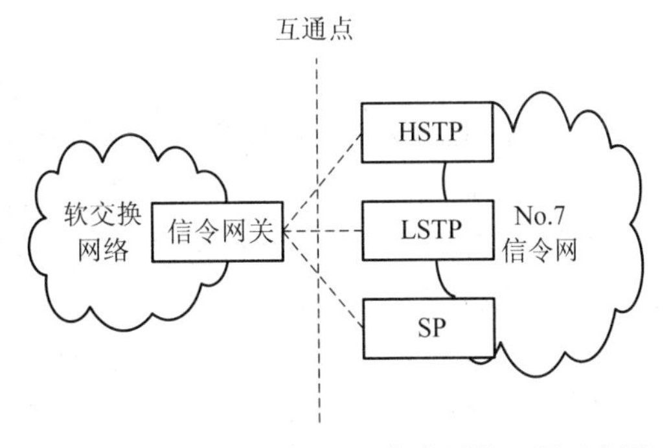

图7-8　软交换网络与No.7信令网的互通示意图

省际软交换网络中设置的信令网关宜与所在省、直辖市、自治区 No.7 信令网络的 HSTP、所在本地网的 LSTP 开设信令链路。

省内软交换网络中设置的信令网关应与所在本地网的 LSTP 开设信令链路，没有设置 LSTP 的本地网，信令网关可向本地网其他 SP 开设直达信令链路。信令网关也可根据本地网的信令链开设原则，向所在本地网部分 SP 开设直达信令链。

(3) 与其他运营商网络的互通。软交换网络通过 PSTN 网间接口局实现与其他运营商的互通，暂不考虑软交换网络与其他运营商网络直接互通，如图 7-9 所示。

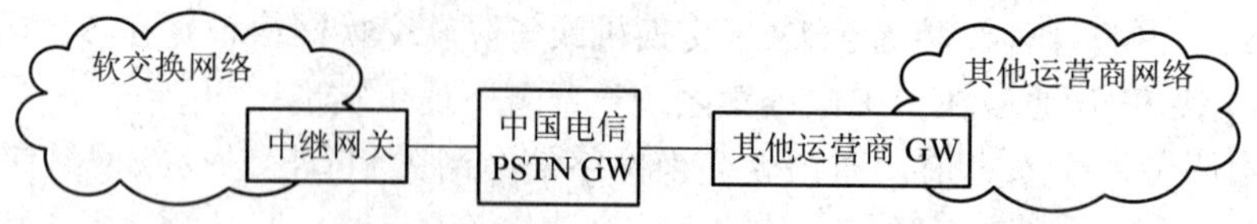

图 7-9　软交换网络与其他运营商网络的互通示意图

2. 软交换网络在蜂窝移动通信网的实现

我国蜂窝移动通信系统的软交换网络结构，始于 21 世纪初期。其主要采用基于 R4 核心网的结构，而网络中的无线接入网络部分，无论是 2G 还是 3G 技术的接入网都与传统的蜂窝移动网络无变化，只是承载通道由原来的经过 MSC 连接改为经过 MGW 所连接的承载层完成。移动软交换基于 R4 的网络结构如图 7-10 所示。

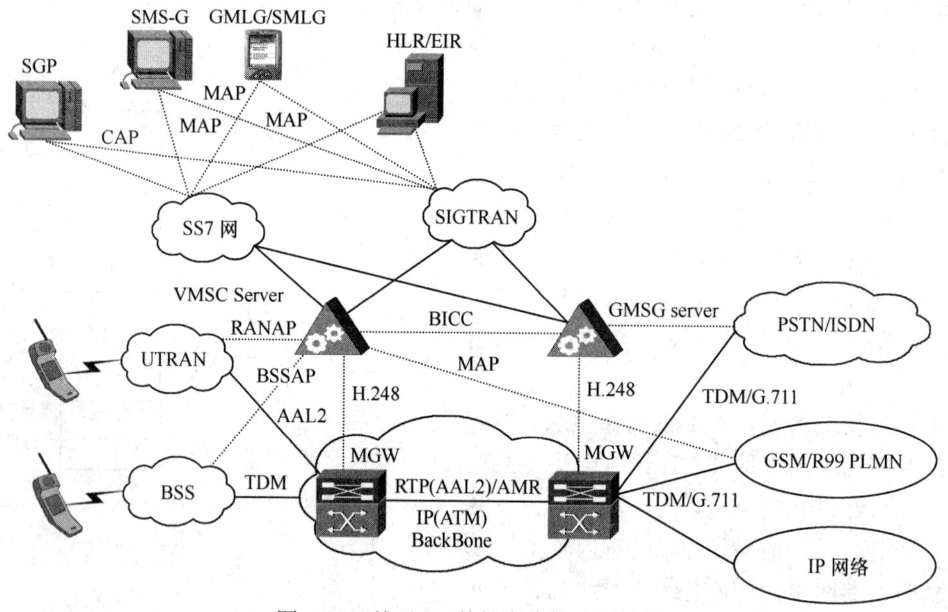

图 7-10　基于 R4 的软交换核心网结构

基于 R4 的核心网部分，对电路域 CS 进行了较大改造，将 MSC 从功能和物理上均分开，由 MSC 服务器(MSC Server)和媒体网关(Media Gateway，MGW)组成，实现了 CS 域中呼叫与承载的分离，并且支持信令的 IP 承载。

1) 移动软交换核心网主要节点功能

(1) MSC 服务器。MSC 服务器完成电路域控制面功能，同时集成有 VLR 和 SSF 功能，以处理移动用户业务以及智能网业务相关的控制功能；对外提供标准信令接口；对电路域基本业务以及补充业务所涉及的 MGW 中承载资源通过 H.248 或称为 GCP(Gateway Control

Protocol)实施控制；同时，与其他的 MSC 服务器间通过 BICC 协议实现承载无关的局间呼叫控制。

(2) GMSC 服务器。GMSC 服务器完成 GMSC 的信令处理功能、请求被叫用户的 HLR 协助查询被叫用户位置信息的功能。当 MS 被呼叫时，需要通过 GMSC 查询该用户所属的 HLR，然后将呼叫连接到目前被叫用户所在等级的 MSC 服务器中。同时还可通过 H.248 协议控制适当的 MGW 中的媒体通道的接续，并支持 BICC 与 TUP/ISUP 之间的协议互通。

(3) MGW。MGW 是 R4 核心网新引入的承载面的网关设备。它可以实现 CS 核心网承载面的承载连接；也可以位于 CS 核心网通往无线接入网(UTRAN/BSS)的连接处，或者位于与传统固定网(PSTN/ISDN)的边界处。MGW 不负责任何移动用户相关的业务逻辑控制功能的处理，而是通过 MSC 或者 GMSC 服务器下发的 H.248 信令，接收相应控制命令，并按照命令要求提供媒体转换、承载提供等功能，如 GSM/UMTS 各类语音编解码器、回声抑制器、IWF(互通功能)、接入网与核心网侧终端媒体流的交换、会议呼叫设备连接、信号音播放、录音通知音播放等。同时还支持电路域业务在多种传输媒介(基于 AAL2/ATM、TDM 或基于 RTP/UDP/IP)上的实现，提供必要的承载建立的控制功能。

(4) SGW。SGW 可在基于 TDM 的窄带 SS7 信令网络与基于 IP 的宽带信令网络之间，完成 MTP 的传输层信令协议栈与基于 IP 的 No.7 信令传输协议栈(SIGTRAN)的双向转换(即：SIGTRAN M3UA /SCTP/IP <=> SS7 MTP3/2/1)。SGW 在物理实现上可与(G)MSC server 或 MGW 合并。目前的网络中后者居多数。

2) 软交换技术在中国移动长途网的实现

中国移动的长途电话网以前采用 TDM 交换机完成长途话务汇接。虽然较为稳定，但成本较高，线路的利用率由于 TDM 的使用方式而无法提高。为此，中国移动建立了采用软交换技术的第二长途网，用于疏通长途话务。经过多次扩容，现已建成全球迄今为止最大的软交换网络。中国移动长途网的结构如图 7-11 所示。

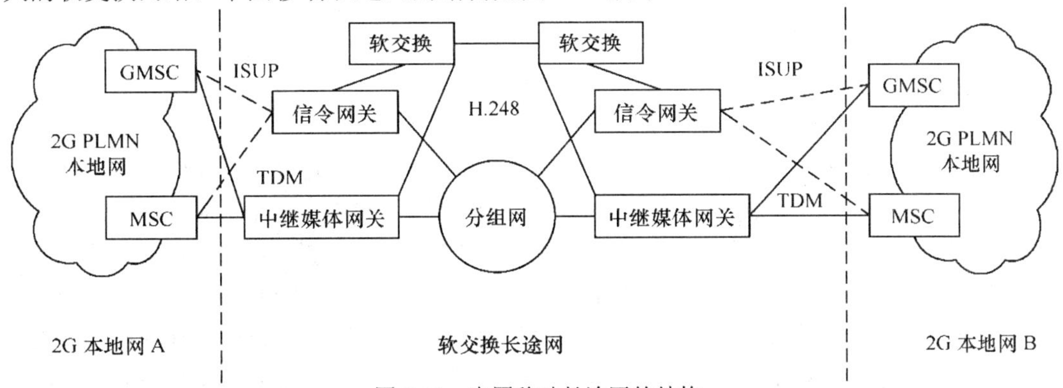

图 7-11　中国移动长途网的结构

中国移动长途软交换网的结构层次可分为边缘接入层、核心传送层和控制层。

(1) 边缘接入层。其功能是将用户/业务接入软交换网络。边缘接入层中的物理实体是一系列媒体网关设备(Media Gateway，MG)，各网关设备完成数据格式和协议的转换，将接入的所有媒体信息流均转换为采用 IP 的数据包在软交换网络中传送。汇接网中需设置的网关主要有信令网关和中继媒体网关。

(2) 核心传送层。其任务是将接入层的各种媒体网关、控制层中的软交换机、业务层

中的各种服务器平台等各种软交换网络的网元连接起来。软交换网中各网元之间均是采用IP数据包来传送各种控制信息和业务数据信息的，因此传送层实际上就是IP承载网络。

(3) 控制层。其功能是完成各种呼叫控制，并负责相应业务处理信息的传送。控制层中的物理实体是软交换机(SS)。

(4) 中继媒体网关(TMG)。TMG用于与电路交换网相连，负责将电路交换网中的业务转换为软交换网中传送的IP媒体流。

(5) 信令网关(SG)。SG用于与电路型交换网中的No.7信令网相连，将窄带No.7信令转换为适于在IP网中传送的信令。

3) 软交换技术在中国移动本地网的实现

利用软交换技术改造或新建移动端局后的组网结构如图7-12所示。

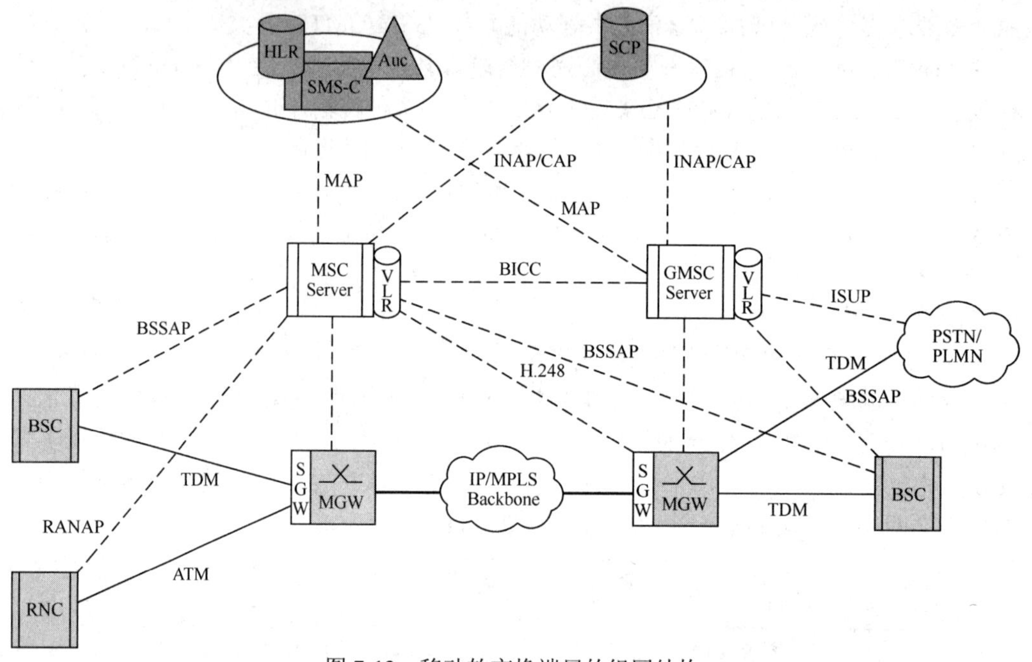

图7-12　移动软交换端局的组网结构

改造或者新建的移动软交换端局均采用3GPP的R4核心网架构，因此原来的(G)MSC功能都被分离成为(G)MSC Server和媒体网关MGW(信令网关SG)，实现控制与承载的分离。

移动软交换系统中还包含移动性管理功能，同时在移动软交换系统中包括访问位置寄存器(VLR)，用来保存当前在其管辖范围内活动的移动用户的签约数据以及CAMEL相关数据。

当MSC Server处于端局时，应具有UMTS/GSM(可选)系统中MSC的呼叫控制功能和移动性管理功能。MSC Server主要包括呼叫控制功能，多媒体业务的处理和控制功能，业务提供功能，业务交换功能，互通功能，SIP代理功能，计费功能，路由、地址解析和认证功能，No.7信令系统应用部分的处理功能，过负荷控制能力等功能。

由于移动用户的位置随时可能发生变化，当移动用户为被叫时，网关MSC(GMSC) Server应能够根据被叫移动用户的MSISDN号码向被叫用户的HLR查询移动用户的实际位置，获取漫游号码(MSRN)后将呼叫接续至被叫移动用户当前所在的访问MSC Server，访问MSC Server应具有对被叫移动用户进行寻呼所必需的呼叫处理功能。

7.2.3　NGN 与软交换网络的协议

NGN 与软交换网络采用的主要协议包括 NGN 各设备之间采用的协议(图 7-13)和 R4 移动软交换网络的接口与协议(图 7-14)。

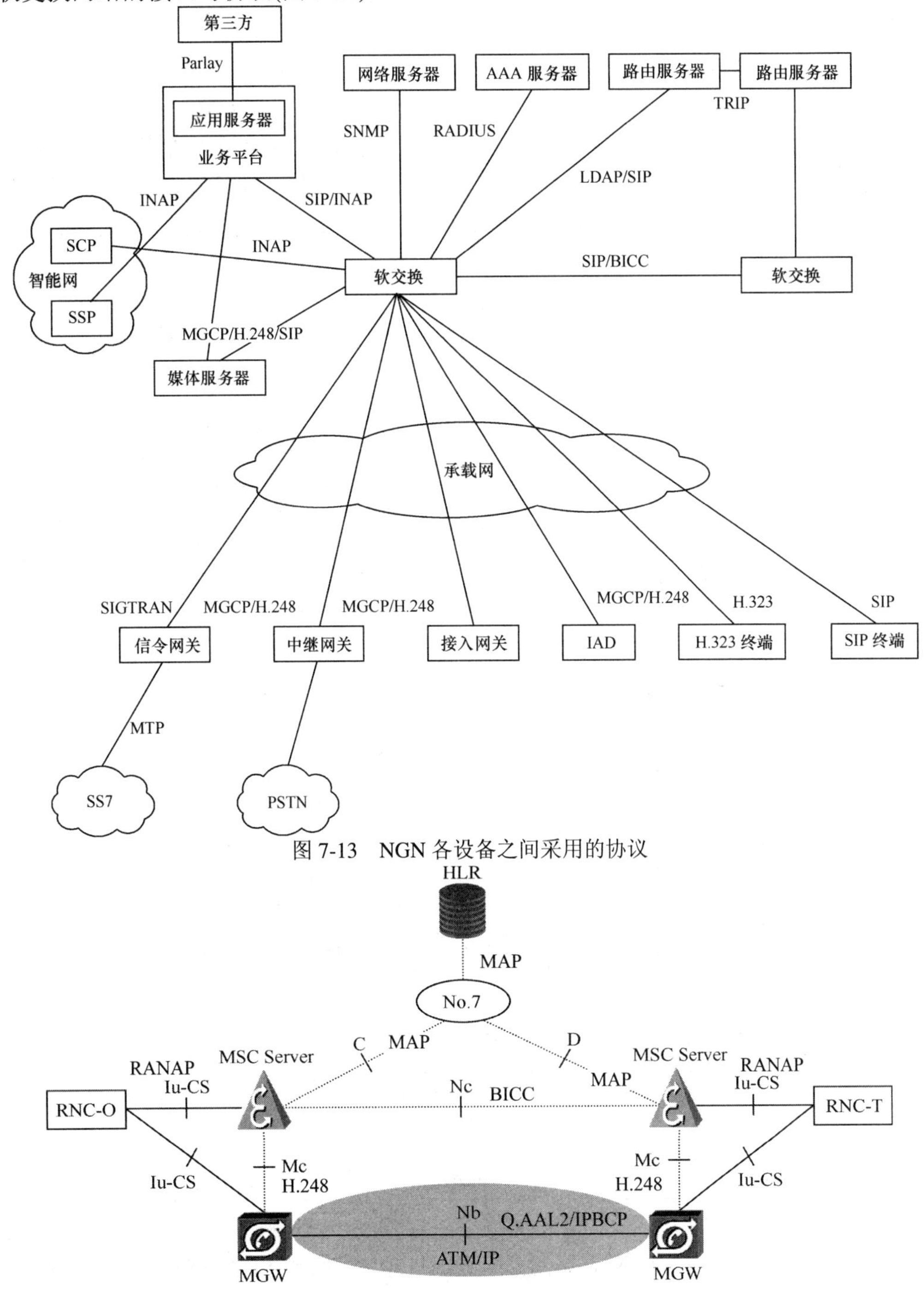

图 7-13　NGN 各设备之间采用的协议

图 7-14　R4 移动软交换网络的接口与协议

比较图 7-13 和图 7-14 不难发现：由于都是在国际统一的 NGN 的概念指导之下，因而无论是在固定还是在移动的软交换网络中，所采用的协议基本上大同小异。其中有直接使用现有网络协议的，如 INAP、SNMP、RADIUS、LDAP、H.323、H.248、RANAP、MAP、ISUP 等，也有为 NGN 软交换网络所特别设计的一些全新协议。接下来我们将对后者中的基本而重要的协议作简要介绍。

1．SIGTRAN 协议

SIGTRAN 协议称为信令传输协议。它是实现用 IP 网络传送电路交换网信令消息的协议栈，它利用标准的 IP 传送协议作为底层传输，通过增加自身功能来满足信令传送的要求。

SIGTRAN 协议栈的组成包括 3 个部分：信令适配层、信令传输层和 IP 协议层。

(1) 信令适配层。该层用于支持特定的原语和通用的信令传输协议，包括针对 No.7 信令的 M3UA、M2UA、M2PA、SUA 和 IUA 等协议，还包括针对 V5 协议的 V5UA 等，其主要功能是协助完成信令的 IP 网络中的路由功能。

(2) 信令传输层。该层支持信令传送所需的一组通用的可靠传送功能，主要指 SCTP(流控制传输协议)。其主要功能是确保在 IP 网络中，信令的面向连接的无错传送。

(3) IP 协议层。该层实现标准的 IP 传送协议。

图 7-15 和图 7-16 给出了 SIGTRAN 协议在固定网和移动网中的协议栈结构。

	ISUP	TUP		Q.931	V5.2
MTP3	M3UA		SUA	IUA	V5UA
M2UA/M2PA					
SCTP					
IP					

图 7-15　SIGTRAN 协议在固定软交换网络中的协议栈

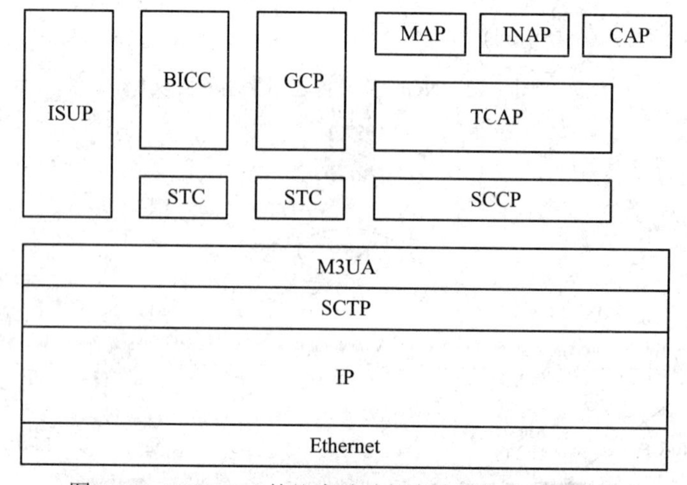

图 7-16　SIGTRAN 协议在移动软交换网络中的协议栈

图 7-17 给出了信令网关实现 No.7 信令网节点与 IP 网软交换 SIGTRAN 互通的典型结构。

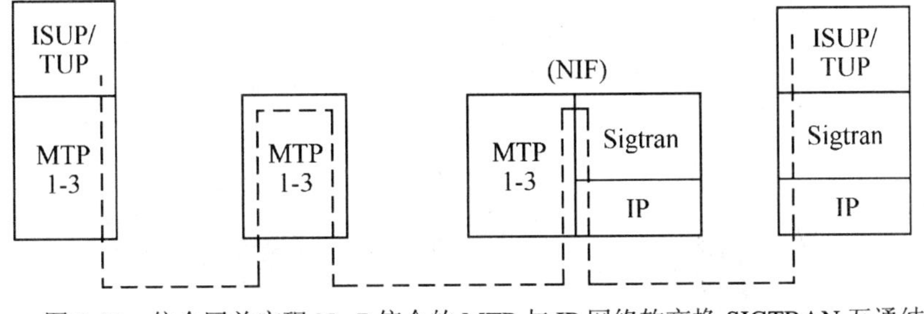

图 7-17　信令网关实现 No.7 信令的 MTP 与 IP 网络软交换 SIGTRAN 互通结构

从图 7-17 中可以看出：信令网关使用 M3UA 协议来完成 No.7 信令系统 MTP 与基于 IP 的信令传送 SIGTRAN 的适配。信令网关接收到来自 No.7 信令网的消息后，信令网关对消息中的 No.7 信令地址(DPC、OPC 等)和信令网关所设置的选路关键字进行比较，确定 IP 网中的应用服务器(AS)和应用服务器进程(ASP)，从而找到目的地的上层用户(图中为 ISUP/TUP)。

2．MGCP/H.248/Megaco/GCP 协议

下一代网络的一个重要特点是呼叫控制功能与承载连接功能相分离，由软交换设备完成呼叫控制功能，由媒体网关完成媒体信息的处理与承载连接提供的功能。MGCP/H.248/Megaco/GCP 协议是软交换设备与媒体网关之间的一种媒体网关控制协议。因在不同网络中使用时而名字略有不同。图 7-18 示意了 H.248 协议在固定软交换网络中的位置。

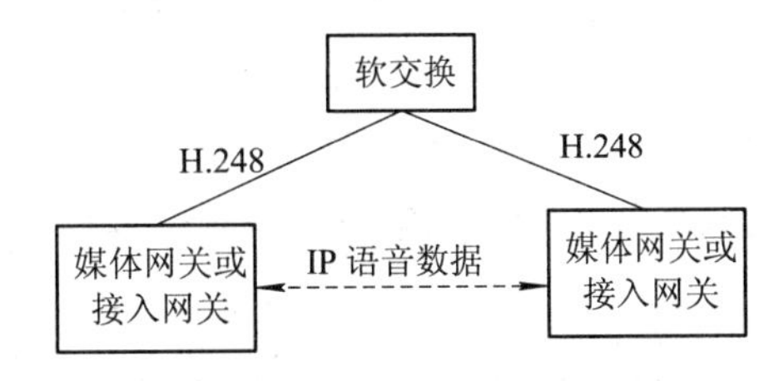

图 7-18　H.248 协议在固定软交换网络中的位置

H.248 协议中的连接模型主要用于描述媒体网关中的逻辑实体，这些逻辑实体由 MGC(通常为控制层服务器)控制。连接模型中的主要抽象概念是：终结点(Termination)和关联(Context)。终端点是 MGW 上的逻辑实体，即承载连接的终端设备，它发送或接收一个或多个媒体数据流。关联则表明了某些终端点之间的连接关系，体现了 MGW 内部提供的一个特定的承载连接通道。

3．BICC 协议

BICC 协议是由 ITU-T SG11 小组制定的，是一种在核心网中软交换服务器之间的 Nc 接口上使用的，与业务承载无关的呼叫控制协议。其主要目的是解决呼叫控制和承载控制分离以后，呼叫控制信息在软交换服务器之间的传递问题，以使呼叫控制信令可以在各种网络上传输。BICC 协议的功能非常类似于传统的 ISUP 协议，然而它不会具有 ISUP 协议

所具有的建立 TDM 承载的能力。就连 BICC 协议关于呼叫建立控制的消息类型都与 ISUP 类似。目前业界已有研发机构致力于研究如何利用 BICC 协议来完全兼容 ISUP 的功能。BICC 协议主要应用在移动通信系统 3G 的 R4 核心网中。如图 7-19 所示。

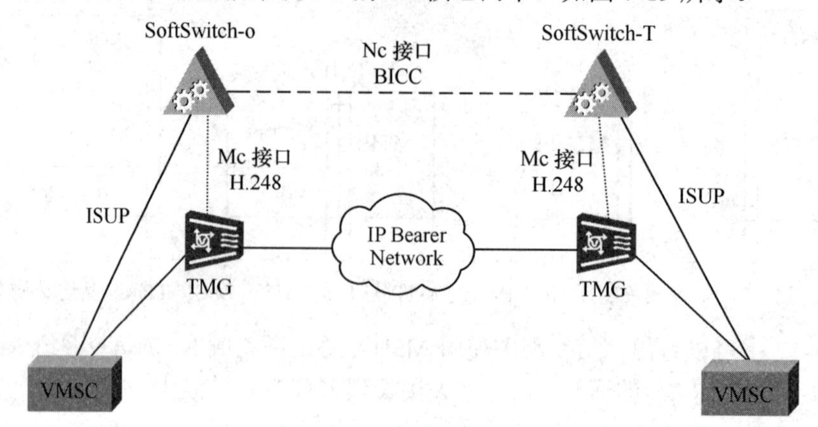

图 7-19　BICC 协议和 H.242 协议在移动软交换核心网中的位置

4. SIP 协议

SIP(Session Initiation Protocol)是一个应用层的信令控制协议。用于创建、修改和释放一个或多个参与者的会话。这些会话可以是 Internet 多媒体会议、IP 电话或多媒体分发。会话的参与者可以通过组播(multicast)、网状单播(unicast)或两者的混合体进行通信。

SIP 是类似于 HTTP 的基于文本的协议。SIP 可以减少应用特别是高级应用的开发时间。由于基于 IP 协议的 SIP 利用了 IP 网络，固定网运营商也会逐渐认识到 SIP 技术对于他们的深远意义。

SIP 独立于传输层。因此，底层传输可以是采用 ATM 的 IP。SIP 使用用户数据报协议(UDP)以及传输控制协议(TCP)将独立于底层基础设施的用户灵活地连接起来。SIP 支持多设备功能调整和协商。如果服务或会话启动了视频和语音，则仍然可以将语音传输到不支持视频的设备，也可以使用其他设备功能，如单向视频流传输功能。

7.3　NGN 与软交换网络前景

7.3.1　软交换网络与传统交换网络的比较

由于软交换网络与传统网络都是以为用户提供各种类型的通信业务与增值业务为目的，因而两种网络在业务提供方面基本一致，但是由于软交换网络网络架构更趋合理、完善，因而可为更多的新业务的使用提供最佳的实现平台。也正是因为两者在网络结构上的差异较大，出现了以下几个方面较大的不同。

1. 网络结构差别大

软交换与传统核心网络的结构差异较大，如图 7-20 所示。

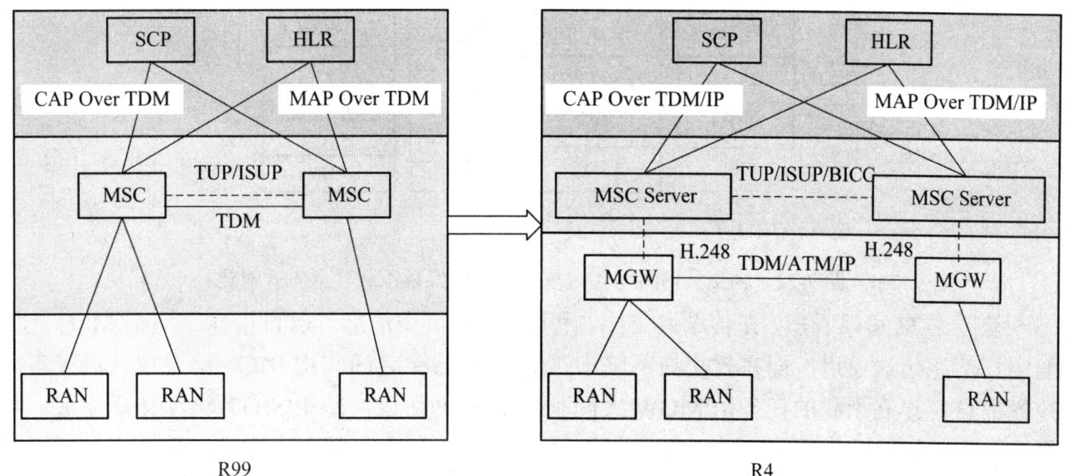

图 7-20　软交换核心网与传统核心网络的结构对比

从图 7-20 可以看出：软交换核心网与传统核心网络的结构差异较大。传统网络的 MSC 节点既要完成业务控制的功能，也要负责提供用户信息传送的承载通道；而在软交换结构中，MSC 的功能由物理上分开的 MSC Server 和 MGW 共同提供，其中前者提供整个网络的控制功能，后者则负责在前者的控制下完成用户信息承载通道的建立。这就是所谓的控制与承载相分离。它们各自位于分层结构控制面和连接面，其相互之间的协调配合，依赖于 H.248 协议实现。

2. 信令传送方式不同

软交换网络与传统核心网络的信令传送方式不同，如图 7-21。

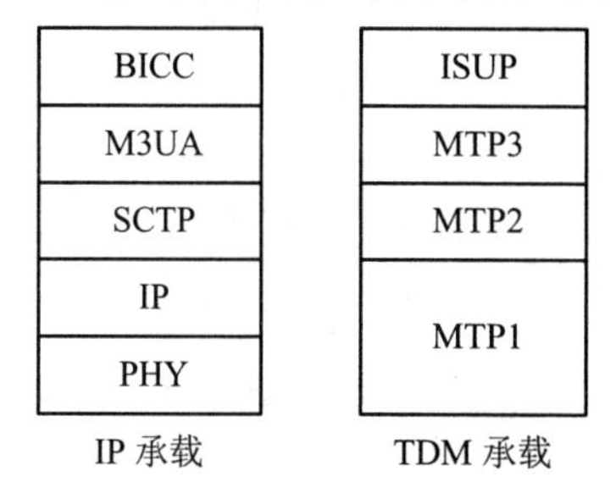

图 7-21　软交换网络与传统核心网络的信令传送方式对比

图 7-21 中示意了因软交换网络采用了 IP 的承载方式以后所带来的控制面上呼叫控制的信令的变化以及该协议传送方式的变化。即：在传统网络中，用户信息的承载通道以及信令信息的传送通道均由 TDM 方式提供，其控制呼叫建立的信令采用 ISUP，而该信令由传统的 MTP 方式传送；而在软交换结构中，用户信息以及信令信息的传送均由 IP 方式实现，此时在控制层面也仅仅负责完成呼叫控制信令 BICC 的传送，故采用了基于 IP 的 SIGTRAN 信令传输协议方式。而用户信息的 IP 承载通道建立则不会再由 MSC Server 负责实施了。关于用户信息传输的承载建立的对比，正是以下部分要介绍的内容。

3. 媒体承载建立方式不同

软交换网络与传统核心网络的媒体承载建立方式也不同，其对比如图 7-22 所示。

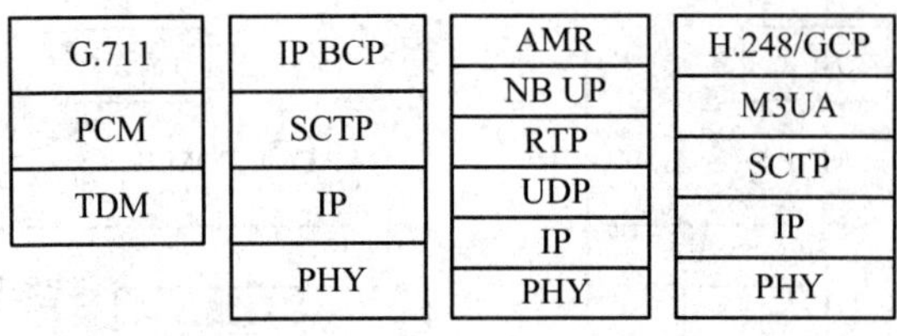

图 7-22　软交换网络与传统核心网络的媒体承载建立方式对比

从图 7-22 可以看出，在传统网络中，利用 ISUP 信令消息可以直接建立两个 MSC 之间的用户信息传送通道；而在软交换网络中，MSC Server 之间利用 BICC 消息仅传送了呼叫控制信息，建立承载的任务由 MGW 之间利用 IPBCP 协议，基于 SIGTRAN 传送完成，承载建立后的用户信息(图中的 AMR 编码)以实时消息常用的 RTP/UDP/IP 数据报的方式传送。而此过程中控制面与承载面的协调配合，由 H.248 协议基于 SIGTRAN 从 MSC Server 传到 MGW 完成。

从以上对比不难看出：软交换网络的发展将使网络结构更加清晰合理，网络成本更加节约，网络资源得到更充分的利用，使用户数据更为集中，新业务提供更加容易；同时软交换网络也保证了与传统网络的兼容。虽然软交换设备功能及其稳定性能够满足商用要求，但与之配套的运营支撑及维护管理体制还需要进行相应的变革，遵循“大容量、小节点、广覆盖、全功能、扁平化”的原则来推进和完善向下一代网络 NGN 与软交换的演进。

7.3.2　软交换网络的前景

当前的软交换网络具有以下的特点，而这些特点也正是软交换网络的发展前景。

1. 更加彻底的分离

IMS(IP Multimedia Subsystem)是 IP 多媒体系统，它是一种全新的多媒体业务形式，能够满足现在的终端客户更新颖、更多样化多媒体业务的需求。IMS 可以看作是一种新的软交换技术。目前，IMS 被认为是下一代网络的核心技术，也是解决移动与固网融合，引入语音、数据、视频三重融合等差异化业务的重要方式。但是，目前全球 IMS 网络多数处于初级阶段，更多的应用方式也处于业界探讨当中。

软交换本身就是一种分离思想，而 IMS 比软交换有更加彻底的分离。彻底的分离体现在以下几点：

(1) 呼叫控制和业务的分离。传统软交换虽然已经将大部分增值业务分离出来放到了业务层，但是自身仍然保留了一些补充业务。IMS 将这些保留的业务统统拿出来放在了业务层的应用服务器中，这显然是呼叫控制和业务彻底的分离。

(2) 呼叫控制与媒体网关控制的分离。传统软交换同时提供了基于 SIP 的会话呼叫控制和基于 H.248/MEGACO/MGCP 的媒体网关控制器的功能，在 IMS 中将这两者分离出来。随着传统网络的逐渐淡出，SIP 网络的逐渐主导，将上述两者功能分离更能使网络结构简单，呼叫路由高效。

(3) 用户数据从软交换中的分离。软交换一般将用户数据放置在软交换设备自身之中，IMS 将这些用户数据从软交换中分离出来，并将用户数据与其相关联的业务数据集中到称

为 HSS(Home Subscriber Server)的设备之中。这种用户数据的分离集中更加有利于业务的实现和提供。

2. 呼叫协议统一

SIP 协议一统天下。采用 SIP 协议，信令信息是基于文本的，较 H.323 协议简单灵活、扩展性好，且基于 Internet 标准，在语音、数据业务结合和互通方面具有优势，网络兼容性也强，能跨越媒体和设备实现呼叫控制，支持媒体格式，可动态增删媒体流，容易实现不同网络间的互连互通以及更加丰富的业务特性。

3. 与接入方式兼容

对多种接入方式的兼容是软交换网络的一个特点，IMS 将该特点进一步发展。在传统软交换网络中由于媒体网关控制功能没有分离出来以及媒体网关控制协议的多样性导致了并没有实现对多种接入方式的兼容，而在 IMS 中由于对接入网络的彻底分离和 SIP 协议的应用，真正意义上实现了对多接入方式的兼容。

4. 一致的归属业务能力

目前的软交换网络没有充分考虑对用户终端的漫游支持，而 IMS 中 P-CSCI(代理- CSCI)功能实体的引入，使终端无论是漫游到外地还是其他运营商的网络都能够通过拜访地或拜访网络的 P-CSCF 接入到 IMS 中，从而建立用户终端与其归属 HSS 及 S-CSCF(服务-CSCF)的信令通路，由归属地的 S-CSCF 控制用户业务。

5. 更好的服务质量和安全保证

在 IMS 中存在多种 CSCF 功能实体，这些实体具有不同的功能任务，这与传统软交换网络中软交换设备的统一功能是不同的。通过这些功能实体，IMS 提供了更好的服务质量和安全保证。在这些 IMS 功能实体中，P-CSCF 完成了用户终端及接入网络和 IMS 核心网络的隔离，I-CSCF(询问-CSCF)完成了不同运营商之间 IMS 网络的隔离，从而保证了网络的安全。

正是由于 IMS 网络具有以上各方面的优势，近年来受到了各大网络运营商的普遍青睐。中国电信和中国移动均已启动了建设 IMS 网络的计划，并已在多个省公司开始逐渐实施。

☆☆ 本 章 小 结 ☆☆

本章从通信网的现状入手，回顾了现代通信网络的发展历程、业务需求的变化，进而引出了 NGN 与软交换的基本概念与必要性。然后又针对我国的两大运营商的软交换组网结构，介绍了 NGN 与软交换网络的核心部件、基本功能以及所使用的全新的重要协议。接着从网络结构、协议等方面比较了传统网络与软交换网络的差异。最后对 NGN 和软交换网络发展前景进行了讨论。

☆☆ 习　　题 ☆☆

一、填空题

1．软交换网络结构分为接入层、______、______和业务/应用层。

2．下一代网络能够实现______与呼叫控制分离，______与接入和承载分离。

3．广义的下一代网络涉及的内容十分广泛，实际上包含下一代传送网、下一代接入网、______、下一代互联网和______。

4．下一代网络又特指以软交换设备为控制核心，能够实现语音、数据和______的开放的分层体系架构。

5．软交换位于网络的______层。

6．______是软交换网络的核心控制设备，主要完成呼叫控制、媒体网关接入控制、资源分配、协议处理、路由、认证、计费等主要功能，并可以向用户提供各种基本业务和补充业务。

二、简答题

1．简要说明什么是NGN。

2．软交换网络有什么特点？

3．试简要说明以软交换为中心的下一代网络的分层结构，并简要描述各层的基本功能。

4．简要说明MGW的基本功能。

5．软交换网络核心网所采用的标准协议有哪些？

6．简要说明软交换的主要功能。

7．请说明蜂窝移动通信系统基于R4的核心网络的结构。

8．试比较传统网络与软交换网络的异同。

第8章 光交换技术

教学提示

现代通信网中，先进的光纤通信技术以其传输容量大、不受电磁干扰、保密性好等明显优势而为世人瞩目。实现透明的、具有高度生存性的全光通信网是宽带通信网未来的发展目标。从系统角度来看，支撑全光网络的关键技术基本可分为光监控技术、光交换技术、光放大技术和光处理技术几大类。而光交换技术作为全光网络系统中的一个重要支撑技术，它在全光通信系统中发挥着重要的作用，可以这样说，光交换技术的发展在某种程度上也决定了全光通信的发展。光交换技术是一项刚刚兴起且正在发展的技术，随着光器件技术的不断进步，光交换将逐步显现出它强大的优越性，并成为今后信息交换的主流。

这一章将首先介绍一些基本概念和常见的一些光交换器件，然后就各种光交换技术的交换原理、特点和关键技术进行介绍。

导入案例

世界欠你一个极大人情！

——“光纤之父”高锟

2009年，瑞典皇家学院决定将诺贝尔物理学奖颁给一直致力于“光纤技术”的Charles Kao(高锟)，其获奖理由是“他在光学通信领域的光纤传输方面取得了开创性成就”。这让整个华人世界为之兴奋，就在奖项公布那一刻，消息就通过互联网传遍了世界各地，而这样的“全球同步”之所以在今天成为可能，也正好和高锟的发明分不开，那就是“光导纤维”。

有人说，高锟开创的“光纤”技术与爱迪生发明电灯和贝尔发明电话一样，使人类的生活方式发生了历史性的巨变。而正是1966年的一篇论文奠定了高锟“光纤之父”的地位，他提出“以玻璃制造一条比头发还细的光纤，以代替千百万条铜线进行远距离信息传输”。光流动在细小如线的玻璃丝中，它携带着各种信息数据传递向每一个方向。这一大胆设想在当时被外界笑说是“痴人说梦”，但高锟一直默默坚持，并进行了大量实验。当首个真正的光纤传输系统在1981年正式面世时，距离他首度提出光纤理论已经15年。

华人“光纤之父”揽物理诺奖

A16

高锟
英国华人科学家

1933年	出生在上海
1949年	随家前往香港
1954年	赴英国伦敦大学攻读电机工程
1957年	获学士学位
1965年	获哲学博士学位
1957年	从事光导纤维在通讯领域运用的研究
1987年10月	从英国回到香港，并出任香港中文大学第三任校长
1996年	当选为中国科学院外籍院士

由于他的杰出贡献，1996年，中国科学院紫金山天文台将一颗于1981年12月3日发现的国际编号为“3463”的小行星命名为“高锟星”。

那时候，高锟提出的理论超乎人的想象。当时能制成的激光不太好，需要在液态氮的低温下利用强大的电流去产生，但只能坚持一段短时间，又要再降温，高锟却说：“我需要高一微米，宽一微米的激光，能够在室温下持续上万小时”，人们都觉得他疯了。

有了光纤，真正要实现大容量的通信，还要有激光器才行，一直到20世纪80年代激光器出来了，光通讯就不得了了，并于20世纪80年代初马上就超过了电缆。高锟这项发明发挥作用是在20世纪80年代中期，到90年代就不得了了，而且速度越来越高，高到你用不完。因为光纤的发明，全球进入网络时代，高锟改变了历史。今天，我们发电子邮件、看高清电视、打网络游戏，或是打个费用低廉的IP电话，甚至在医院里做胃镜检查，这些生活里每天发生的事，都是高锟发明的光纤所带来的改变。

在高锟获得诺贝尔物理学奖之后，他的夫人黄美芸感叹：“如果这个奖项五年前给他就好了！”因为2009年年初，76岁的高锟，患上了轻微的阿尔茨海默病，与外界沟通已有困难。

在高锟获得诺贝尔物理学奖后，奥巴马从白宫发出贺函，大赞高锟：“你的研究完全改变了世界……促进了美国及世界经济的发展，我本人为你而感到骄傲，世界欠你一个极大人情！”

在当前的信息网络中，通常采用光传输和电子交换技术。但随着密集波分复用(DWDM)技术的成熟，通信网络的传输容量越来越大，传输系统容量的增长促使大型交换系统必须考虑如何处理通信总量可能达几百或上千吉比特每秒信息交互流通的问题。为了达到更高的速度，必须考虑全光交换网络。

8.1 光交换技术概述

8.1.1 光交换技术的概念及特点

光交换是指不经过任何光电转换，在光域上直接将输入的光信号交换到不同的输出端。与电子数字程控交换相比，光交换无须在光纤传输线路和交换机之间设置光端机进行光/电(O/E)和电/光(E/O)转换，而且在交换过程中，还能充分发挥光信号的高速、宽带和无电磁感应的优点。光纤传输技术与光交换技术融合在一起，可以起到相得益彰的作用，从而使得光交换技术成为通信网交换技术的一个发展方向。

光交换技术有以下几个优点：

1. 提高节点吞吐量

电交换要受到电子器件响应速度的限制，而光交换则没有，一个光开关就可能有每秒数百吉比特的业务吞吐量，可以满足大容量交换节点的需要。

2. 降低交换成本

光信号在通过交换单元时，以光的形式直接实现用户间的信息交换，不需要经过光电、电光转换，当然也省掉了这些昂贵的接口器件，降低了网络成本。

3. 透明性

光交换对比特率、信号调制方式和通信协议透明，具有良好的升级能力。

总之，相对于电交换来说，光交换具有明显的优势，吞吐量潜力极大，特别是可以大大节省成本。随着业务需求的不断增长，未来的通信网络将由单纯的电子交换技术逐步演变成电子交换与光交换技术并存，随着光交换技术的不断发展和完善，该技术将会成为通信网络极大信息量吞吐方案的主导交换技术。

8.1.2 光交换技术的分类

在各种不同类型的光网络系统中，使用到的光交换技术有所不同。根据光网络系统类型的不同，可以选择使用不同的光交换技术。目前对光交换技术有两种不同的分类方法：一种是从复用传输的角度进行分类；另一种是从交换系统的配置功能和所使用的交换模式角度进行分类。

1. 按复用方式分类

为了提高光纤的利用率，在光传输网络中，一般采用复用技术来提高线路传输容量。

1) 光空分交换技术

根据需要，在两个或多个点(空间位置)之间建立物理通道，信息交换可在任一路输入光纤和任一路输出光纤之间进行，这种信息交换通过改变传输路径来完成。

2) 光波分交换技术

光纤的容量比电缆大得多，如果能够在一根光纤中同时传输多路光信号，则通信容量会大幅增加。这种在一根光纤中同时传输多种不同波长光信号的技术就是光波分复用技术。应用这种复用技术，承载各个用户信息的不同光信号在交换设备中不经过光/电转换，直接将所携带的信息从一个波长转换到另一个波长上。

3) 光时分交换技术

光时分交换技术就是在时间轴上将某一时隙承载的信息转移到另一时隙进行传送。

4) 光码分交换技术

光码分复用是一种光域的扩频通信技术，不同用户的信号用互成正交的不同码序列填充，接收时只要用与发方相同的码序列进行相关接收，即可恢复原用户信息。光码分交换，就是将某个正交码上的光信号交换到另一个码上，实现不同码序列之间的交换。

2．按交换配置模式分类

(1) 光路交换(Optical Circuit Switching，OCS)技术。在光子层面的最小交换单元是一个波长通道上的业务流量。

(2) 光分组交换(Optical Packet Switching，OPS)技术。光分组交换是以承载在光域上的分组数据作为最小的交换颗粒，其特征是对分组的数据串而不是比特率进行交换。在这种交换技术中，每个分组都必须包含自己的选路信息，通常是放在信头中。交换机根据信头信息发送信号，而其他信息(如净负荷)则不需由交换机处理，只是透明地通过。

(3) 光突发交换(Optical Burst Switching，OBS)技术。将多个数据分组组装成更大的数据分组，以突发方式在光域传输和交换。在这种交换方式中，数据分组和控制分组独立传送，控制分组先于数据分组请求交换机为其后的数据突发分组预留资源，以光突发包为最小的交换单元。

(4) 光标记分组交换(Optical Multi-Protocol Label Switching，OMPLS)技术。将多协议标记交换技术和光网络技术相结合，由 MPLS 控制平面运行标签分发机制，向下游各节点发送标签，标签对应波长，由各节点的控制平面进行光交换开关的控制，建立光通道。

8.1.3 光交换元件

光交换元件是实现全光网络的基础。常用的光交换元件有光开关、光波长转换器、光存储器和光调制器等。

1．光开关

光开关是各种光通信系统实现高功能、高可靠性，提高维护和使用效率必不可少的光器件。光开关在光通信中的作用有三类：一是将某一光纤通道中的光信号切断或开通；二是将某波长光信号由一个光纤通道转换到另一个光纤通道中去；三是在同一光纤通道中将一种波长的光信号转换成另一种波长的光信号(波长转换器)。

1) 半导体光开关

通常，半导体光放大器用来对输入的光信号进行光放大，并且通过控制放大器的偏置信号来控制其放大倍数。当偏置信号为零时，输入的光信号将被器件完全吸收，使得器件的输出端没有任何光信号输出，器件的这个作用相当于一个开关把光信号给“关断”了。当偏置信号不为零且具有某个定值时，输入的光信号便会被适量放大而出现在输出端，这相当于开关闭合让光信号“导通”。因此，这种半导体光放大器也可以看做光交换中的空分交换开关，通过控制电流来控制光信号的输出选向，如图 8-1 所示。

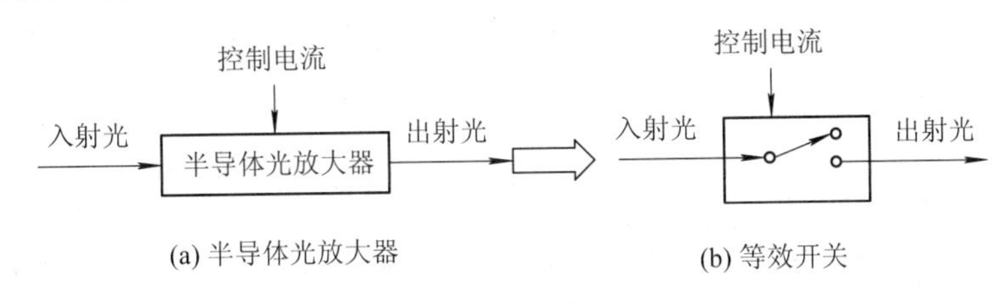

(a) 半导体光放大器　　(b) 等效开关

图 8-1　半导体光放大器及等效开关示意图

2) 耦合波导开关

半导体光放大器只有一个输入端和一个输出端，而耦合波导开关除了一个控制电极之外，还有两个输入端和两个输出端。每个输入和对应的输出形成一个光通道。两个输入和两个输出组成两个光通道。耦合波导开关利用控制电极来控制光信号的输出状态。当控制电极上不加电时，其中一个光通路上的光信号会完全耦合接到另一个光通道上，形成光信号的交叉连接；当控制电极上加电时，原先耦合到另外的光通路上的光信号会耦合回原来的光通道上，形成光信号的平行连接，一般称①—③和②—④为直通臂，①—④和②—③为交叉臂，如图 8-2 所示。

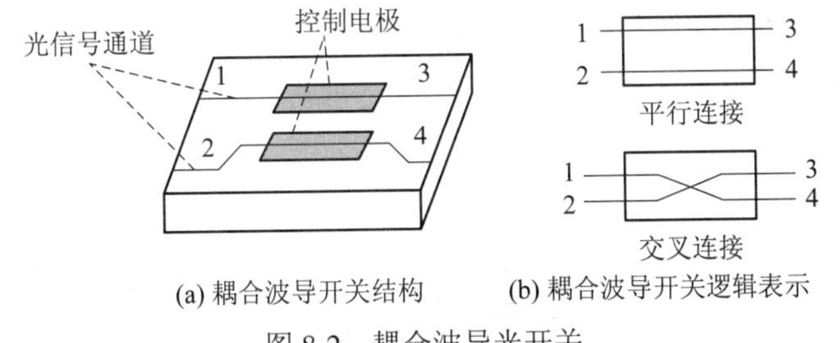

(a) 耦合波导开关结构　　(b) 耦合波导开关逻辑表示

图 8-2　耦合波导光开关

3) 液晶光开关

液晶是介于液体与晶体之间的一种物质状态。一般的液体内部分子排列是无序的，而液晶具有流动性，其分子又按一定规律有序排列，使它呈现晶体的各向异性。当光通过液晶时，会产生偏振面旋转、双折射等效应。

液晶分子是含有极性基因团的极性分子，在电场作用下，偶极子会按电场方向取向，导致分子原有的排列方式发生变化，液晶的光学性质也随之发生改变，这种外电场引起液晶光学性质的改变称为液晶的电光效应。

液晶光开关的原理是利用液晶材料的电光效应，即用外电场控制液晶分子的取向而实现开关功能。偏振光经过未加电压的液晶后，其偏振态将发生 90° 改变；而经过施加了一定电压的液晶时，其偏振态将保持不变。

液晶光开关的原理如图 8-3 所示。在液晶盒内装着相列液晶，通光的两端安置两块透明的电极。未加电场时，液晶分子沿电极平板方向排列，与液晶盒外的两块正交的偏振片P和A的偏振方向成45°，P为起偏器，A为检偏器，如图 8-3(a)所示。这样液晶具有旋光性，入射光通过起偏器 P 先变为线偏光，经过液晶后，分解成偏振方向相互垂直的左旋光和右旋光，两者的折射率不同(速度不同)，有一定相位差，在盒内传播盒长距离 L 之后，引起光的偏振面发生 90°旋转，因此不受检偏器 A 阻挡，器件为开启状态。当施加电场 E 时，液晶分子平行于电场方向，因此液晶不影响光的偏振特性，此时光的透射率接近于零，处于关闭态，如图 8-3(b)所示。撤去电场，由于液晶分子的弹性和表面作用又恢复原开启态。

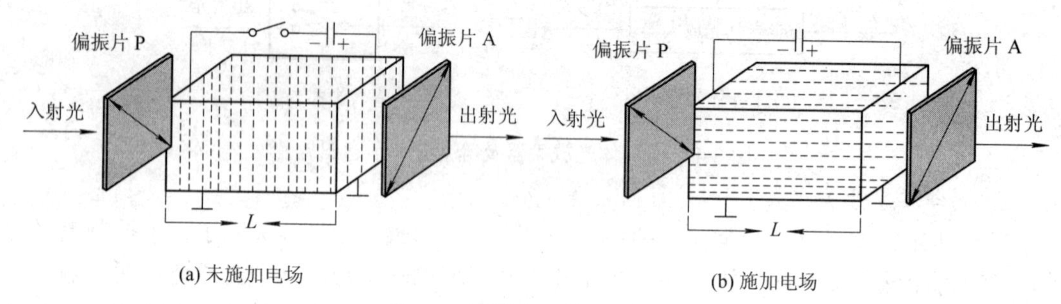

图 8-3　液晶光开关工作原理

2．波长转换器

波长转换器能把光波从一个波长输入转换为另一个波长输出。波长转换器有多种实现方法。直接的波长转换是光—电—光转换，即将波长为 λ_i 的输入光信号，由光电检测器变为电信号，然后再去驱动一个波长为 λ_j 的激光器，使得出射光信号的输出波长为 λ_j。

另外一种是调制间接转换，即在外调制器的控制端上施加适当的直流偏置电压，使得波长为 λ_i 的入射光被调制成波长为 λ_j 的出射光。光波长转换器的结构示意图如图 8-4 所示。

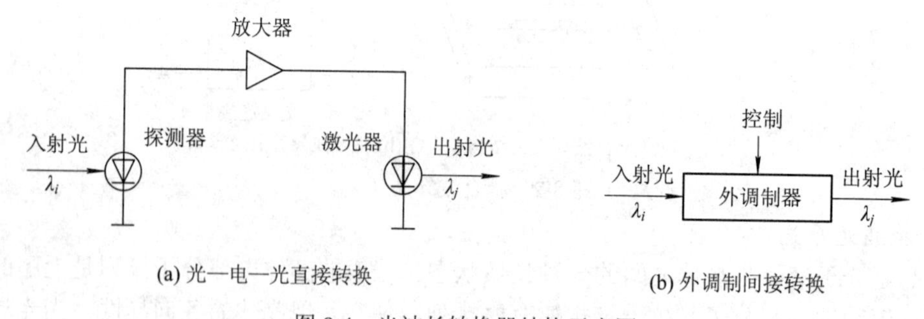

图 8-4　光波长转换器结构示意图

3．光存储器

在电交换中，存储器是常用的存储电信号的器件。在光交换中，同样需要存储器实现光信号的存储。光存储器就是用来存储光域信息的。常用的光存储器有光纤延迟线光存储器和双稳态激光二极管光存储器。

1) 光纤延迟线光存储器

光纤延迟线作为光存储器使用的原理比较简单：光信号在光纤中传播时存在延时，在长度相同的光纤中传播可得到时域上不同的信号，这就使光信号在光纤中得到了

存储。

光纤延迟线光存储法较简单，成本低，具有无源连接器件的所有特性，对速率几乎无限制，而且它还可以连续存储。但这种存储的缺点是，它的长度固定，延时时间也就不可变，故其灵活性和适应性受到了限制。

2) 双稳态激光二极管光存储器

其原理是利用双稳态激光二极管对输入光信号的响应和保持性存储光信号。

双稳态半导体激光器具有类似电子存储器的功能，即它可以存储数字光信号。光信号输入到双稳态激光器中，当光强超过阈值时，由于激光器事先有适当偏置，可产生受激辐射，对输入光信号进行放大。其响应时间小于 10^{-9} s，以后即使去掉输入光，其发光状态也可以保持，直到有复位信号到来，才停止发光。由于以上所述两种状态(受激辐射状态和复位状态)都可保持，所以它具有双稳特性。

用双稳态激光二极管作为光存储器件时，由于其光增益很高，可大大提高系统信噪比，并可进行脉冲整形。其缺点是，由于有源器件剩余载流子的影响，其反应时间较长，使速率受到一定的限制。

4. 光调制器

在光纤通信中，通信信息由光波携带，光波就是载波，把信息加载到光波上的过程就是调制。光调制器是实现电信号到光信号转换的器件，也就是说，它是一种改变光束参量传输信息的器件，这些参量包括光波的振幅、频率、相位或偏振态。一般应用最多的是对光的振幅调制。因为光强与光的振幅平方成正比例，因此对光的振幅调制也就是对光强的调制。

将信息加载到光波上有许多方法，依加载位置可分为内调制和外调制两大类。

(1) 内调制。内调制又称为直接调制，即直接对光源进行调制，通过控制半导体激光器注入电流的大小来改变激光器输出光波的强弱。这种调制方式是把承载信息的电信号作为驱动电流直接施加在激光器上，在激光振荡过程中，即以调制信号去改变激光器的振荡参数，从而改变激光输出特性以实现调制。

(2) 外调制。这种调制方式又称为间接调制。即不直接调制光源，而是在光源的输出通路上外加调制器对光波进行调制，此调制器实际上起到一个开关的作用。其结构如图 8-5 所示。

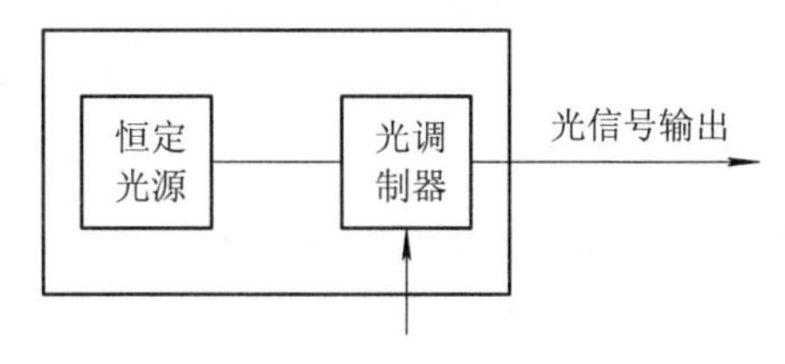

图 8-5 外调制器的结构

外调制是指发光器和调制器是分开设立的，使光在传播过程中受到调制的一种方式。即激光形成之后，在激光器外的光路上放置调制器，在调制器上加调制信号电压，改变调制器的物理特性，当激光通过调制器时，就会使透过光波的某参量受到调制。外调制不是改变激光器参数，而是改变已经输出的激光的物理性质(强度、频率、相位、偏振等参数)。

其特点是发光器与调制器没有内在联系，实行起来比较简单，容易调整，且比内调制速率高 10 倍左右。所以现在光电装置中多数都采用外调制方式。

调制器的性能对调制质量影响很大，一般对调制器的要求是：性能稳定，调制度高，损耗小，相位均匀，有一定的带宽等。

8.2 光电路交换

对光路交换(Optical Packet Switching，OCS)技术而言，在光子层面的最小交换单元是一个波长通道上的业务流量。这种交换是以波长为量级的。

光电路交换和现在的电路交换技术大同小异，主要是使用 OADM、OXC 等光元件设置光通路。依交换对象的不同，光电路交换所涉及的技术有空分交换技术、时分交换技术、波分交换技术和码分交换技术。

8.2.1 空分光交换

空分光交换就是在空间域上对光信号进行交换。其基本原理是将光交换节点组成可控的门阵列开关，通过控制交换节点的状态可实现输入端的任一信道与输出端的任一信道连接或断开，完成光信号的交换。简言之，光空分交换是使按空间顺序排列的各路信息进入空分交换阵列后，交换阵列节点根据信令对信号的空间位置进行重新排列，然后输出，完成交换。该交换方式将光交换元件组成门阵列开关，并适当控制门阵列开关，即可在任一路输入光纤和任一输出光纤之间构成通路，如图 8-6 所示。

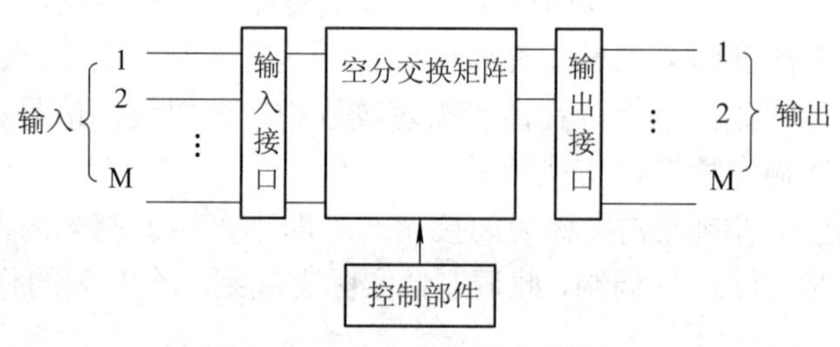

图 8-6　空分光交换基本结构图

8.2.2 时分光交换

时分光交换技术是在时间轴上将光波长分成多个时段，通过互换时间位置来交换承载的信息。

在电时分交换方式中，普遍采用电存储器作为交换的核心器件，通过顺序写入、控制读出，或者控制写入、顺序读出的存储器读写操作，把时分复用信号从一个时隙交换到另一个时隙。对于时分光交换，则是按时间顺序安排的时分复用各路光信号进入时分交换后，在时间上进行存储或延迟，对时序有选择地进行重新安排后输出。

时分光交换是以时分复用为基础，把时间划分为若干互不重叠的时隙，由不同的时隙建立不同的子信道，通过时隙交换网络完成话音的时隙搬移，从而实现入线和出线间话音

交换的一种交换方式。其基本原理与现行的电子程控交换中的时分交换系统完全相同，因此它能与采用全光时分多路复用方法的光传输系统匹配。

时分光交换采用光存储器实现，把光时分复用信号按一种顺序写入光存储器，然后再按另一种顺序读出来，以便完成时隙交换。光时分复用和电时分复用类似，也是把一条复用信号划分成若干个时隙，每个基带数据光脉冲流占用一个时隙，N 个基带信道复用成高速光数据流信号进行传输。

在这种技术下，可以时分复用各个光器件，能够减少硬件设备，构成大容量的光交换机。该技术组成的通信技术网由时分型交换模块和空分型交换模块构成。它所采用的空分交换模块与上述的空分光交换功能块完全相同，而在时分型光交换模块中则需要有光存储器(如光纤延迟存储器、双稳态激光二极管存储器)、光选通器(如定向复合型阵列开关)以进行相应的交换。

时分光交换系统的基本结构由光(时隙)复用器、光缓存器、光(时隙)分路器及其控制部件组成，如图 8-7 所示。

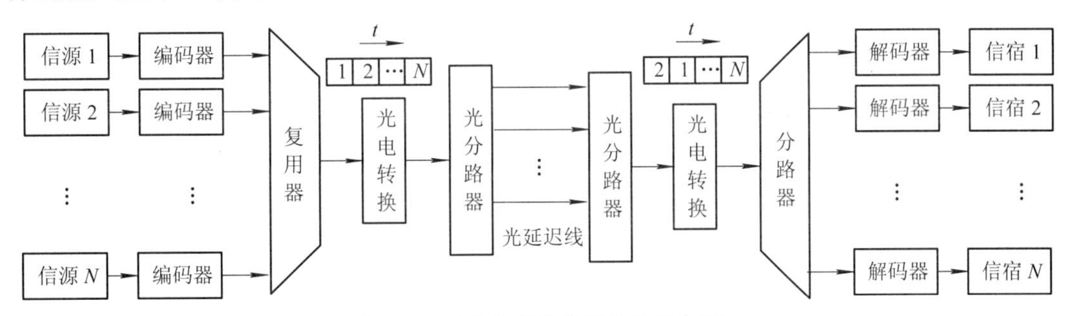

图 8-7 时分光交换系统结构示意图

采用光延迟器件实现光时分交换的原理是：先把时分复用光信号通过光分路器分成多个单路光信号，然后让这些信号分别经过不同的光延迟器件，获得不同的时间延迟，再把这些信号经过光合路器重新复用起来。

光分路器、光合路器和光延迟器件的工作都是在计算机的控制下进行的，可以按照交换的要求完成各路时隙的交换功能，也就是光时隙互换。

时分光交换方式的原理与现行电子学的时分交换原理基本相同，只不过它是在光域里实现时隙互换而完成交换的，因此，时分光交换的优点是能与现在广泛使用的时分数字通信体制相匹配。另外时分光交换可以时分复用各个光器件，所以能够减少硬件设备，构成大容量的光交换机。时分光交换系统能与光传输系统很好配合构成全光网，所以时分光交换技术研究开发进展很快，其交换速率几乎每年提高 1 倍，目前已研制出几种时分光交换系统。

但时分光交换必须知道各路信号的比特率，即不透明。另外需要产生超短光脉冲的光源、光比特同步器、光延迟器件、光时分合路/分路器、高速光开关等，技术难度较空分光交换大。

8.2.3 波分光交换

波分复用技术在光传输系统中已得到广泛应用。一般来说，在光波复用系统中其源端

和目的端都采用相同的波长来传递信号。如果使用不同波长的终端进行通信，那么必须在每个终端上都具有各种不同波长的光源和接收器。

为了适应光波分复用终端的相互通信而又不增加终端设备的复杂性，人们便设法在传输系统的中间节点上采用光波分交换。采用这样的技术，不仅可以满足光波分复用终端的互通，而且还能提高传输系统的资源利用率。

波分光交换是指光信号在网络节点中不经过光/电转换，直接将所携带的信息从一个波长转移到另一个波长上的交换方式。

波分光交换网络是实现波分光交换的核心器件，可调波长滤波器和波长转换器是波分光交换的基本器件。前者的作用是从输入的多路波分光信号中选出的光信号，后者则将可变波长滤波器选出的光信号变换为适当的波长后输出。

实现波分光交换有两种结构：波长互换型和波长选择型。波长互换型的光交换网络由光波复用器(合波器)/光波解复用器(分波器)、波长转换器组成，其结构如图 8-8 所示。

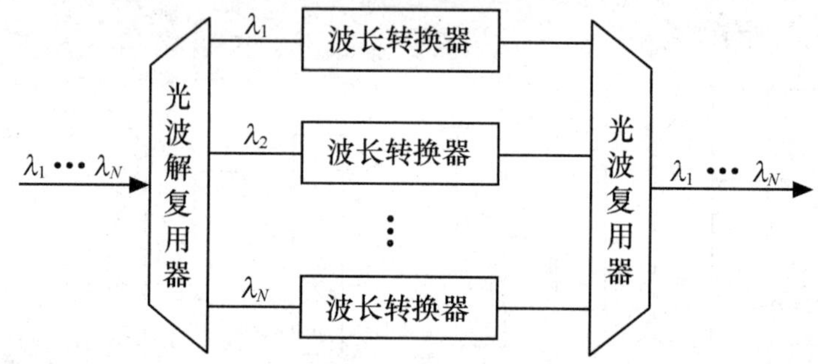

图 8-8　波长互换型光交换网络结构

在图 8-8 中，波长转换器的作用是把输入波长光信号转换成想要交换输出的波长的光信号。最后通过光波复用器把这些完成波长交换的光信号复用在一起，经由一条光纤输出。这种结构是先把各个输入信号变成不同波长的光信号复用在一起进行传输，然后通过光波分路、波长互换完成信号交换，最后合路输出，输出信号还是一个多路复用信号。而另一种波长交换结构正好与此相反，它是从各个单路的原始信号开始，先用各种不同波长的单频激光器将各路输入信号变成不同波长的输出光信号，把它们复合在一起，构成一个多路复用信号，然后再由各个输出线上的处理部件从这个多路复用信号中选出各个单路信号来，从而完成交换处理，如图 8-9 所示。

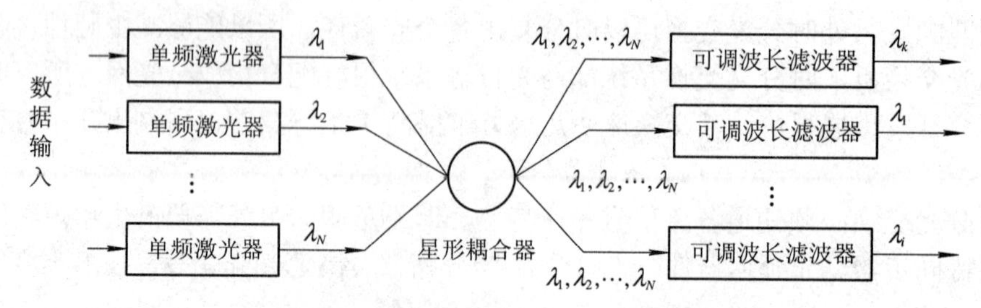

图 8-9　波长选择型光交换网络结构

在图 8-9 中，N 路原始信号在输入端分别去调制 N 个单频激光器，产生出 N 个波长的信号，经星形耦合器后形成一个波分复用信号，并输出在 N 个输出端上。在输出端可以采用可调波长滤波器检出所需波长的信号。

8.2.4 码分光交换

码分光交换的原理就是将某个正交码上的光信号交换至另一个正交码上，实现不同码字之间的交换。在光码分多址(OCDMA)网络中，每个用户都分配有一个唯一的地址码，可以用来进行地址的识别、路由的选择，即可利用用户的地址码实现全光自路由和光交换。

光码分多址(OCDMA)技术是将 CDMA 技术与光纤通信技术相结合而产生的一种光域中的扩频通信技术。OCDMA 通信系统给每个用户分配一个唯一的互相正交(或准正交)的码字并将其作为该用户的地址码。在发送端，对要传输数据的地址码进行光正交编码，然后实现多个用户共享同一光纤信道；在接收端，用与发送端相同的地址码进行光正交解码，恢复原用户数据。OCDMA 技术以光纤作为传输信道，利用高速光信息处理技术进行扩频和解扩，实现了多址接入、信道共享。

CDMA 技术与光纤通信的有机结合，使得 OCDMA 系统具有鲜明的特点，其主要的优势有如下几点：

(1) 安全性高。OCDMA 传送网上的信号是多个用户的合成信号，其扩频技术保证了在任何地方下路，接收到的信号都是多用户的信号叠加。只有在接收端地址和发送端地址严格匹配的情况下，才能恢复出原始信号，因而具有优良的安全性能。

(2) 接入简单。OCDMA 系统允许多个用户随机接入同一信道。新上路的用户扩频信号直接叠加在合成信号上，它不要求各用户之间的同步，并克服了传统接入网的排队时延，可以满足局域网中突发流量和高速率传输需求。

(3) 成本降低。OCDMA 系统采用宽带光源，且无需精确控制波长，对传输光纤无特殊要求，系统中器件数量少，降低了网络成本，简化了网络管理，并增强了网络的可靠性。

(4) 全光通信。OCDMA 系统在光域对各路信号进行光编码和光解码，与网络结构无关。它对用户数据进行全光信号处理，实现多址通信。信息在信源就变成了光信号，到达目的地后才变成电信号，克服了 OWDM 光网络残留在发送和接收端的电子瓶颈，真正做到了光子进光子出，从而成为实现真正意义上全光通信网的最有希望的多址复用技术。

(5) 管理方便。OCDMA 不需要在时间或频率上对用户进行严格的管理，而且以用户扩频地址序列来区分用户，网络管理方便。

8.3 光分组交换

8.3.1 概述

光分组交换(Optical Packet Switching，OPS)方式是一种不面向连接的交换方式，在进行流通前不需要建立路由、分配资源。它的基本原理同电分组交换相同，只是把它引入光域来处理。在每个交换分组中都含有一个报头，其中包括该分组的目的地址。在分组交换网中每个交换节点对报头进行处理，从而确定该分组下一跳路由。在每个节点确定下一跳位置的时候会根据不同的实际情况有不同的路由算法，当然最终确定的路由也会有所不同。与 OCS 正好相反，光分组交换技术试图直接在光层上实现细小粒度的分组交换，能实现统

计复用，带宽利用率较高，适于传输 IP 那样的突发数据。因此，OPS 是一种前途非常看好的技术。

光分组交换以光分组作为最小的交换颗粒，数据包的格式为固定长度的光分组头、净荷和保护时间三部分。它从信源到信宿的过程中数据包的净荷部分都保持在光域中，而依据交换/控制的技术不同，数据包的控制部分(开销)可以在中间交换节点处经过或不经过 O/E/O 变换。换句话说，数据包的传输在光域中进行，而路由在电域或光域中进行。光分组交换目前都使用这种混合的解决方案：传输与交换在光域实现，路由和转发功能以电的方式实现。

8.3.2 光分组交换的节点结构

光分组交换节点，可以有两种不同的分类方式：

1. 按是否有业务上/下路功能分类

按这种方式分类，光分组交换节点可分为带有分插复用和不带分插复用功能的节点。如用于城域网(MAN)之间或大的局域网(LAN)之间的光分组交换，交换节点可以不要求有分插复用功能，分插复用功能可在 MAN 或 LAN 内部实现，如果交换节点在本地网络的组成部分，则要求有分插复用功能。图 8-10 给出了节点的组成模块。

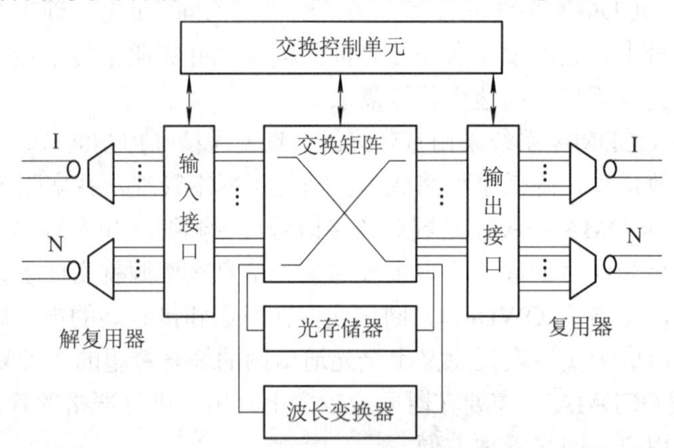

图 8-10　光交换节点的组成模块

在图 8-10 中，光交换节点的组成模块主要有三部分：输入接口、交换矩阵和输出接口。输入接口完成光分组读取和同步功能，同时用光纤分束器将一小部分光功率分出送入控制单元，用于完成如光分组头识别、恢复和净荷定位等功能。光交换矩阵为经过同步的光分组选择路由，并解决输出端口竞争。最后输出端口通过输出同步和再生模块，降低光分组的相位抖动，同时完成光分组头的重写和光分组再生。

2. 按控制信号的类型分类

按这种方式，光分组交换节点可分为全光型和光电混合型。对于全光型分组交换节点，数据和控制信号从源到目的地均在光域里，短期内难实现，所以现今基本上采用光电混合型。

光电混合型分组交换是让数据在光域进行交换，而控制信息在交换节点被转换成电信号进行处理，用于分组路由和控制，这样可充分利用微电子技术的灵活控制能力，实现数

据分组的透明高速交换。

8.3.3 光分组交换的关键技术

光分组交换的关键技术有光分组的产生、同步、缓存、再生、光分组头重写及分组交换网的管理等。

1. 光分组的产生

光分组的产生必须具有码速提升的功能，即分组压缩，才能在连接的用户信息中加入必需的分组头部分和保护时间，这由光分组边缘交换机完成。其中光分组头中包含路由信息和控制信息，分组中保护时间是指预留的交换节点的光器件调谐时间，保护时间设置值越长，对分组对准要求越低。分组和分组头的大小需要优化。当分组较小时，具有较高的灵活性，但信息传输效率低，影响网络吞吐量；当分组较大时，信息传输效率高，但需要大的光缓存并且灵活性变差，因此需要根据分组丢失率在载荷和分组头之间进行折中。

2. 光分组的同步

在光分组交换网中，由于不同的分组到达同一个节点入口的时间不同，按照光分组在进入交换机之前是否需要使分组对准，可把光分组交换分为同步光分组交换和异步光分组交换两类。目前，对于同步光分组交换研究的较多，同步光分组交换网是采用固定时间长度的光分组时隙，所有的分组大小相同，要求所有光分组到达交换机的入口时与本地参考时钟相位对准，即分组同步。到达交换节点的分组在进入节点之前，先用光耦合器分出一小部分光功率，经 O/E 转换后送入分组头处理电路，将分组头信息和定时信息读出，以便进行分组同步(使分组同步器在分组进入交换机之前将分组对准)和交换控制，这个处理过程必须在分组进入输入同步器之前完成，因此在输入同步器之前需加延时大小等于处理时间的光纤延时线。对于异步分组交换，光分组的大小可以相同也可以不同，分组到达和进入交换节点时无需对准。

3. 光分组的缓存

在同一时间里，可能有两个或两个以上的分组要从同一出口离开光交换节点，即出现了分组竞争，采用不同的竞争裁决方法会对网络的性能有很大影响。常见的解决竞争的方法有：光分组缓存、偏转路由和波长转换。

如果采用光分组缓存的方法，当发生竞争时，一个分组被传输，另一个被送入光纤延时线进行分组缓存。采用偏转路由解决竞争的方法是：如果有两个或两个以上的分组需要占用同一出口链路，将只有一个分组沿所希望的链路发送，而其他分组将沿着非最小路由被转发，因此对每个源和目的对，一个分组的跳数不再是固定的。波长变化是解决竞争问题的另一种方法，在节点的输入和输出接口需做波长变换。

光缓存是在时域里，偏转路由是在空间域里，而 WDM 是在波长域里，光缓存提供高的网络吞吐量，但需要较多的硬件和复杂的控制，偏转路由较容易实现，但不能提供理想的网络性能，当上述二者再与波长转换结合时，它们的缺点可以最小化。

4. 光分组的再生

一般地，在光分组交换网中，源和目的地之间全光通道不提供完全再生，由于光信号

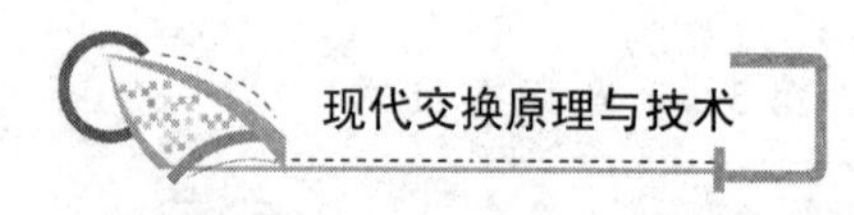

的传输距离正比于分组跳数，色散、非线性、串扰、光放大器 ASE(自发辐射)噪声的积累等因素的存在会造成信号的劣化从而限制网络的规模，尤其在高比特率时信号的劣化会更加严重，因此需要对光分组信号进行再生。

5. 光分组头的重写

在许多提出的路由和交换协议中，要求光分组在每个节点被重写，在采用相同波长串行传输分组头的方案中，可用快速光开关阻塞掉旧的分组头，并在适当的时间插入由本地另一个激光器产生的新的分组头，这种方法的关键是要求在光网络中新的分组头与载荷具有相同的波长，否则会由于色散、非线性或网络中的波长敏感器件等带来严重的问题。还有人提出，为了便于在节点修改分组头，将分组头和载荷用不同的光波长发送，对分组头的波长采用解复用、光电转换、电域处理，然后再用该波长发送出去，这种方法使分开的分组头和载荷在网络中传输受到光纤色散的影响，使分组同步困难，另外也浪费波长资源，所以这种方案不太现实。

8.4 光突发交换技术

8.4.1 概述

人们提出光分组交换以及后来的光分组流交换，其初衷是希望能完全在光域上实现光的分组交换，进而能完成光的比特级交换。但是目前其相关的器件尚不成熟，控制部分仍然需要在电域上完成，仍然受电子器件处理速度的限制。针对它们目前的发展现状和存在的问题，近来提出了交换颗粒度介于光路与分组之间的一种折中光交换技术——光突发交换(Optical Burst Switching，OBS)，它处理的对象不再是单个的分组数据，而是由多个分组构成的、任意可变长度的数据块。因此它的交换颗粒由 OPS 的分组变为数据块，即称为“光突发(Optical Burst)”。

光突发交换技术吸取了光电路交换和光分组交换技术的优势，同时又摒弃了它们的缺点，相较光电路交换信道利用率更高，相较光分组交换可实现性更强。因此自 1998 年由 Qiao Chunming 和 Turner J. S.等人提出以后发展迅速，得到了各大研究组织的关注。

最早提出的突发交换是在电交换领域，但是在电交换领域，技术相对成熟，没有必要以突发为单位处理语音或数据业务；在光交换领域，光突发交换同光分组交换一样，能够很好地支持突发性的分组业务，同时具备自身的优势，因此，光突发交换被认为很有可能在未来互联网中扮演关键角色，可作为光网络演进过程中最具有可实现性的一种交换技术。

1. 概念

光突发交换技术是把数据分组和控制分组都分开传送，采用单向资源预留机制，以光突发包作为最小交换单元的交换技术。

在 OBS 网络中，基本交换单位是突发(burst)。所谓突发，是指交换粒度是由多个分组集合而成的突发分组，突发分组的长度可以从几个分组到一个短的会话。突发有以下两种类型。

(1) 控制分组包(Burst Control Packet，BCP)：又称为突发控制包，作用相当于分组交换中的分组头。每个突发包都有一个对应的突发控制包，突发控制包中携带了对应的突发包的相关信息，包括偏置时间的大小、突发包的长度、优先级、目的节点等。BCP的目的是通知到目的节点和沿途的中间节点，在一定时间(偏置时间)后，即将有一个突发包到达，并请预留资源。这样，中间节点和目的节点就会根据BCP中的控制信息，进行路由判决、交换结构配置等操作，并在突发包持续的时间内，将突发包传送到相应的端口和波长。

(2) 突发数据包(Burst Data Packet，BDP)：简称突发包，相当于分组交换中的净荷。在光突发交换网络中，突发数据和控制分组在物理信道上是分离的，每个控制分组对应于一个突发数据，这也是光突发交换的核心设计思想。

将控制分组和突发数据分离的意义在于控制分组可以先于突发数据传输，以弥补控制分组在交换节点的处理过程中O/E/O变换及电处理造成的时延。控制分组的作用是通知沿途经过的节点，随后将会有一个突发数据到达，需要这些节点预留资源对突发数据进行转发。随后发出的突发数据在交换节点进行全光交换透明传输，从而降低对光缓存器的需求，甚至降为零，避开了目前光缓存器技术不成熟的缺点。虽然控制分组需要O/E/O转换，但是因为控制分组的大小远小于突发包大小，需要O/E/O变换和电处理的数据大为减小，缩短了处理时延，显著提高了交换速度。 这一过程就好像一个出境旅行团，在团队出发前，导游携带团员们的有关资料，提前一天到达边境办理出入境手续及预定车票等，旅行团随后才出发，节约了游客们的时间也简化了程序。

2. 三种交换方式的对比

在光电路交换、光分组交换和光突发交换三种交换方式中，研究得最多最成熟的是光电交换，也是目前光网络普遍采用的交换机制。这种机制相对简单，技术成熟，易于实现。但是建立和拆除一条通道需要一定的时间，当连接保持时间比较短时，将导致信道的利用率变差。因此，它不适合于持续增长且变化无常的因特网流量。

光分组交换技术是一种不面向连接的交换方式，目的是直接在光层上实现分组交换，能实现统计复用，带宽利用率较高，适合于传输类似IP的突发数据，因此，OPS是一种未来发展前景良好的先进技术。但是也存在着两个近期难以克服的障碍：一是光缓存器技术还不成熟；二是在OPS交换节点处，多个输入分组的精确同步难以实现。

OBS结合了光电路交换和光分组交换的优势，同时避免了它们的缺点。OBS具有延时小(单向预留)，带宽利用率(统计复用)高，交换灵活、数据透明、交换容量大(电控光交换)等特点，可以达到Tb/s级的交换容量，甚至Pb/s量级。因此，OBS网络主要应用于不断发展的大型城域网和广域网，它可以支持传统业务，也可以支持未来具有较高突发性和多样性的业务，如数据文件传输、网页浏览、视频点播、视频会议等业务。表8-1对三种不同的交换方式进行了比较。

表8-1　OBS、OPS、OCS的比较

光交换方式	带宽利用率	建立延迟	光缓存	开销	适应性	实现难度
OCS	低	高	不需要	低	弱	低
OPS	高	低	需要	高	强	高
OBS	高	低	不需要	低	强	中

3. 特点

突发交换的特点可以归纳为：

(1) 粒度适中。传输单元的大小介于光路交换和光分组交换之间。

(2) 控制与数据信道分离。控制包和突发包分别在不同的信道上传输。

(3) 单向预留。采用单向预留的方式分配资源。也就是说，源节点在开始发送突发包之前，不需要等待从目的节点的回应消息。

(4) 变长突发。突发包的长度是可变的。

(5) 无光缓存。在光网络中的中间节点可以不需要光缓存，理论上讲，突发包在经过中间节点时没有延迟。

8.4.2 光突发交换的工作原理

光突发交换网络的基本结构如图 8-11 所示，该网络由处于网络边缘的边缘节点、位于网络中心的核心节点以及 WDM 链路组成。边缘节点提供突发包(burst)的组装和拆分功能，并且提供了各种网络接口，使之可以和其他类型的网络互联，实现在输入端将各种帧结构能够通过组装算法组装为突发数据包，并且在输出端将突发数据包解封装为各种数据信号。核心节点主要由光交换矩阵和交换控制单元组成，其主要完成突发控制分组的处理以及根据控制分组得到的信息为数据预留相应的信道资源。

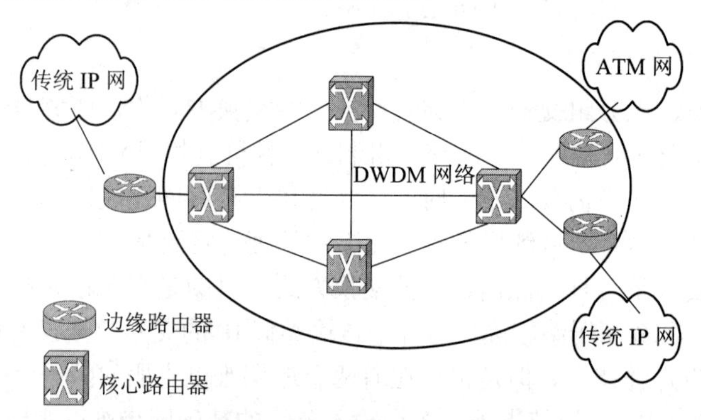

图 8-11 光突发交换网络基本结构图

光突发交换网络采用分离的波长来传输数据和它们的控制信息。网络中传输的基本数据块是将一些具有相同目的地址和特性(如 QoS 要求)的分组经边缘节点聚合组装后形成的突发包。突发包长度可以是固定的，也可以是变化的。

每个突发包配有一个控制头，控制头中含有该突发包的相关信息，用于在其所经过的网络节点预留带宽。控制头以分组的形式发送，称为突发控制分组(Burst Control Packet，BCP)，将传送 BCP 的信道称为控制信道。控制分组中包含数据分组传输交换所必需的控制信息，如突发数据的长度、偏置时间等。控制分组在中间节点需要进行光电转换，在电域内进行路由判断，保证突发数据分组在偏置时间内完全在光域完成交换传输。控制分组先于突发包发送，两者之间的时序关系由 OBS 采用的信令协议确定(偏置时间)。在 BCP 分组发出后间隔偏置时间开始发送突发数据分组(Burst Data Packet，BDP)，同样将传输 BDP 的信道称为数据信道。一般情况下，控制信道和数据信道分离，使用不同的信道传输各自的

数据。

8.4.3 光突发交换中的相关技术

1. 边缘汇聚技术

为完成光突发交换网络的数据传送，待传输数据接入边缘节点(边缘路由器)后，首先要适配成突发数据包才能接入光突发交换网络。边缘节点对IP业务按目的地地址和业务类型进行分类汇聚，根据业务流量的特性进行突发包组装和偏置时间的计算。这意味着在光突发交换网络中的突发数据包长度和流量相关，即突发数据包长度不是固定的。

突发数据包长度虽然是可变的，但考虑到各种因素，变化频率和幅度应该降低到最小，使得数据业务越平稳越好。边缘节点的接入数据包必须适配成突发分组才能接入光突发交换网络，这涉及突发数据包汇聚、调度和突发分组帧格式的设计问题。边缘节点包括入口边缘节点和出口边缘节点。入口边缘节点完成突发数据包的整合和适配，出口边缘节点完成相应的拆分和提取。

2. 冲突处理

当多个数据突发同时要到同一输出端口的某个特定波长通道上去的时候，就发生了"冲突"，在分组交换机中也称为"外部阻塞"。此时为防止数据丢失，有五种可行的方法：波长变换、波长备份、光缓存、偏折路由和突发数据分割。

1) 波长变换

波长变换可以把输入的任一波长转换到另一其他波长，这种变换必须在电信号的控制下完成，还需采用可调的波长变换器。当存在多个波长信号要同时交换到同一输出端口的同一波长时，可以将其中几个波长先变换为输出端口中其他的空闲波长，然后再交换到同一输出端口中去。显然，这种方法有一定的局限，业务负载较重时难以真正解决冲突。而且，这种方法的有效性还依赖于这样一个事实：即同一输出端口中的不同波长通道是等效的。另外，全光的波长变换器价格昂贵，考虑采用部分波长交换(即不必为每个波长都配置波长变换器)是一种较为经济的节点实现方式，尤其是单光纤可复用的波长数目较多的情况。因此，只依赖波长变换不能完全解决冲突问题。

2) 波长备份

这种方法的基本思想是为每条链路预留多个备份波长(或备份光纤)，一旦出现冲突，可以通过将部分冲突突发调整到备份波长进行传输。该方法通常需要与波长变换同时使用。需要注意的是，若能在同一链路上提供多条光纤，则可以在一定程度上避免使用(或减少使用)波长变换器。例如，两个突发同时需要交换到某端口的波长1上，多光纤配置意味着存在另一端口与该端口"等效"(连接的是同一个设备)，此时可将其中一个突发交换到等效端口的波长1，既可解决冲突，而且不必使用波长变换。

3) 光缓存

由于数据突发完全在光域处理，不进行O/E/O转换，所以必须采用全光的缓存技术。全光的缓存目前只能采用光纤延迟线的方式实现。

4) 偏折路由

这种方法的基本思想是出现冲突时(且没有其他解决冲突的手段可用)，将冲突的突发

发往另一个端口。具体发往哪个端口有两种不同的策略：一种是任一可用端口；另一种是发往预先确定的某个端口。第一种方法适用于基于 IP 的 OBS，被偏折的突发在后续的每个节点都根据路由表信息逐跳转发。另一种方法要求预先确定从偏折节点开始到目的节点终止的替代路由。事实上，文献中提出的方案大都要求预先计算所有的节点对之间的替代路由。无论是哪种方法，都存在一个共同的问题，即预先确定的偏移时间可能因偏折路由而不再满足要求，导致数据突发在后续的节点必须进行缓存，以等待对控制分组的处理。

5) 突发数据分割分段

突发数据分割的基本思想是：当两个或多个突发包发生冲突时，将某个突发包进行分段，而另一个突发包保持完整。这样，就不至于将某个突发包完全丢弃，而仅仅是丢掉冲突的(重叠的)数据段，从而提高了系统的利用率，降低了突发包的丢失概率。

当然，也可以将以上几种基本的冲突解决机制结合起来，用以改善网络的性能。

3. 光突发交换网络资源调度机制

与光电路交换和光分组交换相比，光突发交换的一个显著优点就是具有中等交换粒度，从不同源端到不同宿端的突发数据包可以采用统计复用的方式，有效地利用信道带宽，提高网络资源的利用率。为了充分发挥光突发交换网络的优势，资源调度机制是一个必须要考虑的问题。资源调度机制是光突发交换网络中的一个关键技术，它分为两个方面：一是对网络中使用的波长资源的调度；二是对数据信道的调度。

1) 波长资源的调度

波长信道调度算法主要是针对边缘节点处突发数据包究竟采用哪个波长调制传输的策略，分为集中式控制算法和分布式控制算法两大类。分布式光突发交换网络与传统的集中式管理相比，有以下几个优点：

(1) 分布式的控制有利于各个节点对网络状态变化作出迅速、准确的反应。特别是网络规模大、链路速率高的情况下，分布式系统处理能力远远优越于集中式管理。

(2) 集中式网络管理导致网络设备互操作性差，限制了网络的可扩展性。

(3) 路由选择、资源配置本地化，有利于简化核心节点处的光分组交换/路由的设计，大大缩短资源配置时间，这对于延时敏感的业务具有重要意义。光突发交换网络定位于规模大、速率高的核心骨干网络，一般采用分布式调度策略。

2) 数据信道的调度

光突发交换网络核心节点中数据信道的调度是设计光突发交换网络时需要考虑的关键问题。调度算法的目标是最大限度地利用有限的带宽，提高带宽利用率，减少冲突的发生，进而减少突发包丢失率。

☆☆ 本 章 小 结 ☆☆

光交换技术是指不经过任何光电转换，在光域直接将输入的光信号交换到不同的输出端。本章从光交换技术的概念出发，先介绍了光交换的特点和分类，接着讲解了常见的几种光交换器件，最后重点介绍了光电路交换、光分组交换和光突发交换的交换原理、特点和相关技术。

☆☆ 习　　题 ☆☆

一、填空题

1. 光交换指不经过任何______转换，在______直接将输入______信号交换到不同的输出端。

2. 按交换配置模式进行分类，光交换技术可分为光电路交换、光分组交换和______。

3. 时分光交换与程控交换中的时分交换系统概念相同，也是以______复用为基础，用时隙交换原理实现光交换功能。

4. 光调制有______和______两种方式。

二、选择题

1. 波分光交换技术属于(　　)交换技术。

A. 光路　　B. 光分组　　C. 光突发数据分组　　D. 光标记

2. (　　)技术在宽带和速度上更具优势。

A. 电路交换　　B. 分组交换　　C. ATM 交换　　D. 光交换

3. 通信网的核心技术是(　　)。

A. 光纤技术　　B. 终端技术　　C. 传输技术　　D. 交换技术

4. 光交换技术的关键之一是当传输的光信号进入交换机时，不再需要(　　)。

A. 电/光接口　　B. 光/电接口　　C. 模/数接口　　D. 数/模接口

5. 以下(　　)元件用于存储光信号。

A. 半导体开关　　B. 波长转换

C. 双稳态激光二极管存储器　　D. 光调制器

6. 光交换网络与电交换网络相比，电交换网络中没有(　　)交换网络。

A. 空分　　B. 波分　　C. 时分　　D. 频分

7. 空分交换是在(　　)上将光信号进行交换，它是 OCS 中最简单的一种。

A. 时间域　　B. 频率　　C. 空间域　　D. OCS

三、判断题

1. 光交换也是一种光纤通信技术，是全光网络的核心技术之一。(　　)

2. 光交换的比特率和调制方式透明，不能提高交换单元的吞吐量。(　　)

3. 目前常用的光交换存储器有双稳态激光二极管和光纤延迟线两种。(　　)

4. 在光电路交换中，网络需要为每一个连接请求源端到目的端的光路。(　　)

四、简答题

1. 简要说明光交换的特点。

2. 试叙述几种主要的光交换元件实现光交换的基本原理。

3. 按承载和交换信息的光域粒度划分，光交换可分为哪几类？

4. 在光时分交换网络中，为什么要使用光时延线或光存储器？

5. OPS 的关键技术有哪些？

附　　录

附录一　全国通信专业技术人员中级职业水平考试大纲

本大纲是以人事部、信息产业部《关于印发〈通信专业技术人员职业水平评价暂行规定〉、〈通信专业技术人员初级、中级职业水平考试实施办法〉的通知》(国人部发[2006]10号)文件为依据，结合现代通信技术特点，在紧密联系通信企业实际的基础上编写的。大纲体现了通信专业技术人员中级职业水平应具备的综合能力。

通信专业技术人员中级职业水平考试设《通信专业综合能力》和《通信专业实务》两个科目，其中《通信专业实务》分交换技术、传输与接入、终端与业务、互联网技术、设备环境五个专业，考生可根据实际工作岗位需要，选择其一。《通信专业综合能力》科目考试时间为 2 小时，满分为 100 分；《通信专业实务》科目考试为 3 小时，满分为 100 分。各科目考试大纲如下。

科目 1：通信专业综合能力

【考试目的】

通过本科目的考试，检验通信专业中级人员掌握通信专业法规、现代通信技术、业务的程度以及计算机和外语的应用能力，考察其承担中级专业技术岗位工作的综合能力。

【考试范围】

一、通信管理法规与行业规章

了解：通信科技人员的职业道德和行业道德，通信科学技术的地位和特点。

熟悉：公用电信网互联管理规定，互联的原则、办法及网间结算等。

掌握：中华人民共和国电信条例的相关规定。

二、现代通信网

了解：通信网的构成和类型。

熟悉：数据通信网的结构和组成。

掌握：通信网的通信质量要求及组网方案。

三、现代通信技术

了解：卫星、多媒体、图像和个人通信技术。

熟悉：智能网、电子商务和通信供电技术。

掌握：电信交换、光纤通信、接入网和互联网技术。

四、现代电信业务

了解：国内、国际电话通信业务。

熟悉：语音信息、电话卡和智能网业务。

掌握：固定电话、移动通信和数据通信业务。

五、计算机应用

了解：计算机的发展与分类。

熟悉：计算机系统的组成。

掌握：计算机软件、硬件组成和数据库管理系统。

六、通信专业外语

了解：了解科技外语的表达特点。

熟悉：通信专业词汇及专业术语。

掌握：通信专业外语的翻译技巧。

科目 2：通信专业实务

【考试目的】

通过本专业的考试，检验通信专业中级人员了解、熟悉和掌握专业技术和业务技能的熟练程度，考察其承担和解决中级专业技术岗位工作实际问题的专业能力。

【考试范围】

一、电路交换技术

了解：电路交换的工作程序、固定网与移动网的特点。

熟悉：固定网、移动网的关键设备、关键信令的作用。

掌握：固定网、移动网的结构和传输方式。

二、分组交换技术

了解：分组交换、分组的复用和传输方式。

熟悉：ATM 交换技术；软交换技术。

掌握：分组交换网络结构。

三、软交换技术

了解：软交换技术的应用场景。

熟悉：软交换网络中的关键设备、关键协议。

掌握：软交换网络结构。

四、七号信令系统

了解：七号信令网的作用。

熟悉：七号信令网中的关键设备、ISUP/TUP 协议。

掌握：七号信令网网络结构。

五、智能网技术

了解：智能网在交换网中的位置和作用。

熟悉：智能网关键设备；INAP/CAP/WINMAP 协议。

掌握：智能网的核心思想、网络结构。

六、下一代网络

了解：下一代网络的特征；软交换、IMS 与 NGN 之间的关系。

熟悉：下一代网络功能实体、关键协议。

掌握：下一代网的构成。

七、话务基本理论和交换系统服务标准

了解：交换系统服务标准。

熟悉：话务量的统计。

掌握：呼损的计算。

八、交换网络运行维护和管理

了解：交换网络和设备的新技术、发展新趋势。

熟悉：电话交换网、信令网、智能网、语音服务系统和技术特点；各种信号的测试、分析；改善通信质量的技术措施；网络安全的应急预案。

掌握：电话交换网、信令网、智能网、语音服务系统运行的维护指标和验收指标；使用各种命令修改各种用户数据：包括 CENTREX、PRA、PABX 用户的删除、修改；使用各种指令进行局数据的检查、修改；日常维护指令；交换网络的管理；交换设备各种故障的判断及处理；改进维护的技术措施；话务统计及分析；本岗位所用仪器仪表的使用方法；计费数据制作。

九、网络规划、设计与工程建设

了解：交换网络和设备的新技术、发展新趋势。

熟悉：交换网的各项性能指标及网络互联互通的协议和要求；交换网络规划设计、交换设备改造、交换网扩容的改进措施和解决方案；各种不同厂家交换设备的功能和技术特点；新设备的测试及招投标工作。

掌握：交换网及信令网的技术和特点；编制工程概、预算；组织工程竣工验收，编制工程决算；通信工程建设项目管理；新设备的测试开通要点和割接验收标准。

附录二　交换技术常用英文缩略语

3G	the third Generation mobile communications 第 3 代移动通信
A/D	Analog / Digital 模拟/数字
AUC	AUthentication Center 鉴权中心
ACH	Answer CHarge 应答计费
ACK	ACKnowledgement TCP 首部中的确认标志，对已接收到的 TCP 报文进行确认
ACM	Address Complete Message 地址全消息
ADM	Add / Drop Multiplexer 分插复用器
AN	Access Network 接入网
ANC	Answer Charge Signal 应答、计费信号

AOC All-Optical Communication 全光通信
AOD Active Optical Device 有源光器件
AOF Active Optical Fiber 有源光纤
AON Active Optical Network 有源光网
AON All Optical Network 全光网络
APD Avalanche Photo Diode 雪崩光电二极管
ATM Asynchronous Transfer Mode 异步转移模式
AT&T American Telephone and Telegraph 美国电话电报公司
BCP Burst Control Packet 突发控制包
BDP Burst Data Packet 突发数据包
BHCA Busy Hour Calling Amount 忙时呼叫次数
BIB Backward Identification Bit 后向指示比特
BN Backbone Network 骨干网
BS Base Station 基站
BSC Base Station Controller 基站控制器
BSN Backward Serial Number 后向序号
BSS Base Station Subsystem 基站子系统
BTS Base Transceiver Station 基站收发信机
CAS Channel Associated Signaling 随路信令
CBK Clear Back Signal 挂机信号
C/D Coder / Decoder 编码器/译码器
CCITT International Telephone and Telegraph Consultative Committee 国际电话与电报顾问委员会
CCS Centi-Call Seconds 百秒呼
CCS Common Channel Signal 共路信令
CCS7 Common Channel Signaling No.7 七号共路信令
CDM Code Division Multiplexing 码分复用
CDMA Code Division Multiple Access 码分多址
CIC Circuit Identification Code 电路识别码
CLF Clear Forward Signal 拆线信号
CM Control Memory 控制存储器
CN Core Network 核心网
CODEC COder-DECoder 编译码器
CPBX Centralized Private Branch exchange 集中式电话小交换机
CPP Calling Party Pay 主叫付费
CPU Central Processing Unit 重要处理器
CS Circuit Switch 电路交换
DCN Data Communications Network 数据通信网
DPC Destination Point Code 目的信令点编码

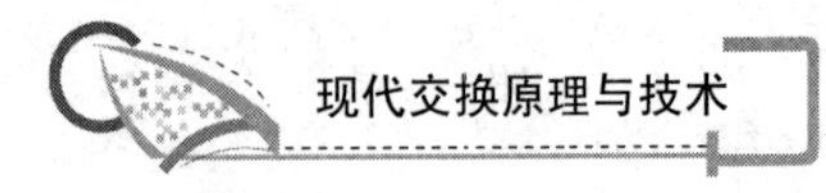

DSE　Data Switch Element 数据交换单元
DTMF　Dual-Tone Multi-Frequency 双音多频信号
DUP　Data User Part 数据用户
DWDM　Dense Wavelength Division Multiplexing 密集波分复用
EIR　Equipment Identity Register 设备识别寄存器
FDM　Frequency Division Multiplexing 频分复用
FDMA　Frequency Division Multiple Access 频分多址
FIB　Forward Identification Bit 前向指示比特
FISU　Fill-in Signal Unit 填充信令单元
FR　Frame Relay 帧中继
FSM　Finite State Machine 有限状态机
FSN　Forward Serial Number 前向序号
GPRS　General Packet Radio Service 通用分组无线业务
GRQ　General Request Message 一般请求信息
GSM　Forward Set-up Information Message 一般前向建立信息消息
GSM　Global System for Mobile communication 全球移动通信系统
HDB3　High Density Bipolar 三阶高密度双极性码
HLR　Home Location Register 归属位置寄存器
HSTP　High Signaling Transfer Point 高级信令转接点
HW　High Way 高速总线
IAI　Initial Address message with Additional Information 带有附加信息的初始地址信息
IAM　Initial Address Message 初始地址消息
IN　Intelligent Network 智能网
INAP　Intelligent Network Application Part 智能网应用部分
ISDN　Integrated Service Digital Network 综合业务数字网
ISO　International Organization for Standardization 国际标准化组织
ISP　Intermediate Service Part 中间业务部分
ISUP　ISDN User Part ISDN 用户部分
ITU　International Telecommunications Union 国际电信联盟
ITU-T　ITU Telecommunication Standardization Sector 国际电联通信标准部
LAN　Local Area Network 局域网
LI　Length Indicator 信令单元长度指示码
LSSU　Link Status Signal Unit 链路状态信令单元
LSTP　Low Signaling Transfer Point 低级信令转接点
MAN　Metropolitan Area Network 城域网
MAP　Mobile Application Part 移动应用部分
MFC　Multi-Frequency Controlled 多频互控
MML　Man-Machine Language 人机对话语言

MPLS Multi Protocol Label Switch 多协议标记交换
MS Mobile Station 移动台
MSC Mobile Switch Center 移动交换中心
MSU Message Signal Unit 消息信令单元
MTP Message Transfer Part 消息传递部分
NGN Next Generation Network 下一代网络
NNI Network -Network Interface 网络—网络接口
NRZ Non-Return-to-Zero 单极性不归零码
OAM Operation Administration Maintenance 操作、管理和维护
OBS Optical Burst Switching 光突发变换
OCS Optical Circuit Switching 光电路交换
OMPLS Optical Multi-Protocol Label Switching 光标记分组交换
OPC Originating Point Code 源信令点编码
OPS Optical Packet Switching 光分组交换
OSI/RM Open Systems Interconnection Reference Model 开放系统互联参考模型
OXC Optical Cross Connect 光交叉连接
PABX Private Automatic Branch exchange 自动用户小交换机
PCM Pulse Code Modulation 脉冲编码调制
PSTN Public Switch Telephone Network 公共电话交换网
PVC Permanent Virtual Circuit 永久虚电路
QoS Quality of Service 服务质量
RLG Release-guard signal 释放监护信号
SAM Subsequent-Address Message 后续地址消息
SAO Subsequent-Address Message with One Signal 带有一个信号的后续地址消息
SCCP Signaling Connection Control Part 信令连接控制部分
SDL Specification and Description Language 规范描述语言
SF Signal Field 状态字段
SI Service Indicator 业务指示语
SIF Signal Information Field 信令信息字段
SIO Service Information Octet 业务信息指示八位位组
SLB Subscriber Local Busy 用户市话忙信号
SLS Signaling Link Selection 信令链路选择码
SM Speech Memory 话音存储器
SN Switching Network 交换网络
SPC Signaling Point Code 信令点编码
STM Synchronous Transfer Mode 同步转移模式
STP Signaling Transfer Point 信令转接点
SU Signaling Unit 信令单元

SVC	Switch Virtual Circuit 交换虚电路
TCAP	Transaction Capability Application Part 事务处理能力应用部分
TCP	Transport Control Protocol 传输控制协议
TDM	Time Division Multiplexing 时分复用
TDMA	Time Division Multiple Access 时分多址
TS	Time Slot 时隙
T-S-T	Time-Space-Time Switching Network 时分—空分—时分交换网络
UDP	User Datagram Protocol 用户数据报协议
UNI	User-Network Interface 用户—网络接口
VoIP	Voice over IP 分组语音网
WDM	Wavelength Division Multiplexing 波分复用

参 考 文 献

[1] 茅正冲，姚军. 现代交换技术[M]. 北京：北京大学出版社，2007.

[2] 桂海源，张碧玲. 现代交换原理[M]. 4 版. 北京：人民邮电出版社，2013.

[3] 徐鹏，石薇，姚引娣. 通信专业实务(中级)交换技术专业考试辅导[M]. 北京：清华大学出版社，2014.

[4] 张毅，胡庆，余翔，等. 电信交换原理[M]. 北京：电子工业出版社，2009.

[5] 陈建亚，余浩，王振凯. 现代交换原理[M]. 北京：北京邮电大学出版社，2006.

[6] 金惠文，陈建亚，纪红，等. 现代交换原理[M]. 3 版. 北京：电子工业出版社，2011.

[7] 郑少仁，罗国明，沈庆国，等. 现代交换原理与技术[M]. 北京：电子工业出版社，2006.

[8] 龚双瑾，王鸿生. 智能网[M]. 北京：人民邮电出版社，1999.

[9] 蒋青，吕翊，李强，等. 现代通信技术基础[M]. 北京：高等教育出版社，2009.

[10] 李建东，郭梯云，邬国扬，等. 移动通信[M]. 4 版. 西安：西安电子科技大学出版社，2005.

[11] 唐雄燕，庞韶敏，等. 软交换网络：技术与应用实践[M]. 北京：电子工业出版社，2005.

[12] 达新宇，孟涛，庞宝茂，等. 现代通信新技术[M]. 西安：西安电子科技大学出版社，2001.

[13] 储钟圻. 现代通信新技术[M]. 北京：机械工业出版社，2004.

[14] 乐正友，杨为理.通信网基本概念与主体结构[M]. 北京：清华大学出版社，2003.

[15] 桂海源，陈锡生. No.7 信令系统[M]. 北京：北京邮电大学出版社，1999.

[16] 谭明新. 现代交换技术实用教程[M]. 北京：电子工业出版社，2012.

[17] 通信人家园论坛：http://bbs.c114.net/.

[18] 中国信息产业网：http://www.cnii.com.cn/.